LA BELLE HISTOIRE DE GÂTEAUX PROVENÇAUX

河田勝彥的法國鄉土甜點之旅

KATSUHIKO KAWATA

瑞昇文化

1967～1976年間，我在法國修業。到法國沒多久，我就不斷被當地的甜點感動，也如願在甜點店找到工作，每天過得意氣風發。不過，當時現代法國甜點正處於黎明前的黑暗時期。還不到一年，我就對所有店的陳腐不變，一如往昔甜膩、濃厚的甜點狀況感到窒息，對工作也失去了熱情。

當時，我毅然決然離開巴黎，之後遇見法國各地的鄉土甜點。那些我在巴黎前所未見、從未聽聞的法國傳統甜點，以及該土地的風土、歷史孕育成的濃厚滋味，我反倒覺得新鮮，著迷不已。回到巴黎後，我工作存錢購買蒐集舊書，利用從中獲得的資料，開始走訪法國各地，尋找鄉土甜點。特別是1976年，我以法國修業總結之名，與朋友兩人一起乘車周遊整個法國，那次的旅行讓我終身難忘。我回到日本後，又多次造訪法國各地。以前見過的鄉土甜點有的依然存在，也有許多已不復見，喜悅的同時也讓我無數次感到遺憾。那些經驗全化為我成為甜點師傅的血與肉。

本書為其集大成，介紹我在法國各地見到、在文獻中讀到，或存在我記憶中的138種鄉土甜點。其中也有像波爾多可露麗（*p.220*）和焦糖奶油餅（*p.268*）那樣，現在在日本也很常見的甜點，另外還有連在法國也難得看見的夢幻甜點。每一種甜點都很樸素、富魅力，洋溢著鄉土風味與大地的香味。

本書的各章，和我修業總結時驅車周遊法國全境一樣，按順時鐘方向將巡行的各地劃分成10個區域。其中有些地方區分得更細，依此來介紹各地的甜點。這是我在觀察法國甜點趨勢、追求美食的前提下，斟酌出最適當的區分方式，與法國現在的地區劃分及歷史上國家名稱並不完全相符。關於這點尚請各位了解。每章開頭有各地區的解說，書末還隨附地圖。本書若能讓你一面閱讀，一面想像馳騁各地，如同和我一起旅行的話，我將感到十分榮幸。

那麼，現在就展開美味的法國鄉土甜點之旅吧，Bon Voyage！

Au Bon Vieux Temps　河田勝彥

目錄

製作甜點前須知……

●除了特別標明的之外，奶油全使用無鹽奶油。

●奶油製成乳脂狀時，是將奶油放入鋼盆中，
盆底直接稍微加熱，用打蛋器將奶油混合成柔軟的乳脂狀。

●澄清奶油是將奶油煮融後，暫置於室溫中，之後只取上層的澄清奶油液使用。
奶油液變涼後會凝固，須加熱融化後使用。

●焦化奶油是將奶油放入鍋中，一面以打蛋器混拌，一面加熱，
直到奶油變褐色散發烤過的榛果般的香味後熄火。再一面用打蛋器混拌，
一面利用餘溫加熱，之後鍋底泡水冷卻，用濾網過濾。儘量在使用前才製作。

●本書使用M號大小的蛋（約55g）。去殼後約為50g（蛋白30g、蛋黃20g）。

●麵粉、糖粉、杏仁粉、杏仁糖粉等粉類過篩後使用。

●烘烤堅果類時，用180℃的烤箱烤10～15分鐘，直到內部也上色為止。

●本書使用的杏仁糖粉，是將杏仁（去皮）1kg和白砂糖1kg混合，以滾軸約碾壓3次。
再加入用過一次，經清洗、乾燥、磨粉的5～6根香草棒混合而成。

●本書的榛果杏仁糖粉，是將烤過的杏仁（連皮）1kg，烤過、去皮的榛果1kg，
以及白砂糖2kg混合，用滾軸約碾壓3次製成。

●生杏仁膏是用食物調理機，將杏仁（去皮）1kg和糖粉1kg攪打成粗粉，
加蛋白120g用手混合，再用滾軸約碾壓2次成為膏狀。

●冷卻用的冰塊、汆燙用的水、隔水加熱用的水、塗在刀子或手上的沙拉油，
以及防沾粉等，材料表中均無記載。

●本書的香草糖，是將已用過種子的香草莢乾燥後，
與等量的糖粉一起放入食物調理機中攪碎，再用滾軸碾壓而成。

●阿拉伯膠（粉）有標示※號時，須加入標示量的水，
加蓋隔水加熱3小時煮融。使用時保持50～60℃的溫度。

●色素是用9倍量的水或伏特加酒，將食用色素溶解稀釋後使用。

●請依照以下的基本步驟鋪塔皮：
①用擀麵棍挑起擀薄的塔皮，舉著塔皮將它鬆鬆地蓋在模型上。
②用雙手邊轉動模型，邊用拇指將塔皮壓入模型底部，
　側面的塔皮一面鬆鬆地靠著模型側面，一面讓它密貼。
③用擀麵棍擀過模型上面，切除突出的塔皮。
④用雙手邊轉動模型，邊用手指夾住側面，一面讓塔皮與模型側面充分貼合，
　一面仔細鋪入塔皮，讓底部邊角的塔皮厚度保持一致。
⑤用抹刀或小刀切除突出的塔皮。

●擀製麵團類時，是先撒上適量的防沾粉（高筋麵粉），用擀麵棍在工作台上擀開。
分割麵團或塑形時也在工作台上進行，並撒上適量的防沾粉。

●乾酵母是使用法國樂斯福（Lesaffre）公司產的「即發乾酵母 紅」。
事先發酵時所需的溫水量，依使用的乾酵母量而有異，請視不同的製品加以調整。

●若無特別標示，麵團發酵時都是置於烤箱附近等的溫暖處進行。
標示的發酵時間基準，是指氣溫30℃下進行的時間。

●烘焙時，烤箱一定要事先預熱。

●發酵、烘焙時間也是大致的基準。請視烤色和狀態來判斷。

並排著長形貝殼的傳統瑪德蓮蛋糕模型。

Champagne
Lorraine
Alsace

香檳、洛林、亞爾薩斯

Champagne
香檳

香檳區是眾所周知的著名香檳產地。17世紀的修士唐培里儂 *(Dom Pierre Pérignon)* 確立香檳酒的釀製方法。當地的許多著名甜點和料理都與香檳有關。該區位居義大利與法蘭德 *(Flandre)* 地區，德國與西班牙的重要交匯點，中世紀時繁榮發展，12～13世紀時，在香檳伯爵 *(comtes de Champagne)* 的管理下，發展成香檳大城。這裡成為毛織品、皮革，葡萄酒等南北商品的交易重鎮。此外，過去香檳區還盛產香料麵包，13世紀時歸法王管轄後，在法國大革命前它的生產一直居冠，不過現在已被勃艮地 *(Bourgogne)* 地區的第戎 *(Dijon)* 取代。廣大的台地上，放眼望去盡是連綿的小麥和甜菜田。

▸主要城市：特華（*Troyes*、距巴黎141km）、漢斯（*Reims*、距巴黎130km） ▸氣候：大陸性氣候兼受海洋性氣候影響的混合型。因為也受北風的影響，氣溫大致偏低，夏、冬季溫差大。 ▸水果：草莓 ▸酒：香檳、奧克蘋果酒（*Pays d' Othe*）、渣釀白蘭地（*Marc de Champagne*，以釀製葡萄酒時產生的葡萄渣滓釀造的蒸餾酒） ▸起司：夏烏爾斯（*Chaource*）、朗格（*Langres*）、布利薩瓦蘭（*Brillat-Savarin*） ▸料理：香檳風味蔬菜燉肉（*Potée Champenoise*，鹽漬豬肉、香腸、白扁豆、香味蔬菜的香檳風味燉煮料理）、香檳風味焗蠔（*Huîtres plates au Champagne*）、烤豬腸香腸（*Andouillette Grillée*）、聖梅內烏爾德風味烤豬腳（*Pieds de Porc à la Sainte-Menehould*）

Lorraine
洛林

洛林區與亞爾薩斯區隔著佛日山脈相對，擁有豐富多樣的地形。該區大部分為台地，除了利用豐富的地下資源發展重工業外，還擁有廣大遼闊的小麥田與果園，因此也生產各式甜點塔和果醬。洛林這個地名的由來，是因該區曾受855～869年存於西歐的國家洛泰林吉亞 *(Lotharingia)* 的統治，10世紀時被分割成洛林高地與低地，後者由布拉班特公爵 *(Duc de Brabant)* 管轄。前者18世紀時割讓給洛林公爵斯坦尼斯拉 *(Stanislas Leszczynski)*。他原是波蘭國王，以講求美食而聞名，在他的宮廷中誕生無數著名甜點，贈予路易十五 *(Louis XV)* 的皇后，也就是他的女兒瑪麗 *(Marie)* 而廣為人知。他死後，該區雖暫時由法王統治，但普法戰爭時又割讓給德國。直到1919年再度歸還給法國。甜點方面，凡爾登 *(Verdun)* 的杏仁糖 *(Dragée)* 也是當地著名的特產。

▸主要都市：梅斯（*Metz*、距巴黎281km）、南錫（*Nancy*、距巴黎282km） ▸氣候：大陸性氣候兼受海洋性氣候影響的混合型，四季分明。晝夜溫差大。 ▸水果：黃李、醋栗、南錫（*Nancy*）的杏桃、李子、克勞德皇后李、榲桲、草莓 ▸酒：*Bière blonde de lorraine*（洛林的淡色啤酒）、黃李、蜜李、覆盆子、櫻桃等的水果白蘭地 ▸起司：卡列德列斯特（*Carré de l'Est*） ▸料理：洛林鹹派（*Quiche Lorraine*，加培根的鹹派）、洛林風味蔬菜燉肉（*Potée Lorraine*、豬肩肉及其加工品、香味蔬菜、包心菜、馬鈴薯等的燉煮料理）、南錫血腸（*Boudin de Nancy*，豬血和豬油為基材的香腸） ▸其他：佛日（*Vosges*）的冷杉蜂蜜

Alsace
亞爾薩斯

亞爾薩斯區位於萊茵河與佛日山脈 *(Massif des Vosges)* 之間，與德國相鄰。此名的由來是因過去該地被稱為Alsatia。該區蘊藏豐富的地下資源，過去一直與德國紛爭不斷，5世紀末受法蘭克王國的統治。9世紀起被神聖羅馬帝國(德意志帝國)管轄，到了17世紀左右全境才歸法國所有。之後，該地歷經德、法國輪流統治，二次大戰戰後成為法國領土迄今。反映過去多舛的歷史，融合兩國元素的獨特文化在該區百花齊放，當地許多料理與甜點能讓人感受到德國的樸素風味與活力。該地的聖誕市集 *(Marché de Noël)* 及多種聖誕傳統甜點也舉世聞名。復活節 *(Pâques)* 的羔羊蛋糕 *(Agneau Pascale*，狀似羔羊的蛋糕)同樣令人印象深刻。該區土地肥沃，盛產豐富多樣的水果，除了製成塔、蜜漬水果外，還釀製成水果白蘭地。

▸主要都市：史特拉斯堡（*Strasbourg*、距巴黎397km） ▸氣候：屬大陸性氣候，氣候乾燥，夏季炎熱、冬季嚴寒。 ▸水果：蜜李、李子、櫻桃、蘋果、草莓、黃李、榲桲（*Cydonia oblonga*）、克勞德皇后李（*Reine claude*）、核桃、榛果 ▸酒：葡萄酒、櫻桃白蘭地，蜜李、覆盆子、洋梨等釀造的白蘭地酒 ▸起司：芒斯特（*Manster*） ▸料理：酸菜醃肉香腸鍋（*Choucroute*，經發酵、鹽漬的包心菜佐配肉類、培根、香腸、馬鈴薯）、亞爾薩斯燉肉（*Baekenofe*，肉類、香味蔬菜和馬鈴薯一起燉煮）、鵝、鴨肝（*Fois Gras*）、亞爾薩斯洋蔥培根披薩（*Flammenküche*，洋蔥、培根、奶油醬的亞爾薩斯風披薩）

Biscuit de Champagne
香檳餅乾

8.5×4cm的費南雪模型（不沾模型）・約45個份

蛋黃：110g
jaunes d'œufs

白砂糖：312.5g
sucre semoule

蛋白：165g
blancs d'œufs

紅色色素：適量 Q.S.
colorant rouge
※用水調勻

低筋麵粉：250g
farine ordinaire

澄清奶油：適量 Q.S.
beurre clarifié

糖粉：適量 Q.S.
sucre glace

玉米粉：適量 Q.S.
fécule de maïs

法國修業結束後，我選擇香檳區的中心城漢斯 *(Reims)*，作為我周遊法國的旅行起點。它是釀造香檳酒的一大重鎮，建於城中心的聖母院 *(Notre-Dame)* 為法國歷代國王舉行加冕儀式的哥德建築傑作，舉世聞名。

提到這個城市與香檳酒齊名的特產品，就是這個香檳餅乾。它也稱為漢斯餅乾 *(Biscuit de Reims)*，直接食用雖然味道清淡，不過浸沾香檳酒質感變濕潤後，風味會變得華麗鬆綿。過去的香檳酒非常甜，試飲時，少不了會搭配這個小餅乾。它的起源至今不明，據說是有位麵包師傅烤好麵包後不知該如何利用餘火而研發的，17世紀末便已存在。這個餅乾原是用餘火烘烤，因此顏色偏白，據說後來的餅乾師傅想到加入紅色染料染色，並加入香草增加香味。然而，書中也能看到當時的漢斯人不愛桃紅色餅乾，而喜歡味道自然的白色原味餅乾的描述。

為了不讓餅乾太乾，這道甜點的製作重點是模型中要塗上澄清奶油再烘烤。完成後口感豐潤、鬆軟，請你務必搭配香檳一起享用。

事先準備
＊用毛刷在模型中塗上澄清奶油備用。
＊糖粉和玉米粉以1：1的比例混合備用（A）。

1. 蛋黃和白砂糖用攪拌機（鋼絲拌打器）以中速約攪打10分鐘，蛋糊變成略黏稠，舀起時會如緞帶般滑落的狀態。
2. 分5次加入蛋白，每次都要充分攪打成如緞帶般滑落的狀態。
3. 一滴一滴慢慢加入紅色色素，一面混合，一面調整顏色。
4. 從攪拌機上取下，加入低筋麵粉。用木匙如從底部向上舀取般混合，直到麵糊呈鮮麗的色澤。
5. 擠花袋上裝上口徑9mm的圓形擠花嘴，裝入麵糊，擠入模型中。
6. 撒上足量的A，靜置10～15分鐘讓它吸收水分。
7. 再次撒上足量的A。
8. 以180℃的烤箱約烤20分鐘。
9. 脫模，置於網架上放涼。

Tarte aux Mirabelles de Lorraine
洛林黃李塔

洛林地區的人們，常大量使用特產的李子、藍莓、葡萄等水果來製作塔。尤其又香又甜，果實硬、顆粒小的黃李，以優良品質而聞名。除了能直接食用外，還被加工製成塔、蜜漬黃李、果醬、白蘭地酒等產品。

在當地是直接使用新鮮黃李製作塔，但在日本因買不到新鮮的，因此我在這裡是使用蜜漬黃李罐頭。特色是加入鮮奶油，完成後蛋奶餡的口感十分蓬軟。也有人以白黴起司取代鮮奶油製作，能感受到濃郁的厚味。這個塔或許也能用同為當地特產的蜜李來製作吧。

直徑18×高2cm的圓形塔模．2個份

杏仁甜塔皮：250g
pâte sucrée aux amandes
（▸▸ 參照「基本」）

蛋奶餡 appareil
- 卡士達醬：378g
  crème pâtissière
  （▸▸ 參照「基本」）
- 全蛋 œufs：46g
- 鮮奶油（乳脂肪成分48%）：19g
  crème fraîche 48% MG
- 黃李白蘭地：8g
  eau-de-vie de mirabelle

餡料 garniture
- 蜜漬黃李（罐頭）：360g
  compote de mirabelles

準備杏仁甜塔皮

1. 將杏仁甜塔皮擀成3mm厚。
2. 切割成比使用模型還大一圈的圓形，鋪入模型中。
3. 放在烤盤上，切除突出的塔皮。

製作蛋奶餡

4. 在鋼盆中放入卡士達醬，用刮刀攪拌變細滑。
5. 依序加入打散的全蛋、鮮奶油、黃李白蘭地混合。混拌到舀起時，蛋奶餡會如緞帶般滑落的狀態。

準備餡料

6. 蜜漬黃李瀝除湯汁，縱切一半。

組裝、烘烤

7. 在*3*中填入*6*。
8. 在模型中分別倒入225g的*5*之蛋奶餡。
9. 以180℃的烤箱約烤45分鐘。
10. 脫模，置於網架上放涼。

Madeleine de Commercy
柯梅爾西瑪德蓮蛋糕

約7.5×5cm的
瑪德蓮蛋糕模型・30個份

全蛋 œufs：150g
白砂糖 sucre semoule：130g
蜂蜜 miel：20g
鹽 sel：1g
磨碎的檸檬皮：½個份
zestes de citrons râpés
低筋麵粉 farine ordinaire：150g
泡打粉：5g
levure chimique
融化奶油：125g
beurre fondu

澄清奶油：適量 Q.S.
beurre clarifié

普魯斯特 *(Marcel Proust)* 小說《追憶逝水年華 *(À la Recherche du Temps Perdu)*》中也曾提到的瑪德蓮蛋糕，是貝殼狀的可愛烘焙類甜點。它的特色是以檸檬或橙花水增加香味，還有元寶肚般的隆起。其由來眾說紛紜，不過，其中最著名的是洛林公爵斯坦尼斯拉 *(Stanislas Leszczynski)* 在柯梅爾西 *(Commercy)* 舉辦宴會的傳說。據說當時廚房發生吵架事件，主廚憤而離開，女侍 *(一說是農家女)* 臨危受命代替主廚烘焙出這道甜點。洛林公爵吃了非常喜愛，因此以女侍的名字命名為瑪德蓮蛋糕。他也將蛋糕送給嫁給路易十五 *(Louis XV)* 的女兒瑪麗 *(Marie)* 皇后，其名聲在凡爾賽宮傳開，進而在巴黎流行起來。

另一說是政治家塔列朗 *(Talleyrand)* 的廚師尚・阿維斯 *(Jean Avice)*，以肉凍派 *(Aspic)* 模型烘烤並命名。另外，也有以象徵聖雅各伯的扇貝殼烘烤甜點，分發給前往「星野中的聖地亞哥 *(Santiago de Compostera)*」的朝聖者的說法。在大仲馬 *(Alexandre Dumas)* 著的『經典美食大辭典 *(Le Grand Dictionnaire de Cuisine)*』*(1873)* 中，介紹瑪德蓮食譜時，提及最初是由柯梅爾西的佩洛丹德巴爾蒙夫人 *(Madame Perrotin de Barmond)* 的女廚瑪德蓮・波米耶 *(Madeleine Paumier)* 製作。

之後，因製造業者的保護，瑪德蓮蛋糕的作法只在柯梅爾西地區祕傳。我造訪當地時，在位於教會所建廣場的角落一家名為「克羅許・豆爾」*(Cloche d'Or)* 的店內，老闆一面獨自面對輸送帶窯，一面專注地烘焙瑪德蓮蛋糕。烤好的瑪德蓮蛋糕風味非常的樸素。據說它是被視為最古老瑪德蓮蛋糕店的「梅森・克隆貝 *(Maison Colombé)*」體系下的店，但如今已不復存在。

提到瑪德蓮蛋糕，讓我想起另一件事。那是我在利慕贊 *(Limousin)* 的聖提里耶・拉・貝爾許 *(Saint-Yrieix-la-Perche)* 時發生的事。那裡仍視瑪德蓮蛋糕為特產，我走訪了當地一家甜點店，店頭貼出美食家布里亞・薩瓦蘭 *(Brillat-Savarin)* 吃了瑪德蓮，才使其名聲遠播的說明。最初仍是某位甜點師從柯梅爾西習藝歸來，才開始在當地開設瑪德蓮蛋糕專門店。但是，這樣的說法很難說是呈現了瑪德蓮的原貌，我感到氣憤，和店主爭論了起來。當時我年輕氣盛，事後反省確實過火了點，而今倒成了有趣的回憶。

事先準備
*用毛刷在模型中塗上澄清奶油備用。

1. 將全蛋、白砂糖、蜂蜜、鹽和磨碎的檸檬皮，用攪拌機（鋼絲拌打器）以中速約攪打15分鐘。
2. 加低筋麵粉和泡打粉，用橡皮刮刀混拌到看不見粉末為止。
3. 加融化奶油（室溫），用橡皮刮刀混拌均勻。
4. 倒入鋼盆中，蓋上保鮮膜，放入冷藏庫靜置一天。
5. 擠花袋上裝上口徑10mm的圓形擠花嘴，裝入麵糊，滿滿擠入模型中。
6. 以220℃的烤箱約烤10分鐘。
7. 脫模，置於網架上放涼。

約270g

醋栗（生）groseilles：125g
醋栗糊：250g
purée de groseilles
白砂糖：192g
sucre semoule

Confiture de Groseilles de Bar-le-Duc
巴勒迪克醋栗果醬

巴勒迪克*(Bar-le-Duc)*在中世紀為巴勒伯爵領地的首都，發展成繁榮的小城。這個城名之所以廣為人知，是因別名「巴勒的魚子醬*(caviar de Bar)*」的「巴勒迪克醋栗果醬*(Confiture de Groseilles de Bar-le-Duc)*」。這種果醬最大特色，是使用削尖的鵝毛插入醋栗，以手工去除種籽後製作。以手指輕拿避免捏破小果實，再一粒粒剔除種子，可想而知是極為耗時的作業，由此可以理解它為何被稱為魚子醬，價錢如此昂貴了。

關於這種果醬的最早記述可溯自14世紀中葉，根據記載當時官司勝訴方，習慣贈送這種果醬給法官表示感謝。據說，之後它成為奢侈品受到王宮貴族的珍愛，甚至揚名海外。

自古以來，醋栗果醬都放在雕花玻璃瓶中販售，分成紅醋栗及白醋栗製作的不同商品。在法國開啟悲劇人生的蘇格蘭女王瑪麗一世*(Mary Stuart)*，讚賞這種果醬是「裝入小瓶裡的陽光*(un rayon de soleil en pot)*」。果醬在陽光照射下如寶石般閃閃發亮，圓形的果實清透美麗。

我在醋栗果實中添加果汁以補充水分，完成具透明感的果醬。果醬完全擺脫種籽的澀味，讓人感受清純、濃醇的醋栗酸甜滋味與豪華的品質。

1. 在圓錐網篩中鋪好濾布，倒入醋栗糊，下面放鋼盆靜置一晚，取過濾滴落的湯汁（約可取137g）。
2. 用針剔除一顆顆醋栗的種子，放入鋼盆中。
3. 在單耳銅鍋中放入1和2，加白砂糖以大火加熱。
4. 用木匙一面混合，一面加熱，煮沸後舀除浮沫數次。
5. 熬煮到糖度變成67%brix後，倒入瓶中加蓋，放涼。

Visitandine
修女小蛋糕

Visitandine原指17世紀時，創立於南錫*(Nancy)*的聖母往見會*(Ordre de la Visitation)*的修女。相傳這個小糕點是由修女所創。大多烤成圓形或橢圓的船形，也有如圓花般獨特造型的修女小蛋糕專用模型。烤好後薄塗上杏桃果醬，或覆以櫻桃白蘭地風味的翻糖。

它的配方和費南雪蛋糕類似，不過蛋白的處理方式不同，八成的蛋白半打發後，和杏仁糖粉、麵粉混合，用木匙如攪碎麵糊般充分混合後再烘烤。最理想的狀態是蛋糕入口後，能清楚吃到粗磨杏仁粉的口感。

7×5cm（底是6×3.5cm）的橢圓形模型，約60個份

杏仁糖粉 T.P.T.：500g
低筋麵粉 farine ordinaire：75g
蛋白 blancs d'œufs：260g
蜂蜜 miel：150g
焦化奶油：375g
beurre noisette

澄清奶油：適量 Q.S.
beurre clarifié

事先準備
＊用毛刷在模型中塗上澄清奶油備用。

1. 在鋼盆中放入杏仁糖粉和低筋麵粉混合。
2. 加蛋白1/5量，用木匙混拌成細滑的膏狀。
3. 在別的鋼盆中放入剩餘的蛋白，用打蛋器攪打至五分發泡狀態。
4. 將**3**加入**2**中，用木匙充分混合，再加蜂蜜混合。
5. 趁熱加焦化奶油，用木匙如切割般混合。
6. 擠花袋上裝上口徑12mm的圓形擠花嘴，裝入麵糊，滿滿擠入模型中。
7. 以190℃的烤箱約烤20分鐘。
8. 脫模，置於網架上放涼。

Gâteau au Chocolat de Nancy
南錫巧克力蛋糕

洛林地區的甜點中常使用巧克力。其中，冠以洛林兩大都市之名的南錫巧克力蛋糕和梅斯巧克力蛋糕(*Gâteau au Chocolatde Metz*)最具代表性。它們常被認為是相同的甜點，然而兩者卻略有不同，前者是在加杏仁粉的磅蛋糕般麵糊中加入融化巧克力；後者則是在類似海綿蛋糕的麵糊中混入削碎的巧克力。

我將古文獻中找到的南錫巧克力蛋糕的作法加以改良，更能品嚐到巧克力慕斯蛋糕般的美味。蛋糕中不只加巧克力，我還加入許多堅果，這樣口感往往會變得黏稠厚重，為避免這種情況，重點是將蛋白放入銅盆中慢慢打發成極細緻堅實的蛋白霜。用木匙將打發的泡沫稍微壓碎混合後烘烤，烤好後蛋糕不會過度膨脹，口感濕潤、融口性絕佳。

直徑15×高5cm的
海綿蛋糕模型（附底）．5個份

黑巧克力（可可成分53%）
：300g
couverture noir 53% de cacao
奶油 beurre：300g
榛果杏仁糖粉：300g
T.P.T. noisettes
蛋白 blancs d'œufs：150g
白砂糖 sucre semoule：24g
全蛋 œufs：75g
蛋黃 jaunes d'œufs：140g
低筋麵粉 farine ordinaire：80g

奶油 beurre：適量 Q.S.

事先準備
＊用毛刷在模型中薄塗上乳脂狀奶油備用。

1. 切碎的黑巧克力隔水加熱煮融調整成35℃。
2. 在鋼盆中放入奶油，用打蛋器混合成乳脂狀。
3. 在2中加入1混合，再加榛果杏仁糖粉混合。
4. 在銅盆中放入蛋白，一面慢慢加白砂糖，一面打發成尖角能豎起的硬度（6混合完成後再加入混合）。
5. 將混合打散的全蛋和蛋黃分3次加入3中，迅速攪拌混合。
6. 在5中加入低筋麵粉，用木匙粗略地混合。
7. 在6中分3次加入4，每次加入都要用木匙混合。一面旋轉鋼盆，一面用木匙面如壓碎泡沫般充分混合成細滑的狀態。
8. 在烤盤上排放上模型，擠花袋（不裝擠花嘴）中裝入7，擠入模型中至七分滿。
9. 蓋上烘焙紙，放入150℃的烤箱約烤50分鐘。
10. 置於網架上放涼。
11. 待模型中隆起的蛋糕沉下後，脫模，置於網架上放涼。

Macaron de Nancy
南錫馬卡龍

直徑5～6cm・約90片份

杏仁膏：600g
pâte d'amandes crue
糖粉：187g
sucre glace
蛋白 blancs d'œufs：90g
低筋麵粉 farine ordinaire：30g
白砂糖：187g
sucre semoule
水 eau：62g

說到南錫(*Nancy*)的甜點，我的腦海中最先浮現的是馬卡龍。西班牙・阿維拉(*Ávila*)的聖女小德蘭(*Sainte Thérèse*)曾表示：「對不食肉的修女來說杏仁是不可或缺的食物」，加爾默羅修會的修女們(*les Carmélites*)遵循其教導，在女子修道院製作了這個甜點。17世紀起雖然廣受好評，但18世紀因法國革命修道院被迫關閉，修女們也遭受迫害。據說當時有2位修女，被當地有力人士藏匿在南錫的灰色大街上，心懷感激的她們烤了馬卡龍致贈。於是這種小甜點逐漸傳播開來，相傳美食作家夏爾魯・蒙斯雷(*Charles Monselet*)曾表示，「人們同情修女們，感動她們為宗教獻身的同時，也被她們製作的馬卡龍美味感動，之後很自然地稱這種甜點為『修女們的馬卡龍(*Les Sœurs Macarons*)』」。

我聽說有傳承這種馬卡龍的店家，滿心歡喜地造訪南錫。南錫曾為洛林公國的首都而繁榮一時，它是法國甜點達人必知的斯坦尼斯拉(*Stanislas Leszczynski*)公爵，於18世紀進行都市開發所建造的美麗城市。19世紀時盛行新藝術(*Art Nouveau*)運動，該城到處都殘留當時的面貌。我一面眺望美景，一面來到優美的洛可可風格的斯坦尼斯拉廣場，在灰色大街的角落，我找到「Les Sœurs Macarons」的看板。進入店內，看到一張骨董般的浮雕大木桌，上面排放著墊著紙的南錫馬卡龍。僅僅只是這樣而已。我被該店遵循傳統的執著態度與純粹深深撼動，加上看店老婦人的嚴肅表情，讓我留下深刻的印象。如今那家店也已不在，真的很遺憾。

南錫馬卡龍這個甜點最有趣的部分，終究還是口感。在各式馬卡龍中，它最能讓人享受到外酥內軟的口感。龜裂的表面既樸素又富趣味，每次咀嚼都能盡享豐盈的杏仁風味。

---

1. 在鋼盆中放入生杏仁膏、糖粉和蛋白，用手如捏握般混合變柔軟。
2. 加低筋麵粉充分混合。
3. 在鍋裡加白砂糖和水，以大火加熱至108℃。
4. 在**2**中加入**3**，用橡皮刮刀混拌變細滑。
5. 蓋上保鮮膜，讓它鬆弛2小時以上。
6. 擠花袋上裝上口徑12mm的圓形擠花嘴，裝入麵糊，在鋪了捲筒紙（玻璃紙）的烤盤上，擠成直徑約3cm的圓形。
7. 讓它鬆弛2小時以上。
8. 沾濕布巾輕輕擰乾，縱長向摺疊握住兩端，在**7**的麵糊表面輕輕敲拍沾濕。
9. 以180℃的烤箱約烤25分鐘。
10. 連紙置於網架上放涼。

Bergamotes de Nancy
南錫香檸檬糖

香檸檬主要產於義大利、法國科西嘉島和中國，是柑橘科柑橘類水果之一。從果皮提煉的精油可用於香水等中。這個甜點據說是15世紀時，洛林公爵同時也是拿坡里及西西里島國王的雷內二世 *(René II)* 引進洛林的。

南錫香檸檬糖這個散發香檸檬風味，呈蜜色的四角形飴糖，與南錫馬卡龍 *(p.24)* 並列為南錫的特產。相傳它是糖果師傅姜・佛列迪利克・高德佛勒・利奇 *(Jean Frédéric Godefroy Lillich)* 接受調香師的建議，在19世紀中葉獨創的。

為避免飴糖再結晶，通常會加入酒石酸或檸檬酸等。但這個南錫香檸檬糖我加入紅葡萄酒醋，完成後整體非無色透明，而是呈現淡淡的琥珀色。能透光的美麗色澤，讓我不禁被深深吸引。

2.5×2.5cm・49個份

白砂糖：250g
sucre semoule

水飴 glucose：20g

水 eau：80g

香檸檬香精：2g
essence de bergamote

紅葡萄酒醋：3滴
vinaigre de vin rouge

1. 在銅鍋裡放入白砂糖、水飴和水，以大火加熱至165℃。
2. 大理石台上鋪上矽膠烤盤墊，倒入*1*。
3. 約放涼至100℃後，加佛手柑香精和紅葡萄酒醋。戴上耐熱橡膠手套，從邊端開始往中央如摺疊般迅速混拌。
4. 待*3*涼至60～70℃後，在兩側放上厚3mm的基準桿，用擀麵棍從上面擀成厚3mm。
5. 成為用手指按壓能殘留少許痕跡的硬度後，拿掉基準桿，用刀畫出2.5×2.5cm大小的切痕。
6. 直接放涼讓它凝固。
7. 輕輕移放在大理石台上，沿切口切開。

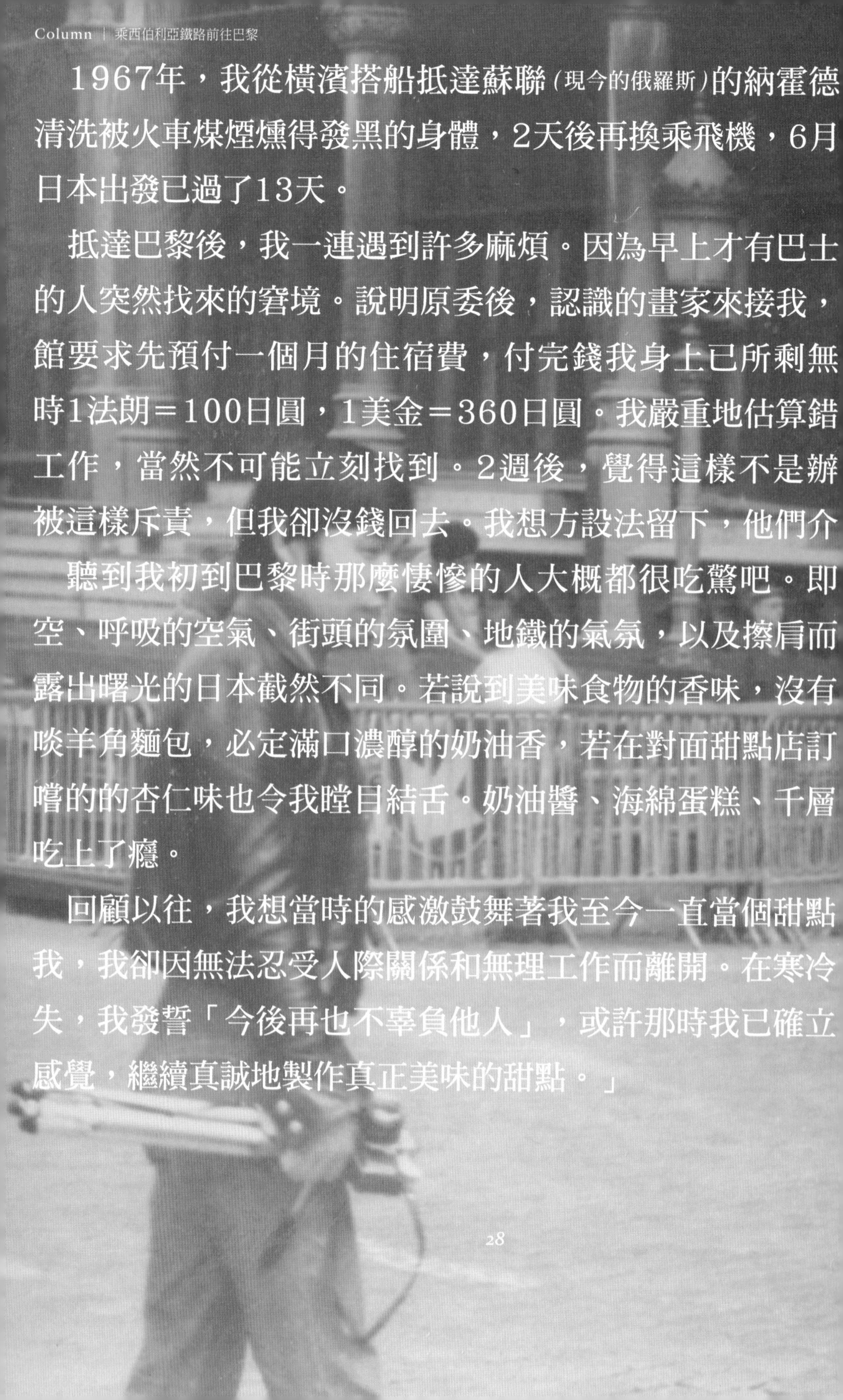

1967年，我從橫濱搭船抵達蘇聯(現今的俄羅斯)的納霍德
清洗被火車煤煙燻得發黑的身體，2天後再換乘飛機，6月
日本出發已過了13天。

抵達巴黎後，我一連遇到許多麻煩。因為早上才有巴士
的人突然找來的窘境。說明原委後，認識的畫家來接我，
館要求先預付一個月的住宿費，付完錢我身上已所剩無
時1法朗＝100日圓，1美金＝360日圓。我嚴重地估算錯
工作，當然不可能立刻找到。2週後，覺得這樣不是辦
被這樣斥責，但我卻沒錢回去。我想方設法留下，他們介

聽到我初到巴黎時那麼悽慘的人大概都很吃驚吧。即
空、呼吸的空氣、街頭的氛圍、地鐵的氣氛，以及擦肩而
露出曙光的日本截然不同。若說到美味食物的香味，沒有
啖羊角麵包，必定滿口濃醇的奶油香，若在對面甜點店訂
嚐的的杏仁味也令我瞠目結舌。奶油醬、海綿蛋糕、千層
吃上了癮。

回顧以往，我想當時的感激鼓舞著我至今一直當個甜點
我，我卻因無法忍受人際關係和無理工作而離開。在寒冷
失，我發誓「今後再也不辜負他人」，或許那時我已確立
感覺，繼續真誠地製作真正美味的甜點。」

卡(*Nakhodka*)，再搭乘西伯利亞鐵路前往莫斯科。到達後我
6日的半夜終於抵達巴黎的奧利(*Orly*)機場，那天距離我從

因此我睡在機場椅子上卻遭人舉報，讓我面臨日本大使館
我們抵達14區阿萊西亞(*Alesia*)教會後面的旅館，沒想到旅
幾。當時若有8萬元日幣，在日本能愉快地生活2個月，那
誤，之前的想法實在太天真了。我不安又焦急地到處尋找
法，於是前往大使館求教，卻被狠狠斥責要我回日本。雖
紹我到日本料理店工作，我終於開始在法國展開生活。
使如此，我在巴黎生活的每一天都充滿了感激。蔚藍的天
過的人們等，當時的巴黎閃閃發光，和東京奧運結束才剛
比阿萊西亞市場每早飄散出的香味更吸引我的了。我若大
購薩瓦蘭蛋糕，店家會以燒杯為我淋上芳香的酒。生平首
酥、牛角麵包、泡芙、蒸布丁等，全都香甜又美味，讓我

師傅。另一個是我對日本料理店店長的歉意，他曾經幫助
的雨天我雖謝罪辭職，但辜負恩人的心痛感至今不曾消
人生態度「一輩子當個職人，不鬆懈、不驕奢，憑身體的

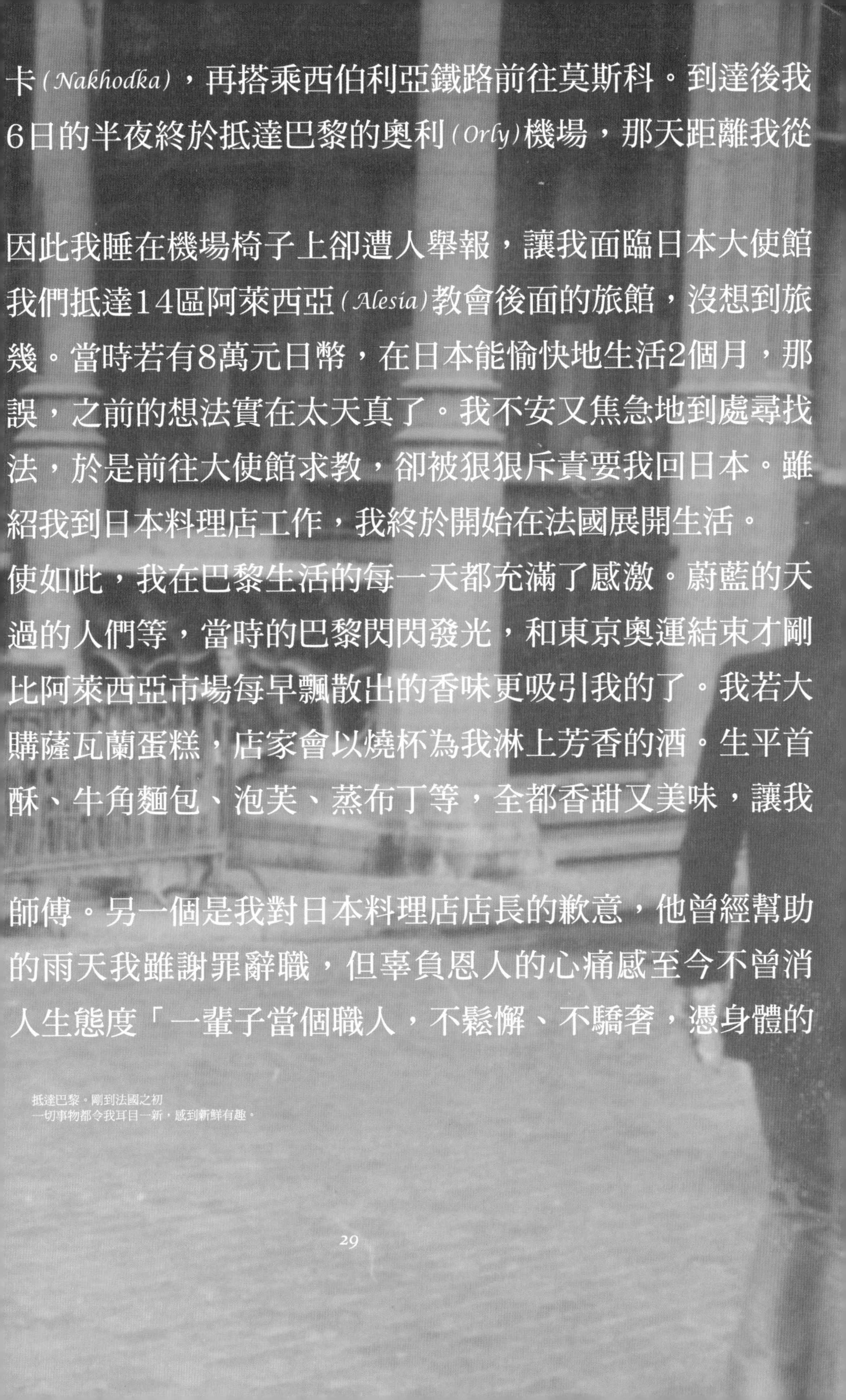

抵達巴黎。剛到法國之初
一切事物都令我耳目一新，感到新鮮有趣。

Baba au Rhum
蘭姆巴巴

直徑5×高4.5cm的杯形烤模（dariole）· 30個份

巴巴麵團 pâte à baba
- 乾酵母 : 8g levure sèche de boulaneer
- 白砂糖 sucre semoule : 1g
- 溫水 eau tiède : 40g
- 高筋麵粉 : 300g farine de gruau
- 白砂糖 sucre semoule : 8g
- 鹽 sel : 8g
- 全蛋 œufs : 200g
- 鮮奶 lait : 120g
- 奶油 beurre : 90g
- 無籽葡萄乾 : 150g raisins secs de Sultana

巴巴糖漿 sirop à baba
- 水 eau : 1kg
- 白砂糖 : 500g sucre semoule
- 磨碎的柳橙皮 : 1個份 zestes d'oranges râpées
- 肉桂棒 : 2根 bâtons de cannelles
- 八角 anis étoilés : 3個
- 蘭姆酒 rhum : 300g

蘭姆巴巴這個甜點，是以添加葡萄乾的發酵麵糊烘焙後，再浸漬蘭姆酒風味糖漿而成。一般認為最初源自洛林公爵斯坦尼斯拉 *(Stanislas Leszczynski)* 的創意。某日，他覺得咕咕洛夫 *(p.34)* 吃起來太乾，於是試著將它浸漬蘭姆酒 (一說是馬拉加葡萄酒〔*Malaga Wine*〕)，結果變得非常美味。於是，他以自己喜愛的《一千零一夜》書中的主角阿里．巴巴 *(Ali baba)* 的名字為甜點命名。另有一說是，公爵以祖國波蘭的圓柱形發酵甜點巴布卡 *(Babka*，「伯母」，或「老太太」之意*)* 為藍本所製作。總之，這個甜點在南錫宮廷博得好評，常出入宮廷的甜點職人史特雷 *(Stohrer)* 之後加以改良。在巴黎的蒙托格伊街 *(Rue Montorgueil)* 開設了自己的甜點店，以巴巴 *(baba)* 之名販售而廣為人知。

製作的重點是麵團需要慢慢地捏揉，讓麵粉的麵筋變成極細緻的網狀組織，使質地變紮實。之後烘焙變乾，再花時間浸漬在人體體溫程度的糖漿中，這樣不僅能吃到蛋糕的口感，同時也能享受飽滿的糖漿，這是巴巴蛋糕才能吃到的美味。

順帶一提，活躍於19世紀中葉的甜點職人朱利安兄弟 *(Les Juliens)* 從巴巴蛋糕獲得靈感，創作了薩瓦蘭 *(Savarin)* 這個甜點，他們以著名的美食家布利薩瓦蘭 *(Brillat-Savarin)* 的名字來命名。沒加葡萄乾的巴巴麵團，以中空環形模烘烤，浸漬蘭姆酒糖漿後填入奶油醬或水果。此外，以南義拿坡里特產而聞名的巴巴，據說是拿坡里甜點職人從巴黎帶回作法後才流傳開來。

製作巴巴麵團

1. 依照「基本」的「布里歐麵團」的「用手揉捏法」**1**～**6**的要領製作。但在步驟**2**不加水，以鮮奶取代一面慢慢加入，一面揉捏。
2. 倒入鋼盆中，表面撒上防沾粉，用刮板將麵團邊端向下壓入使表面緊繃成團。
3. 蓋上保鮮膜，進行第一次發酵約2小時，讓它膨脹約2倍大。
4. 揉壓麵團擠出空氣，取至工作台上。在工作台一面再次擠壓麵團，一面如摺疊般揉捏。
5. 麵團成團後，若不會沾黏工作台，放入用手捏軟、弄碎的奶油。用手摺疊混合後，和**4**同樣地充分揉捏混合。
6. 奶油充分混勻，麵團不沾黏工作台後，加入無籽葡萄乾，用手掌如摺入般揉捏混合。
7. 在鋪了矽膠烤盤墊的烤盤上，放上直徑5cm、高4.5cm的杯形烤模。擠花袋上裝上口徑12mm的圓形擠花嘴，裝入**6**的麵團，擠入模型至1/3的高度。
8. 整體蓋上保鮮膜，進行第二次發酵約1個半小時，讓它膨脹約2倍大。
9. 以190℃的烤箱約烤40分鐘。
10. 脫模，以打開空氣閥的190℃烤箱再烤20分鐘，充分烘烤變乾。
11. 置於網架上放涼。

製作巴巴糖漿

12. 在鍋裡放入蘭姆酒以外的所有材料，以大火煮沸。
13. 直接放涼至35℃，再加入蘭姆酒。

完成

14. 將**13**調整成30～35℃，浸漬**11**。不時翻面，讓整體都滲入糖漿。
15. 蛋糕充分吸收糖漿膨脹後，放在網架上瀝除多餘的糖漿。

Tarte Alsacienne
亞爾薩斯塔

亞爾薩斯是法國屬一屬二的水果盛產區。除了大量的蜜李外，還能收獲李子、蘋果、櫻桃等各式美味的水果。每個家庭用這些水果製作出不計其數的獨家風味塔，這些都統稱為亞爾薩斯塔。我在亞爾薩斯希望最先吃到的也是這個塔。

最常見的亞爾薩斯塔，是在模型中鋪入酥塔皮或沙布蕾塔皮，排入水果，再倒入蛋和鮮奶混合的液狀蛋奶餡後烘烤。蛋奶餡中因不加粉類，所以烤好後呈現布丁般的柔嫩口感。

這裡介紹的這個塔我略微改變風格，使用布里歐麵團，風味較樸素。塔皮上排入蘋果，倒入砂糖、融化奶油和杏仁混合的蛋奶餡後烘烤。這樣兩者不會過度混合，能均衡地提引出各自的最佳香味。蛋奶餡酥脆的口感也是極富魅力。

直徑18×高2cm的圓形塔模．2個份

布里歐麵團：240g
pâte à brioche
（▸▸ 參照「基本」）

餡料 garnitures
- 蘋果 pommes：5個

蛋奶餡 appareil
- 白砂糖：50g
  sucre semoule
- 肉桂（粉）：2g
  cannelle en poudre
- 切碎的杏仁：50g
  amandes hachées
- 融化奶油：50g
  beurre fondu

準備布里歐麵團
1. 揉壓布里歐麵團擠出空氣後，分割成每團120g。
2. 手掌彎成碗狀如包覆般在工作台上旋轉揉圓麵團，使表面變平滑。
3. 配合模型大小擀成圓形。模型置於烤盤上，底部鋪入塔皮。
4. 蓋上保鮮膜進行第二次發酵約1小時，讓它膨脹約2倍大。

準備餡料
5. 蘋果去皮和果核，縱切8等分成月牙片。

製作蛋奶餡
6. 在鋼盆中放入所有材料，用木匙混合。

組裝、烘烤
7. 將**5**的蘋果呈放射狀排放在**4**上。
8. 整體倒滿**6**的蛋奶餡。
9. 用180℃的烤箱約烤45分鐘。
10. 脫模，置於網架上放涼。

Kouglof
咕咕洛夫

提到亞爾薩斯的甜點時，絕少不了咕咕洛夫。在亞爾薩斯的任何甜點店，一定都能看到這個有斜向旋轉條紋造型獨特的甜點，讓造訪的人無不留下深刻的印象。Kouglof也被拼寫成Kugelhopf，在德語中Kugel是「球」之意，而hopf是「hop（啤酒花）」或「啤酒酵母」的意思，這是該語源最可信的說法。因為亞爾薩斯過去與其他中歐國家一樣，在製作咕咕洛夫這樣的發酵蛋糕時，都會使用啤酒酵母。

關於咕咕洛夫的由來有諸多傳說，一說是18世紀從奧地利傳來，因路易十六*(Louis XVI)*的王后瑪莉安東尼*(Marie Antoinette)*而在法國流行開來；另一說是天才料理人安東尼．卡瑞蒙*(Marie-Antoine Carême)*擔任奧地利大使館員的友人傳授給他的。另外，還有說法指出它是亞爾薩斯地區從前的甜點。其中最受矚目的是流傳在希伯維列*(Ribeauvillé)*這個小城的傳說。這個城住著一位名叫庫格爾*(Kugel)*的陶工，某夜他讓三位旅人借宿，並款待他們。事實上這三個人是來祝賀基督誕生的東方三博士，他們以庫格爾製作的模型烘焙甜點作為借宿的謝禮。據說這就是咕咕洛夫的起源。真偽暫且不論，不過亞爾薩斯人現在烘烤咕咕洛夫時，的確喜愛使用陶製模型。

它豪華的風味也很適合當作早餐，但我覺得最美味的吃法是搭配亞爾薩斯的白葡萄酒一起享用。

直徑13×高9cm的咕咕洛夫模型（陶製）．5個份

低筋麵粉 farine ordinaire：250g
高筋麵粉 farine de gruau：250g
乾酵母：15g levure sèche de boulanger
白砂糖 sucre semoule：2g
溫水 eau tiède：75g
白砂糖 sucre semoule：98g
鹽 sel：12g
全蛋 œufs：200g
鮮奶 lait：100g
奶油 beurre：300g
無籽葡萄乾：250g raisins secs de Sultana

澄清奶油：適量 Q.S. beurre clarifié
杏仁（去皮）：適量 Q.S. amandes émondées

事先準備
＊用毛刷在模型中塗上澄清奶油，模型底貼上杏仁，放入冷凍庫冷凍變硬備用。

1. 在鋼盆中放入低筋麵粉和高筋麵粉後混合。
2. 在鋼盆中放入乾酵母、**1**的50g、白砂糖2g和溫水，用木匙混拌。進行預備發酵作業20～30分鐘直到冒泡。
3. 將剩餘的**1**、白砂糖98g、鹽、全蛋、鮮奶（室溫）和**2**，用攪拌機（勾狀拌打器）以低速粗略地混拌後，轉為中速充分混拌。
4. 麵團不沾攪拌缸，用手能拉成薄膜狀後，放入撕碎的奶油（室溫）混合。
5. 充分混合奶油散發光澤後，加入無籽葡萄乾以低速混合。
6. 倒入鋼盆中，表面撒上防沾粉，用刮板從麵糊邊端如向下壓入使表面緊繃成團。
7. 蓋上保鮮膜，進行第一次發酵約2小時，讓它膨脹約2倍大。
8. 揉壓麵團擠出空氣後，分割成每團300g。
9. 手掌彎成碗狀如包覆般在工作台上旋轉揉圓麵團，使表面變平滑。
10. 正中央用手挖洞，放入模型中。從上用手輕輕地壓入模型中。
11. 進行第二次發酵約2小時，讓它膨脹約2倍大。
12. 放在烤盤上，以200℃的烤箱約烤40～45分鐘。
13. 放涼1～2分鐘，脫模，置於網架上再放涼。

Beignet Alsacien
亞爾薩斯甜甜圈

在法國各地不論是狂歡節(*carnaval*，又稱嘉年華)、基督教的慶典日，或是當地的傳統節慶等，都會製作各式各樣應景的各式甜甜圈(油炸甜點)。亞爾薩斯甜甜圈也是其中之一。它和亞爾薩斯相鄰的德國或奧地利的Krapfen及Berliner類似，作法都是將麵包般的發酵麵團油炸後，裡面再擠入果醬。

我造訪亞爾薩斯時，看到攤販在大鍋裡油炸這種甜甜圈，再用擠花袋擠入少許果醬後販售。擠入裡面的餡料有覆盆子果醬、杏桃果醬等五花八門。我在麵團中加入大量鮮奶，完成後的甜甜圈，呈現歐蕾麵包般的膨鬆柔軟口感。

直徑約5cm・14個份

發酵麵團 pâte levée
- 乾酵母：10g levure sèche de boulanger
- 白砂糖 sucre semoule：1g
- 溫水 eau tiède：50g
- 低筋麵粉：300g farine ordinaire
- 白砂糖：19g sucre semoule
- 鹽 sel：6g
- 全蛋 œufs：100g
- 鮮奶 lait：200g
- 奶油 beurre：30g

餡料 garniture
- 覆盆子（有籽）果醬：225～300g confiture de framboises pépins （▸▸參照「基本」）

花生油：適量 Q.S. huile d'arachide

肉桂糖：適量 Q.S. sucre cannelle

糖粉 sucre glace：適量 Q.S.

製作發酵麵團
1. 在鋼盆中放入乾酵母和白砂糖1g，倒入溫水。進行預備發酵作業20～30分鐘直到冒泡。
2. 將低筋麵粉、白砂糖19g、鹽、全蛋、鮮奶（室溫）和*1*，用攪拌機（勾狀拌打器）以低速粗略混拌後，轉高速充分混拌。
3. 待麵團不沾攪拌缸後，放入撕碎的奶油（室溫）以中速混合。
4. 奶油充分混勻散發光澤後，倒入鋼盆中，表面撒上防沾粉，用刮板從麵糊邊端如向下壓入使表面緊繃成團。
5. 蓋上保鮮膜，進行第一次發酵約1小時，讓它膨脹約2倍大。
6. 揉壓麵團擠出空氣後，揉成圓棒狀，分割成每團20g。
7. 手掌彎成碗狀如包覆般在工作台上旋轉揉圓麵團，使表面變平滑。
8. 放在烤盤上，用噴壺噴水，進行第二次發酵約1小時，讓它膨脹約2倍大。

油炸・完成
9. 將*8*放入加熱至160～170℃的花生油中，一面不時翻面，一面炸到整體上色為止。
10. 撈出放在網架上瀝油，趁熱撒上肉桂糖，直接放涼。
11. 稍微放涼後，用剪刀在側面剪出深孔。擠花袋上裝上口徑8mm的圓形擠花嘴，裝入覆盆子（有籽）果醬，從孔中擠入適量果醬。
12. 放在網架上，稍微撒些糖粉。

Pain d'Épices d'Alsace

亞爾薩斯香料麵包

許多人聽到香料麵包，大概會想到勃艮地地區第戎(*Dijon*)的辛香料風味蛋糕。不過，亞爾薩斯如餅乾般的香料麵包與這種蛋糕不同，它和德國的薑餅(*Lebkuchen*)、椒味餅(*Pfefferkuchen*)或比利時的焦糖餅乾(*spéculoos*)較為類似。它是當地12月6日聖尼古拉斯日不可或缺的甜點，可直接吃、給孩子當點心，或製成各種造型作為裝飾品，還經常以糖衣添加五彩繽紛的花飾。

香料麵包能讓人感受硬中略帶黏稠的口感，每次咀嚼散發的香料香，讓人真切感受亞爾薩斯的風味。製作的訣竅是使用大量的蜂蜜和辛香料。在古希臘和羅馬，蜂蜜是供奉給眾神的珍貴甜味料，自古以來也用於麵包、甜點中。而辛香料一直都被視為珍貴的昂貴品，東羅馬帝國使用並傳往歐洲。十字軍東征帶來新的供給，經過地理大發現普遍擴展至今。

一般認為香料麵包是11世紀時自東方傳至歐洲，源自10世紀時中國以麵粉和蜂蜜捏製的糕餅——蜜餅。相傳蒙古的成吉思汗(*Gengis Khan*)以此作為軍糧，經由十字軍傳往歐洲各地的過程中又加入香料，演變成香料麵包。另有一說是11世紀時，亞美尼亞主教聖格列高(*Saint Grégoire*)逃至奧爾良地區的皮蒂維耶(*Pithiviers*)帶來了這個甜點。

在亞爾薩斯的熱爾特維萊(*Gertwiller*)香料麵包博物館裡，能看到德國在1296年時就有椒味餅(*Pfefferkuche*)的記述。在1453年的資料中，已記載亞爾薩斯馬林塔爾(*Marienthal*)西妥會(*Cistercians*)修士們的聖誕餐桌上有香料麵包。據說文藝復興時期，以口中銜著扭結麵包(*Bretzel*)的熊作為標章的香料麵包師(*Lebküchier*)公會，也誕生於亞爾薩斯。

基準直徑約4～5cm的喜愛切模．120個份

麵團 pâte

- 蜂蜜 miel：500g
- 白砂糖：500g sucre semoule
- A.
  - 杏仁片：250g amandes effilées
  - 苦杏仁香精：50g essence d'amandes amère
  - 肉桂（粉）：4g cannelle en poudre
  - 八角（粉）：1.2g anis étoilé en poudre
  - 丁香（粉）：1.2g girofle en poudre
  - 肉荳蔻（粉）：1.2g muscade en poudre
  - 磨碎的檸檬皮：1個份 zestes de citrons râpés
  - 小蘇打粉：4g bicarbonate de soude
  - 櫻桃白蘭地 kirsch：90g
  - 低筋麵粉：1kg farine ordinaire

糖衣 glace royale

- 糖粉 sucre glace：50g
- 蛋白 blancs d'œufs：30g
- 檸檬汁：2～3滴 jus de citron

塗抹用蛋（全蛋）：適量 dorure (œufs entiers) Q.S.

製作麵團

1. 將蜂蜜和白砂糖混合煮沸，直接放涼。
2. 在鋼盆中放入A和*1*，用手混拌揉成團。
3. 裝入塑膠袋中壓平，放入冷藏庫鬆弛12小時。
4. 擀成厚5mm，用喜歡的切模切取（用刀切成適當的形狀也行）。
5. 排放在鋪了矽膠烤盤墊的烤盤上，用毛刷薄塗上塗抹用蛋。
6. 用180℃的烤箱約烤30分鐘。

製作糖衣

7. 在鋼盆中放入糖粉和蛋白，用木匙攪拌混合。
8. 整體混勻後，加檸檬汁混合。

完成

9. *6*趁熱用毛刷塗上糖衣，置於網架上晾乾。

Berawecka
洋梨聖誕麵包

這個麵包也被稱為水果麵包 *(Pain de Fruits)*，是亞爾薩斯聖誕節時不可或缺的甜點。發酵麵團中，與香料一起混入以櫻桃白蘭地醃漬的西洋梨、無花果、蜜李、葡萄乾、堅果類等大量水果，經烘焙完成。雖然它的原文名稱有Bireweck、Berawekra、Bierewecke等各式拼法，不過若以現在的亞爾薩斯語來說，beera是指「西洋梨」，而wäckla是指「小麵包」。據說當地的習俗是在聖誕節半夜進行彌撒前食用。

在其他地方很難看到以這麼少量的發酵麵團，組合如此大量水果乾的甜點，令我感到興趣。只要改變水果和香料種類的比例，就能享受截然不同的美味，也可以切薄片搭配葡萄酒享用。

20×6cm・8根份

A. 洋梨（乾燥）：250g
poires sèches
無花果（乾燥）：250g
figues seches
蜜李乾（無籽）：250g
pruneaux
葡萄乾（乾燥）：250g
abricots secs
蜜漬橙皮：100g
écorces d'oranges confites

B. 醃漬櫻桃：50g
bigarreaux confits
無籽葡萄乾：250g
raisins secs de Sultana
八角（粉）：10g
anis étoilé en poudre
肉桂（粉）：10g
cannelle en poudre
丁香（粉）：3g
girofle en poudre
黑胡椒（粉）：2g
poivre noir en poudre
白砂糖：100g
sucre semoule
櫻桃白蘭地 kirsch：100g

高筋麵粉 farine de gruau：100g
乾酵母：8.6g
levure sèche de boulanger
溫水 eau tiède：120g
鹽 sel：1g
核桃（烤過）noix grillées：100g
杏仁（無皮、烤過）：100g
amandes émonaées grillées

醃漬櫻桃：24顆
bigarreaux confits
杏仁（無皮）：24顆
amandes émondées
阿拉伯膠（粉）：適量 Q.S.
gomme arabique en poudre
※以等量的水調勻

1. 將A的材料全切成約1cm寬的條狀，放入鋼盆中。
2. 將B加入 *1* 中用手混合約醃漬12小時。
3. 在鋼盆中放入高筋麵粉、乾酵母、溫水和鹽，用木匙混合。進行第一次發酵約2小時直到冒泡。
4. 在 *3* 中加入核桃、杏仁和 *2* ，用手均勻混合。
5. 分割成每塊250g，用手揉圓，塑成蛋形。
6. 排放在鋪了矽膠烤盤墊的烤盤上，蓋上保鮮膜，進行第二次發酵1～1個半小時，讓它稍微膨脹。
7. 上面放上一排醃漬櫻桃和杏仁。
8. 用170℃的烤箱約烤40分鐘。
9. 趁熱用毛刷塗上保溫在50～60℃的阿拉伯膠。
10. 置於網架上放涼。

Pain d'Anis de Sainte-Marie-aux-Mines
聖瑪麗・奧米內茴香麵包

茴香麵包也是能讓人感受亞爾薩斯風情的甜點。它是聖誕期間不可缺的甜點，可當作以雕花模具擀壓再烤製的小騎士茴香餅乾 *(Springerle)*，或當作名為聖誕小餅乾 *(Bredele)* 的各式餅乾之一。雖然它在聖誕節以外的時間也製作，大多製成馬卡龍般的圓形，但也有烤小舟狀，以1根為單位來販售，我吃過好幾次。

這個甜點的最初發現地，是在距離史特拉斯堡 *(Strasbourg)* 西南方約56km處的佛日山間小城聖瑪麗・奧米內 *(Sainte-Marie-aux-Mines)*。那裡過去盛行開採銀礦，作為礦山城而繁榮一時。這個麵包的特色是烘烤前需乾燥12～24小時。麵團裡幾乎不加油，口感非常硬，嚼起來散發濃濃的大茴香香味。與西南部的杏仁脆餅 *(p.171)* 酥脆的硬度有別，雖然整體硬得令人驚訝，不過嚼的時候感覺容易碎裂。味道樸素又新奇。

12×3cm・24個份

低筋麵粉 ferine ordinaire：250g
高筋麵粉 farine de gruau：250g
白砂糖 sucre semoule：500g
大茴香籽 grains d'anis：60g
蛋白 blancs d'œufs：120g
蛋黃 jaunes d'œufs：40g
沙拉油 huile végétale：4g

塗抹用蛋（全蛋）：適量 Q.S.
dorure（œufs entiers）

1. 鋼盆中放入低筋麵粉和高筋麵粉混合，再加入所有剩餘的材料。
2. 用手充分揉搓混合直到散發光澤。
3. 麵團分割成每塊50g。
4. 用手揉成棒狀後，兩端再揉細，成為長12cm、寬3cm的小舟形狀。
5. 排放在烤盤上，蓋上保鮮膜，放入冷藏庫鬆弛12小時。
6. 用毛刷薄塗上塗抹用蛋，正中央用刀切出切口。
7. 用180℃的烤箱約烤40～45分鐘。
8. 置於網架上放涼。

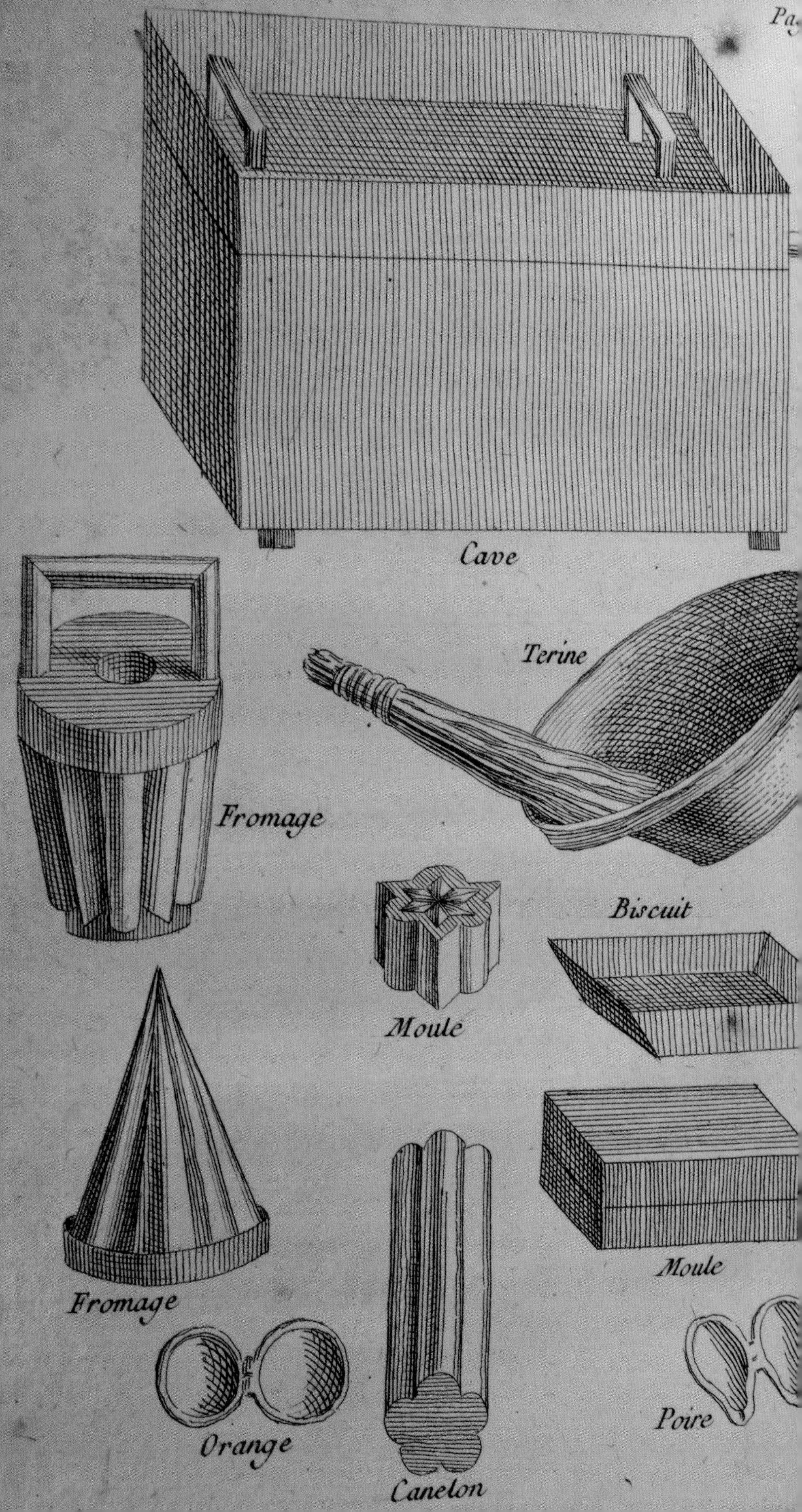

Planche 2.

Cave

Terine

Fromage

Biscuit

Moule

Moule

Fromage

Orange

Canelon

Poire

德尼・狄德羅（Denis Diderot）、
讓・勒朗・達朗貝爾（Jean Le Rond d'Alembert）編
《百科全書（L'Encydclopédie，
ou Dictionnaire raisonné des sciences,
des arts et des métiers）》（*1751-72*）的繪圖。

Franche-Comté
Bourgogne
Nivernais

弗朗什・康地、勃艮地、
納韋內

Franche-Comté
弗朗什・康地

弗朗什・康地分布在汝拉山山麓一帶，與瑞士國境交界地區。擁有森林、溪谷、湖泊等豐富的自然環境。西元前為喀爾特人的居住地，但被羅馬占領後，歷經勃艮第王國和法蘭克王國的統治，10世紀時受勃艮地伯爵管轄。15世紀時成為哈布斯堡*(Habsburg)*家族的領地，直到17世紀才被法蘭西王國統一。在飲食方面，以特色葡萄酒和用優質鮮奶製作的豐富起司而聞名，也有酥餅*(Sèche、餅的一種)*、甜甜圈等樸素的甜點。另外還有果醬、越橘及血紅小檗*(épine-vinette)*等獨特的農產品。

▸主要都市：貝桑松（*Besançon*，距巴黎327km） ▸氣候：夏季涼爽、冬季嚴寒的山地氣候。 ▸水果：野櫻桃、核桃 ▸酒：黃葡萄酒（*Vin Jaunes*，酒桶長時間熟成的黃葡萄酒）、麥桿葡萄酒（*Vin de Paille*，麥桿風乾葡萄酒）、蓬塔利耶大茴香酒（*Anis de Pontarlier*，蓬塔利耶的大茴香酒）、雪白龍膽（*Gentiane*，一種龍膽的根）的富熱羅萊（*Fougerolles*）櫻桃白蘭地、馬爾索特（*Marsotte*）的櫻桃白蘭地、佛日（*Vosges*）的稻穀利口酒、汝拉香甜酒（*Macvin de Jura*，汝拉的酒精強化甜味葡萄酒）、渣釀白蘭地 ▸起司：孔泰（*Conté*）、哲克斯藍紋起司（*Bleu de Gex*）、康庫瓦約特軟起司（*Cancoillote*）、愛蒙塔爾硬質起司（*Emmental Grand Cru*）、莫爾比耶（*Morbier*）、金山（*Mont d'Or*） ▸料理：葡萄酒風味燉香腸（*Jésus de Morteau à la Vigneronne*，燻製香腸和葡萄酒、香味蔬菜、鹽漬豬肉、馬鈴薯等一起的燉煮料理）、孔泰起司鍋（*Fondue Comtoise*，使用孔泰起司、汝拉產葡萄酒、櫻桃白蘭地的起司鍋） ▸其他：蜂蜜（洋槐、菩提、稻穀）、烤過的菜籽油（*Huile de Colza Grillé*）

Bourgogne
勃艮地

提到勃艮地的特產品，人們最先會想到葡萄酒。在以科多爾*(Côte d'Or)*為中心的丘陵斜坡上廣布著連綿不絕的葡萄田。以美食地聞名的勃艮地，擁有各式各樣老饕們垂涎的鄉土料理，例如蝸牛、夏洛萊牛、第戎黃芥末等。勃艮地*(Bourgogne)*的地名，源自5世紀時在該地建立的勃艮地*(Burgundia)*王國。勃艮地公國誕生於6世紀，在9世紀時從法蘭克王國暫時統治中復活。14世紀時法蘭德伯爵繼承領地，勢力擴及北海沿岸，繁華一時，到了15世紀時才被法蘭西王國統一。該區特產各式豐富的糖果、弗拉維尼茴香糖*(Anis de Flavigny)*、第戎黑醋栗酒*(Cassisine de Dijon)*等也廣為人知。

▸主要都市：第戎（*Dijon*，距巴黎263km） ▸氣候：溫差劇烈的標準大陸性氣候，混合全年降雨的海洋性氣候的元素。因不同地區有明顯變化。 ▸水果：黑醋栗、馬莫特櫻桃（*Cerise Marmotte*）、李子、覆盆子、醋栗、核桃 ▸酒：葡萄酒、黑醋栗利口酒（*Crème de Cassis*）、渣釀白蘭地（*Marc de Bourgogne*，以釀造葡萄酒時產生的葡萄渣滓釀製的蒸餾酒）、精釀葡萄酒（*Fine de Bourgogne*，以釀造葡萄酒時產生的沉澱物釀造成的蒸餾酒）、拉塔菲亞（*Ratafia*，酒精強化甜味葡萄酒） ▸起司：艾帕斯（*Epoisses de Bourgogne*）、蘇曼特蘭（*Soumaintrain*）、安吉山多雷（*Aisy Cendré*）、夏洛萊（*Gharolais*） ▸料理：紅酒燉雞（*Coq au Vin*，紅葡萄酒燉公雞）、起司泡芙（*Gougères*，加起司的泡芙）、紅酒燉牛肉（*Bœuf Bourguignon*，紅葡萄酒燉煮牛肉）、勃艮第蝸牛（*Escargots à la Bourguignon*，以烤箱烘烤的奶油焗蝸牛）、洋芹火腿凍（*Jambon Persillé*，加入巴西里的火腿料理）、白酒河魚（*Pochouse*，白葡萄酒蒸煮淡水魚）。

Nivernais

納韋內

納韋內構成現在涅夫勒省 *(Nièvre)* 的一部分區域。丘陵上廣布森林和牧草地。飲食方面常被納入勃艮地區來探討，不過也能看到受貝里 *(Berry)* 、奧爾良 *(Orléanais)* 、波旁 *(Bourbonnais)* 等地區的影響。自勃艮地公國統治起的6世紀加入納韋爾教區，9世紀末時成為伯爵領地。12世紀時受庫爾特奈 *(Courtenay)* 的皮耶2世 *(Pierre II)* 的統治，在多次變更領主之後，18世紀時公國的稱號失效。該區除了糖果外，也有製作傳統的樸素甜點。

▸主要都市：納維爾（*Nevers*，距巴黎216km） ▸氣候：基本為內陸性氣候兼具海洋性氣候。夏季和冬季的溫差較小，受起伏地形、西方或西南方吹來的風的影響產生變化。 ▸水果：草莓、櫻桃 ▸料理：納韋內風格蔬菜燉肉（*Potée Nivernaise*，肉和蔬菜一起燉煮）、克拉梅西內臟香腸（*Andouillette de Clamecy*）

Pets-de-Nonne
貝杜濃尼泡芙

直徑約4cm・40個份

鮮奶 lait : 250g
鹽 sel : 5g
白砂糖 : 15g
sucre semoule
奶油 beurre : 60g
低筋麵粉 : 150g
farine ordinaire
全蛋 œufs : 150～200g
橙花水 : 5～6滴
eau de fleur d'oranger
磨碎的柳橙皮 : 1/10個份
zestes d'oranges râpées

花生油 : 適量 Q.S.
huile d'arachide
糖粉 sucre glace : 適量 Q.S.

在法語中，Pets-de-Nonne有「修女之屁」的意思。它是泡芙麵糊油炸膨脹成的甜點，但不知為何有此奇怪的名字。若以正式的名字來稱呼的話，這個甜點又稱為Beignets Venteux（內存氣體的油炸甜點）。此外，屁的感覺不太文雅，因此它也被稱為有「修女的嘆息」之意的Soupir de Nonne，不過Pets-de-Nonne顯然是一般的稱呼。即使餐廳的甜點也用此名，所以被蹙眉也是沒辦法的。

關於它的起源有諸多傳說，一說是位於弗朗什・康地的博姆萊達姆 *(Baume-les-Dames)* 的修道院，修女在熱油中誤放泡芙麵糊而誕生。其他傳說還有，在杜爾 *(Touraine)* 地區的馬爾穆蒂耶 *(Marmoutier)* 大修道院的安妮亞斯貝 *(Agnès)* 修女偶然製作而成，也有說法是源自薩瓦 *(Savoie)* 的霞慕尼 *(Chamonix)*，實際的起源地並無定論。

在法國修業時期，我工作的法國餐廳，也會提供佐配水果醬汁等的貝杜濃尼泡芙作為甜點。我沒想到它竟然是法國鄉土甜點，之後從書本上得知感到訝異。這道甜點配方因奶油少，麵糊黏結性差，油炸後外酥裡Q的對比口感最富魅力。我也會用蘭姆酒來增加香味，但覺得用橙花水味道更高雅。

1. 依照「基本」的「泡芙麵糊」的要領製作麵糊。但不加水。最後製成比基本的泡芙麵糊稍微硬一點（以全蛋的量來調整硬度）。
2. 趁 1 還熱時加入橙花水和柳橙皮，用木匙混合。
3. 在加熱至170～180℃的花生油中，用湯匙舀取 2 放入油炸。不時翻面，炸至麵糊膨脹成5～6倍大，表面適當地上色。
4. 撈到鋪了紙的網架上，瀝除油。
5. 放涼後撒上糖粉。

Pain d'Épices de Dijon
第戎香料麵包

自古以來，第戎 *(Dijon)* 即為勃艮地地區的中心都市而繁榮發展，也是知名的美食之都。只要造訪一次該城，大概都不會忘記以傳統方法製作的第戎黃芥末醬和香料麵包吧。

香料麵包傳至歐洲的過程，與亞爾薩斯的香料麵包 *(p.38)* 有關。在荷蘭、德國、比利時等地也有製作。在法國最初盛行製作香料麵包的香檳區的漢斯 *(Reims)*，1596年，享利四世 *(Henri)* 成立了公認的香料麵包製造者同業公會。在革命前，漢斯在法國的產量雖然首屈一指，但之後第戎獲得優勢至今。14世紀時法蘭德伯爵的長女瑪格麗特三世 *(Marguerite de Dampierre)* 嫁給勃艮地伯爵，似乎也因此將香料麵包傳至第戎。

在當地，香料麵包都烤成大四方形，在顧客面前再分切成所需的大小，按重量販售。其中我特別有印象的是「米其林 *(Michelin)*」這家甜點店。該店店內放著許多大香料麵包，有的包入各式果醬，也有許多淋上覆面糖衣的小香料麵包，整家店瀰漫絕佳的氣氛。它是首次讓我覺得「香料麵包好美味！」的店，不過如今已不在，我只能在記憶中回味那美味，真令人遺憾。

麵包入口後若沒配飲料，辛辣般的乾燥口感，讓我有說不出的懷念。烤好後讓麵包鬆弛一晚，待味道融合後更好吃。一面浸沾鮮奶一面食用，美味更上層樓。

24×26×高5cm的四角型（附底）·1個份

- 低筋麵粉 farine ordinaire：500g
- 黑麥粉 farine de seigle：500g
- 蜂蜜 miel：1kg
- 小蘇打粉：20g bicarbonate de soude
- A. 肉桂（粉）：12g cannelle en poudre
  - 八角（粉）：12g anis étoilé en poudre
  - 香菜（粉）：12g coriandre en poudre
  - 丁香（粉）：12g girofle en poudre

- 澄清奶油：適量 beurre clarifié Q.S.
- 鮮奶 lai：100g
- 白砂糖：100g sucre semoule

事先準備

＊用毛刷在模型中塗上澄清奶油備用。

1. 鋼盆中放入低筋麵粉和黑麥粉混合，倒入煮沸的蜂蜜用木匙混合。
2. 置於室溫中待變涼。
3. 在粉中混入蜂蜜呈黏稠狀態後，取出至工作台上加入小蘇打，用手揉勻。殘存黏性揉成團後，若不沾工作台或手的話即OK。
4. 加入A用手混合。
5. 分成9等分，分別用彎成碗狀的手掌如包覆般在工作台上旋轉、揉圓。
6. 在模型中排放成3×3列。
7. 以170℃的烤箱約烤45分鐘。
8. 在鋼盆中放入鮮奶和白砂糖混合，7烤好後立刻用毛刷塗在上面。
9. 脫模，置於網架上放涼。

Flamusse aux Pommes

芙拉慕斯蘋果塔

全法國都有用麵粉、鮮奶、砂糖和蛋製作的粥狀甜點，例如米亞斯塔 *(p.210)*、克拉芙緹 *(p.150)* 等。有的加入當地特產水果烘焙，有的配合節慶製作，各有不同的名稱，每種都能讓人充分享受鄉土風味。芙拉慕斯蘋果塔也是這類粥狀甜點之一。它主要在勃艮地和納韋內區製作，和克拉芙緹及燕布丁幾乎同樣都是在蛋奶餡中加入蘋果烘烤。充滿家的溫馨風味特別溫暖人心。

直徑16.5×高1.5cm的派盤・8個份

餡料 garniture
- 蘋果 pommes：4個
- 奶油 beurre：40g

蛋奶餡 appareil
- 全蛋 œufs：200g
- 白砂糖：50g sucre semoule
- 低筋麵粉 farine ordinaire：5g
- 鮮奶 lait：500g

奶油 beurre：適量 Q.S.
白砂糖 sucre semoule：50g

事先準備
＊用手在派盤上薄塗奶油備用。

製作餡料
1. 蘋果去皮和果核，切成厚1cm的圓片。
2. 平底鍋裡加熱奶油，香煎*1*的蘋果。
3. 蘋果呈透明感後，移到淺鋼盤中放涼備用。

製作蛋奶餡
4. 在鋼盆中放入全蛋打散，依序加入白砂糖、低筋麵粉和鮮奶（室溫），每次加入都要用打蛋器充分混合。

組裝、烘烤
5. 將*3*排放在派盤上（可稍微重疊）。
6. 在模型中倒入滿滿的*4*。
7. 用180℃的烤箱約烤30分鐘。
8. 趁熱撒上白砂糖。
9. 放在網架上放涼，從派盤中取出。

承蒙巴黎國際扶輪社的美意，讓我參加聚會，對我來
的巴黎，「西達」和「卡多 *(Cadot)*」並列為大型甜點麵包
馬上幫我申請了工作許可證。不用說我日後在法國的生活
命黏著經驗豐富的師傅們，全心投入工作。

我開始在「西達」工作的1967年，那年頭甜點店的冷
甜點只有週末的聖托諾雷泡芙 *(Saint-Honoré)*。放在店頭冷藏
主的泡芙類甜點外，幾乎全是海綿蛋糕與奶油醬組合的甜
布蕾等小餅乾。我心想「究竟要這麼做到何時啊」，那時
如此，記得我剛到法國時，那些甜點在我眼中可是美味到
律、一成不變的甜點我徹底感到膩煩。

若說廚房是否有新的刺激，那也談不上，廚師們從白天
開發新甜點了，他們話題繞著電視、假期、政治和女朋
題，顧客的胃口都已經厭倦和膩煩了」。話雖如此，但身
抗拒與焦燥感，焦急不安地度日。

1968年5月，爆發了五月革命 *(Mai 68)*。學生、勞工對戴
工，許多建築物都被擊破窗子等遭到破壞，巴黎完全陷入
黎，於是買了自行車，踩上踏板騎向南方的國道7號 *(Rout*
裡只有120法朗。

說，能進入「西達(*Syda*)」甜點店工作是天大的幸運。當時
店(*Patisserie Boulangerie*)，店主慕許・西達熱情歡迎我加入，
也也大力協助。我也熱情昂揚，努力克服語言的障礙，拼

藏設備還未臻完善。當然沒有慕斯等甜點，使用吉利丁的
效果不彰的冷藏櫃裡的甜點，除了有千層酥、閃電泡芙為
點。通常，冷藏櫃的上層放著塔、半乾甜點(半生菓子)、沙
不論去哪家甜點店，都賣著同樣甜膩、厚重的甜點。雖說
不可思議，充滿了魅力，不過數個月之後，對於那千篇一

就開始喝葡萄酒和啤酒，到了下午工作漫不經心，更別提
友打轉。「若不做些改革的話，這家甜點店早晚一定出問
為異邦人的我，什麼都改變不了，我獨自一人，每天抱著

高樂政權不滿，引起暴動。不滿的群眾展開示威遊行和罷
混亂狀態，我也失去了工作。我感到沮喪，想立刻離開巴
Nationale 7)。目的地是臨地中海的馬賽港都。當時我的口袋

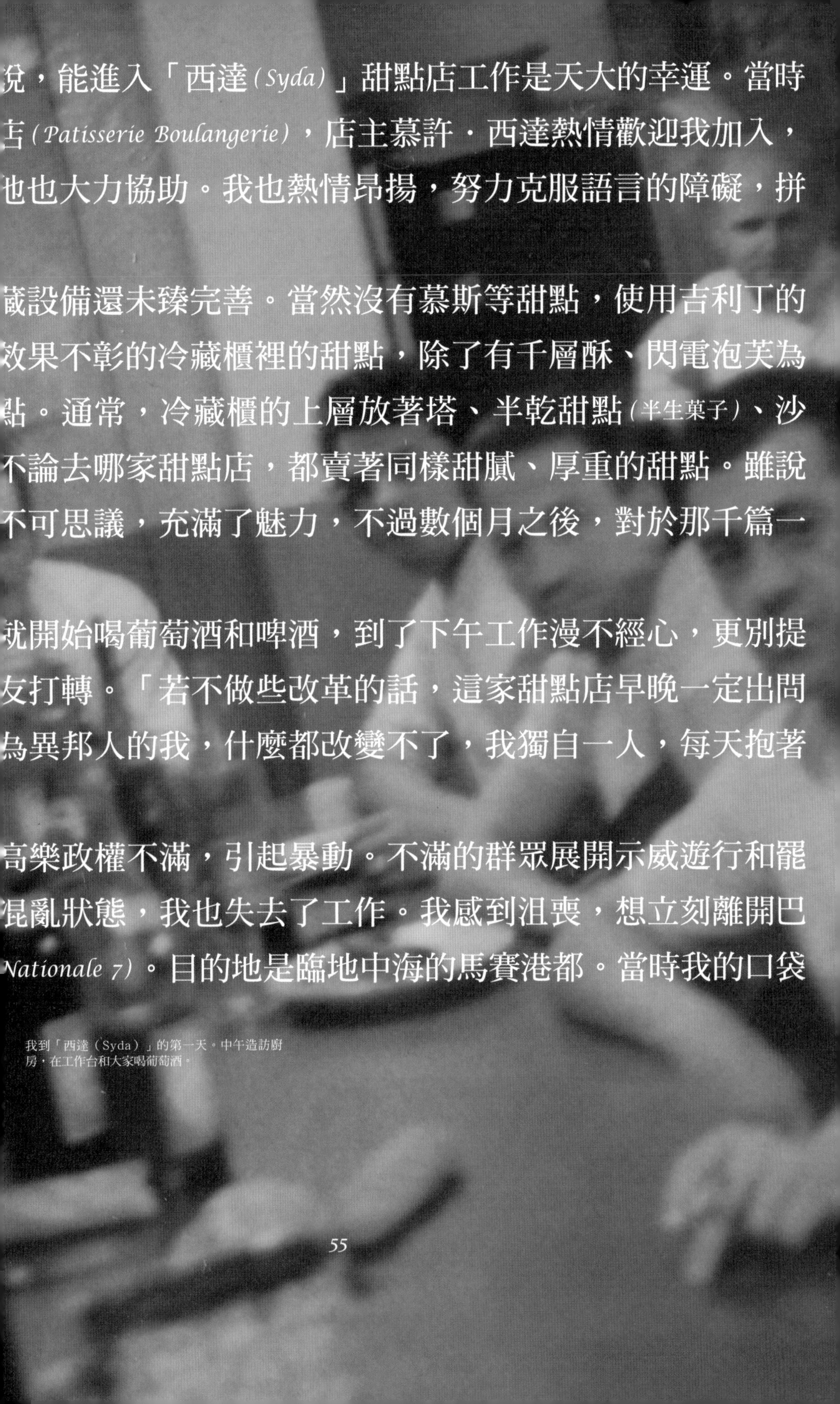

我到「西達（Syda）」的第一天。中午造訪廚房，在工作台和大家喝葡萄酒。

Tartouillas
包心菜水果塔

在眾多的法國鄉土甜點中，這個甜點的作法也顯得很突出、有趣。它是以包心菜葉作為容器，裡面倒入克拉芙緹般的粥狀蛋奶餡，再放入蘋果烘焙。依不同的季節，餡料也可以改用洋梨或櫻桃。從前，好像是利用烤完麵包的餘燼來製作。

在此之前我也見過使用無花果和葡萄葉的點心，不過，第一次看到使用包心菜葉時仍然感到驚訝。我使用帶點圓弧、上面有細皺褶的葉片，儘量接近法國包心菜的皺葉包心菜製作，這樣烤好時較不容易破。雖然殘留包心菜的味道，但我試吃後出乎意料地好吃，葉邊烤至變圓捲縮的外形也饒富魅力。

直徑10cm・10個份

底座 fond
- 皺葉包心菜葉（直徑約20cm為基準）：10片 feuilles de chou frisé
- 融化奶油：100g beurre fondu
- 白砂糖 sucre semoule：50g

餡料 garniture
- 蘋果 pommes：2個
- 白砂糖 sucre semoule：20g

蛋奶餡 appareil
- 鮮奶 lait：250g
- 鮮奶油（乳脂肪成分48%）：98g crème fraîche 48% MG
- 全蛋 œufs：200g
- 白砂糖 sucre semoule：80g
- 鹽 sel：1g
- 蘋果白蘭地 calvados：48g

去除烘烤面的慕斯林布里歐：100g brioche mousseline

＊慕斯林布里歐是使用「基本」的「布里歐麵團」250g，以口徑12cm的圓筒狀模型烘烤而成。

準備底座
1. 皺葉包心菜葉一片片撕下清洗，徹底擦乾水漬。
2. 用毛刷在葉片內側確實塗滿融化奶油，外側輕輕塗抹。
3. 在葉片內側撒上白砂糖，一片片分別放入大一圈的半球模型或鋼盆中，排放在烤盤上。

準備餡料
4. 蘋果去皮和果核。縱切8等分後，再切成厚2mm的扇形片。
5. 撒上白砂糖備用。

製作蛋奶餡
6. 鮮奶煮沸後，混合鮮奶油放涼。
7. 在鋼盆中放入全蛋打散，加白砂糖和鹽用打蛋器混合。
8. 在**7**中倒入**6**混合，加蘋果白蘭地混合。

組裝、烘烤
9. 在**3**的內側放入**5**。
10. 倒入**8**至七分滿。
11. 放上切成2.5×2.5cm小丁的慕斯林布里歐。
12. 用250℃的烤箱約烤20分鐘，直到包心菜葉裡側稍微上色。
13. 直接放涼，稍微放涼後脫模。置於網架上放涼。

Charitois
夏里托瓦

拉沙里泰 *(La Charité-sur-Loire)* 是擁有羅瓦河河岸歷史的城市，作為聖地亞哥德孔波斯特拉 *(Santiago de Compostela)* 的朝聖地之一，也被列為世界遺產。因1559年的大火和宗教戰爭雖已荒廢，但城裡保留了中世紀時作為聖母 *(Notre Dame)* 教會中心的繁榮城市風貌。

咖啡或巧克力風味的柔軟焦糖，再以飴糖覆面的夏里托瓦，是這個城的特產品。1921年，這個甜點在名為「Confiserie du Trieuré」的店裡誕生。它能讓人享受到酥脆飴糖與舌上融化焦糖的對比口感。

這裡介紹的甜點，我在柳橙風味焦糖中還加入薑的香味，變化成我個人獨特的風味。我在書中不曾見過飴糖覆面用糖漿的作法，所以參考巴黎「柏帝與夏博 *(Potel et Chabot)*」餐廳，為飴糖細工用所製作的糖漿作法。為了長時間放置仍保有飴糖光澤與口感，訣竅是做好的糖漿要靜置一晚，讓水和糖充分融合。

約3.5×3.5cm・200個份

柳橙焦糖
caramel mou orange

- 白砂糖：750g
  sucre semoule
- 水飴 glucose：100g
- 脫脂奶粉：10g
  lait écrémé en poudre
- 柳橙汁：450g
  Jus d'orange
- 鮮奶油（乳脂肪成分48%）：400g
  crème fraîche 48% MG
- 檸檬汁 jus de citron：50g
- 薑末：20g
  gingembre haché
- 奶油 beurre：100g
- 鹽之花：10g
  fleur de sel

飴糖覆面用糖漿
sirop pour enrober

- 白砂糖 sucre semoule：1kg
- 水飴 glucose：1.5kg
- 水 eau：400g

事先準備

＊在矽膠烤盤墊上用4根基準桿圍出36×22cm的長方形框備用。

製作柳橙焦糖

1. 在銅鍋裡放入白砂糖、水飴、脫脂奶粉、柳橙汁和鮮奶油，用打蛋器混合。以稍大的中火加熱，一面混合，一面加熱。
2. 加熱至125℃後熄火，加檸檬汁、薑末和切丁的奶油混合。
3. 加入鹽之花粗略地混合，倒入基準桿的框中。
4. 直接靜置一晚讓它凝固。
5. 拿掉基準桿，放在薄塗上沙拉油（分量外）的大理石台上。刀子也薄塗上沙拉油（分量外），分切成2×2cm大小。
6. 放入冷藏庫確實冰涼。

製作飴糖覆面用糖漿

7. 在銅鍋裡放入白砂糖、水飴和水，開火加熱。
8. 沸騰後倒入鋼盆中，靜置一晚。

完成

9. 將**8**放入銅鍋裡，以稍大的中火加熱。
10. 加熱至170℃後，鍋底泡水避免飴糖覆面顏色變深。
11. 將**10**放在電磁爐上一面保持流動性，一面保溫，將**6**放在巧克力叉上浸入**10**中進行覆面。去除多餘的覆面放在矽膠烤盤墊上，直接讓它凝固。

Nougatine de Nevers
納韋爾牛軋糖

直徑2.5cm・約280個份

牛軋糖 nougatine
- 杏仁碎粒：315g
  amandes hachées
- 白砂糖：500g
  sucre semoule
- 水飴 glucose：50g

糖衣 glace royal
- 蛋白：100g
  blancs d'œufs
- 糖粉 sucre glace：530g
- 紅色色素：適量
  colorant rouge Q.S.
  ※用水調勻
- 黃色色素：適量
  colorant jaune Q.S.
  ※用水調勻

納韋爾 *(Nevers)* 位於羅瓦爾河和捏夫勒河匯流處附近，自古以來即為繁華之都。如今還殘留歷史悠久的街道，始於16世紀的傳統彩陶 *(Faience)* 也很著名。此外，在露德 *(Lourdes)* 看過聖母瑪麗亞現身的聖女伯爾納德 *(Sainte Bernadette)*，自1879年安息以來，遺體保持原姿勢長眠於納韋爾，或許這也是該城聞名的原因。她的美麗遺體如今安置在Sainte Gildard修道院。

和尼格斯焦糖 *(p.62)* 同樣被視為這個城市特產品的，還有1850年路易祖爾．布儒墨 *(Louis-Jules Bourumeau)* 特製的納韋爾牛軋糖。加入杏仁的牛軋糖上裹著糖衣。和丈夫拿破崙三世 *(Napoléon III, 1808~873)* 一起造訪納韋爾的歐仁妮皇后 *(l'Impératrice Eugénie, 1826~1920)*，非常喜愛這個甜點，將它帶回巴黎後開始廣為人知。當裹著淺橙色糖衣的牛軋糖在齒間碎裂開來，口中將飄散濃濃的杏仁香味與甜味。

製作牛軋糖

1. 用烤箱將切碎的杏仁烤至50℃備用。
2. 在銅鍋裡放入白砂糖和水飴，用木匙一面混合，一面以大火加熱成焦糖色。
3. 在**2**中加**1**的杏仁混合。
4. 稍微煮沸後放到矽膠烤盤墊上，上面再蓋1片矽膠烤盤墊。用擀麵棍從上面擀成厚2mm。
5. 趁熱切割成直徑2.5cm的圓形，放入巧克力甜心糖的半球形模型中輕輕按壓。
6. 放涼後脫模。

製作糖衣

7. 在鋼盆中加入蛋白和糖粉，用木匙攪拌混合。
8. 加入少量的紅和黃色色素，調成淺淺的橙色。

完成

9. 在**6**的牛軋糖邊緣塗上**8**，如文蛤外殼般將2片貼合。
10. 置於網架上晾乾。
11. 將**10**放在巧克力叉上浸入**8**中，去除多餘的糖衣放在矽膠烤盤墊上，晾乾。
12. 將**11**翻面，上面用抹刀薄塗上**8**。

Le Négus
尼格斯焦糖

約4.5×2.5cm・約80個份

巧克力焦糖
caramel dur chocolat

- 白砂糖：500g
  sucre semoule
- 水飴 glucose：100g
- 水 eau：150g
- 可可膏 pâte de cacao：50g

飴糖覆面用糖漿
sirop pour enrober

- 白砂糖 sucre semoule：1kg
- 水飴 glucose：1.5kg
- 水 eau：400g

尼格斯焦糖是納韋爾（*Nevers*）的另一項特產。Le Négus原是對阿比西尼亞（*Abyssinie*，衣索比亞的舊名）皇帝的尊稱。1900年（一說是1901年）納韋爾的糖果師傅格勒利耶（*Grelier*），為紀念阿比西尼亞皇帝門奈裡克（*Ménélik*）到法國正式訪問，將新創作的手工糖果以其尊稱來命名。好像是因為飴糖覆面的巧克力焦糖的色調，會讓人聯想到這位來自非洲著名皇帝的膚色。雖然尼格斯焦糖和拉沙里泰（*La Charité-sur-Loire*）的夏里托瓦的構成一樣，但這個甜點的焦糖切得較細長。

糖稍微舔舐後咬破，從酥脆的飴糖中融出焦糖，略苦的可可風味隨即瀰漫於齒頰中。

製作巧克力焦糖

1. 在有注水口的銅鍋中放入白砂糖、水飴和水，以稍大的中火加熱。
2. 加熱至150～155℃後離火。
3. 放涼至80℃後，加入切碎的可可膏，用木匙混合。
4. 立刻倒入長徑3×短徑1cm的橢圓形巧克力甜心糖模型中至七分滿，讓它凝固。

製作飴糖覆面用糖漿

5. 在銅鍋裡放入白砂糖、水飴和水，開火加熱。
6. 煮沸後倒入鋼盆中靜置一晚。

完成

7. 將**6**放入銅鍋中，以稍大的中火加熱。
8. 加熱至170℃後，將鍋底泡水避免飴糖覆面顏色變深。
9. 將**8**放在電磁爐上一面保持流動性，一面保溫，將**4**放在巧克力叉上浸入**8**中進行覆面。去除多餘的覆面放在矽膠烤盤墊上讓它凝固。

我在法國骨董店購得，
以手工打造的
銅製薩瓦蛋糕模型。

Lyonnais
Savoie
Dauphiné

里昂、薩瓦、多菲內

Lyonnais
里昂

里昂源自曾為羅馬殖民都市的盧格都南*(Lugdunum)*，15世紀以後，繁榮發展為商業和絲織品業中心。以此城為中心擴展成位於阿爾卑斯山脈和中央高地之間的里昂地區。10世紀時由伯爵管轄，14世紀時改由法國國王統治。發展成法國文藝復興的一大重鎮。作為交通樞紐的里昂，周邊地區豐富的食材和來自遠方的美味都集結在此交易。這成為許多著名料理人在此大展手藝，美食城誕生的主要原因。誠如濃斯基*(Curnonsky)*讚揚它是「美食之都里昂*(capitale mondiale de la gastronomie)*」，在那裡除了有洗練的料理，樸素無華的鄉土料理也不勝枚舉。又大又有厚褶的蘋果煎餅*(Matefaim)*，與里昂甜甜圈同樣是典型的節慶甜點。當地也有用蛋白霜和鮮奶油製作的精緻甜點瓦希林蛋糕*(Vacherin)*等。此外還有許多法式甜點名店。

▸主要都市：里昂（*Lyon*、距巴黎392km）　▸氣候：準大陸性氣候雖然比較溫暖，但也受地中海性氣候或從阿爾卑斯吹來的風的影響。　▸水果：甜櫻桃（*Bigarreaux*）、草莓、羅納（*Thurins*）的覆盆子、蜜桃（*Pèche de Vigne*）、洋梨、蘋果、杏桃、黑醋栗、醋栗、李子　▸酒：葡萄酒　▸起司：白色起司（*Cervelle de Canut*）、里昂羊乳起司（*Mont d'Or du Lyonnais*）、孔德紐羊乳起司（*Rigotte de Condrieu*）　▸料理：里昂洋蔥焗烤濃湯（*Gratinée Lyonnaise*，使用起司的洋蔥湯）、里昂沙拉（*Saladier Lyonnais*，羊腿肉和油漬鯡魚沙拉）、里昂風味布里歐包香腸（*Saucisson en Brioche à la Lyonnaise*）、里昂風味梭魚丸（*Quenelles de Brochet à la Lyonnaise*，水煮梭魚肉佐醬汁）、各種醃肉（*Charcuterie*）

Savoie
薩瓦

與瑞士國境接鄰的薩瓦地區擁有阿爾卑斯山區地帶。11世紀時為神聖羅馬帝國的領土，自11世紀中葉，受日後成為義大利皇室的薩瓦家族統治。法國大革命後，該地持續抵抗被拿破崙*(Napoléon Bonaparte)*合併，直到1860年才正式成為法國的領土。這樣的歷史無疑也對薩瓦的鄉土甜點造成影響。當地興盛的畜牧業生產出豐富的乳製品，也能採收水果和蜂蜜。運用這些作物使薩瓦擁有各式各樣的甜點。

▸主要都市：尚貝里（*Chambéry*，距巴黎455km）、安錫（*Annecy*，距巴黎435km）　▸氣候：山地氣候夏季涼爽、冬季嚴寒，積雪多。　▸水果：蘋果、洋梨、黑醋栗、覆盆子、草莓、核桃　▸酒：薩瓦渣釀白蘭地、苦艾（*génépi*）利口酒、尚貝里苦艾酒（*Vermouth de Chambéry*）　▸起司：薩瓦多姆（*Tomme de Savoie*）、瑞布羅雄（*Reblochon*）、阿邦當斯（*Abondance*）、博福特（*Beaufort*）、泰爾米尼翁藍紋起司（*Bleu de Termignon*）、薩拉威夏瓦羅丹（*Chevrotins des Aravis*）、邦吉夏瓦雷特（*Chevrette des Bauges*）、塔蘭德斯佩爾謝（*Persillé de Tarentaise*）、塞拉克（*Sérac*）、塔米耶（*Tamié*）　▸料理：薩瓦風味起司鍋（*Fondue Savoyarde*，在愛曼托起司和博福特起司中加葡萄酒和櫻桃白蘭地的起司鍋）、法爾松焗菜（*Farçon*，使用馬鈴薯泥的焗烤料理）、清燉河鱒（*Truites au Bleu*，以加醋的冷高湯煮鱒魚，佐配奶油醬）、香煎紅點鮭（*Omble de Chevalier Meunière*，被視為珍稀魚種的高級鮭魚料理）　▸其他：依雲（*Evian*）周邊的礦泉水

Dauphiné
多菲內

多菲內地區是位於阿爾卑斯山脈和隆河河谷間的廣大區域。地形、氣候極富變化，有各式各樣的產物，水果、乳製品也很豐富。11世紀成為維恩*(Vienne)*伯爵的領地，因其紋章為海豚*(dauphin)*，所以他又被稱為海豚伯爵*(Le Dauphin)*。基於此13世紀時該地被命名為多菲內。14世紀時該地被讓渡給菲利普六世*(Philippe VI)*，後來法國王太子*(Dauphin de France)*繼承該地。甜點方面，該區的Pogne(王冠形布里歐麵包)也廣為人知。

▸主要都市：格爾諾伯勒（*Grenoble*，距巴黎482km）、維恩（*Vienne*，距巴黎417km） ▸氣候：變化豐富，北部受山地氣候的影響氣候濕潤，南部受地中海型氣候影響氣候乾燥。 ▸水果：核桃、杏桃（波羅內種）、黑醋栗、櫻桃、榲桲、醋栗、桃子、洋梨，蘋果、杏仁、克勞德皇后李 ▸酒：葡萄酒、苦艾酒（*Chartreuse*，藥草系利口酒）、*Arquebuse de l'Hermitage*（藥草酒）、羅舍爾酒（*Cherry Rocher*，黑醋栗利口酒） ▸起司：聖馬塞蘭（*Saint Marcellin*）、德隆山羊起司（*Picodon de la Drôme*） ▸料理：焗烤馬鈴薯（*Gratin Dauphinois*）、蔬菜燉仔羊肉（*Defarde*，以白葡萄酒、番茄和香味蔬菜燉煮仔羊腿肉和內臟）、奶汁焗蝦（*Gratin de Queues d'Écrevisses*、焗烤淡水螯蝦）

Galette Pérougienne
佩魯日烤餅

佩魯日 *(Pérouge)* 是個位於小山丘上的小鎮。該地區曾為羅馬帝國的殖民地，當時義大利的佩魯賈 *(Perugia)* 人移居至此，因得此名。14～15世紀時因紡織業而興盛，但19世紀時因整建鐵路村，人們遷移至丘陵邊的城鎮，因而人口銳減。之後藉著保護運動，環村建立的城塞、石屋和石板路等被修復並受到保護，擁有中世紀風貌的美麗村落再次復甦。

佩魯日烤餅被視為該村的特產品。在披薩般擀薄的發酵麵皮上，撒上大量砂糖，再散放上奶油塊，有的加上檸檬香味再烘烤。烤至芳香的麵皮、爽脆顆粒嚼感的砂糖甜味，以及奶油風味交織出的樸素滋味，吃完後讓人意猶未盡。相傳，這個甜點的起源是20世紀初「維尤克斯佩魯日酒店 *(Hostellerie du Vieux Pérouges)* 的席寶特太太 *(Madame Thibaut)*，將布雷桑努麵包 *(Galette Bressanne*，布里歐麵團上放上鮮奶油和砂糖烘烤，里昂周邊地區常見的甜點*)*，擀成又薄又大烘烤而成。

另一方面，面向車站位於丘陵下方的梅克西米約 *(Meximieux)* 同樣也有販售佩魯日烤餅，當地是在布里歐麵團上，散放上砂糖和粉紅果仁糖 *(p.78)* 後烘烤。和聖傑尼布里歐 *(p.86)* 類似，風味當然不用說，口感也很棒。

兩種烤餅的美味難以取捨，於是我將它們的優點融合製成這個佩魯日烤餅，重點是濃縮砂糖和堅果的甜味，讓薄麵皮呈現恰到好處的鹹味。讓人充分享受爽脆、酥鬆、顆粒等各式各樣的口感。

直徑22cm・3個份

披薩麵團 pâte à pizza

- 乾酵母：6g
  levure sèche de boulanger
- 白砂糖：1g
  sucre semoule
- 溫水 eau tiède：30g
- 低筋麵粉：120g
  farine ordinaire
- 高筋麵粉：80g
  farine de gruau
- 全蛋 œufs：20g
- 鹽 sel：2g
- 鮮奶 lait：100g
- 融化奶油：40g
  beurre fondu

粉紅果仁糖：75g
pralines roses
（參照P.78「粉紅果仁糖」）

- 白砂糖：90g
  sucre semoule
- 奶油 beurre：45g

塗抹用蛋（全蛋）：適量
dorure（œurs entiers）Q.S.

製作披薩麵團

1. 在鋼盆中放入乾酵母和白砂糖，倒入溫水，進行準備發酵20～30分鐘直到冒泡。
2. 將低筋麵粉、高筋麵粉、打散全蛋的半量和鹽，用攪拌機（勾狀拌打器）以低速粗略地混拌。
3. 一面慢慢加入**2**的剩餘全蛋和鮮奶，一面慢慢混捏。
4. 麵團混成團後，加入融化奶油（室溫）以中速混合。
5. 奶油充分混勻泛出光澤後，倒入鋼盆中表面撒上防沾粉，用刮板將麵團邊端向下壓入使表面緊繃成團。
6. 蓋上保鮮膜，進行第一次發酵約1小時，讓它膨脹約2倍大。

組裝、烘烤

7. 揉壓**6**的麵團擠出空氣後，分割成3等分。
8. 手掌彎成碗狀如包覆般在工作台上旋轉揉圓麵團，使表面變平滑。
9. 用擀麵棍粗略地擀開。
10. 烤盤上放上直徑22cm的中空圈模，放入**9**。用手掌拍擊壓平，讓麵團緊密鋪滿底部。
11. 蓋上保鮮膜，進行第二次發酵約1小時，讓它膨脹約2倍大。
12. 上面用毛刷塗上塗抹用蛋，依序散放大致切碎的粉紅果仁糖、白砂糖和撕碎的奶油。
13. 以240～250℃的烤箱約烤20分鐘。
14. 脫模，置於網架上放涼。

Tarte de Lyon
里昂塔

里昂位於隆河和索恩河匯流處，為法國第二大都市。它源自西元前43年的羅馬殖民市盧格都南(*Lugdunum*)，在羅馬帝國第一任皇帝奧古斯都(*Augustus*)時代，成為高盧地區的中心都市，迅速建設發展。之後發展成商業城，優秀的料理人、甜點師傅、麵包師傅輩出，也是法國著名的美食城。

里昂塔是流傳在這個城市滋味濃郁的烘焙類甜點。它是用收集的麵包屑，加杏仁、鮮奶和蛋後烘焙，相當於所謂的再生甜點。我依稀記得造訪里昂時，曾在街角的一般大眾甜點店吃過這個甜點。甜點入口後，混合櫻桃白蘭地的杏仁香味溫和地蔓延開來，豐潤、鬆軟的獨特口感令我印象深刻。

直徑18×高4cm的中空圈模型（附底）．3個份

酥塔皮 pâte à foncer
- 蛋黃 jaunes d'œufs：20g
- 全蛋 œufs：50g
- 水 eau：80g
- 鹽 sel：10g
- 白砂糖：20g sucre semoule
- 低筋麵粉：500g farine ordinaire
- 奶油 beurre：300g

蛋奶餡 appareil
- 變硬的麵包（法國麵包等）：250g pain rassis
- 鮮奶 lait：500g
- 白砂糖：200g sucre semoule
- 蛋黃 jaunes d'œufs：160g
- 杏仁粉：400g amande en poudre
- 櫻桃白蘭地 kirsch：95g
- 蛋白 blancs d'œufs：240g

奶油 beurre：適量 Q.S.

事先準備
＊用手在模型中薄塗奶油備用。

製作酥塔皮
1. 依照「基本」的「酥塔皮」以相同的要領製作。但是，全蛋是和蛋黃一起放入。
2. 擀成厚2mm。
3. 切成比模型大一圈的大小，鋪入模型中。
4. 放入冷藏庫1小時讓它鬆弛。

製作蛋奶餡
5. 硬麵包切成約1×1cm的小丁，放入鋼盆中。
6. 在5中倒入煮沸鮮奶，用木匙混合。
7. 依序加入白砂糖、蛋黃、杏仁粉和櫻桃白蘭地混合。
8. 攪拌機（鋼絲拌打器）以中速攪打到蛋白尖角能豎起的硬度。
9. 在7中分數次加入8，用木匙充分混合直到看不到蛋白為止。

組裝、烘烤
10. 取出4，用手指按壓塔皮側面與模型密貼。切除突出的塔皮。
11. 放到烤盤上，將9滿滿地倒入模型中。
12. 用180℃的烤箱約烤40～45分鐘。
13. 脫模，置於網架上放涼。

Oublie
烏布利鬆餅

8.5×14cm（捲成口徑4×高8.5cm）．12片份

白砂糖：250g
sucre semoule

水 eau：100g

奶油 beurre：15g

低筋麵粉 farine ordinaire：250g

全蛋 œufs：100g

澄清奶油：適量
beurre clarifié Q.S.

烏布利鬆餅存在已久，中世紀時就受到大眾的喜愛。這個法國甜點被認為是最早的鬆餅 *(p.306)* 原形，1270年時，烏布利鬆餅師傅 *(oubloyer* 或 *oublieu)* 成立同業工會。經過5年學習，一天能夠烤出1000片烏布利鬆餅，並繳交10盧布的執照費，才會被認可是合格的烏布利鬆餅師傅。據說當時烏布利鬆餅師傅負責製作烏布利鬆餅這類輕甜點，而甜點師傅則製作有肉、起司和魚的餡料。由此看來，我們甜點師傅的原點，總括來說應該是烏布利鬆餅師傅吧。所以，烏布利鬆餅對我來說，是一定會特別花心思的甜點。

中世紀時，巴黎 *(Paris)* 和其他城市都有製作烏布利鬆餅，但相傳里昂 *(Lyon)* 的產品特別聞名。這個甜點最初是甜點店的學徒們，收集當天用剩的麵團製作、販售，不過後來逐漸擴展開來。烏布利鬆餅師傅們，將鐵板夾住烤好的薄餅捲成圓筒形或圓錐狀，放在小籃子裡，一面吆喝「夫人們，來享受幸福喲 *(plaisir)*」，一面在街頭邊走邊賣，為此，這個甜點也被稱為plaisir。此外，有的師傅在街上一面即興歌唱，一面販售，據說有人會邀請師傅到家中，享受甜點和歌曲，將它當作晚餐 *(souper)* 後的娛樂。

但是，隨著烏布利鬆餅廣為流行，販賣者從早到晚在城裡到處徘徊，後來因敗壞風俗遭警察取締。作為甜點師傅的原點，這種事非常不名譽。儘管如此，他們仍是受大眾喜愛、歡迎的商人，因此不久又恢復原有的地位。在宗教的尊貴儀式中，烏布利鬆餅也被用來作為聖餅或聖體餅。

我一面想像著他們，一面參考17世紀的食譜，試著製作圓筒形的烏布利鬆餅。不僅配方單純，烤好後酥脆芳香，味道非常棒，能讓人感受到蛋仙貝般的樸素、柔和風味。

1. 在鍋裡放入白砂糖和水煮沸。
2. 放涼至人體體溫程度，加奶油混合。
3. 在鋼盆中放入低筋麵粉，加入全蛋用打蛋器混合。
4. 在**3**中一面慢慢加入**2**，一面混合。
5. 蓋上保鮮膜，讓它鬆弛2小時。
6. 鬆餅機中用毛刷塗上澄清奶油，直接用火烤熱。
7. 用湯杓舀取**5**，倒滿**6**。立刻加蓋從上按壓，以大火烘烤。
8. 下面烤至上色後，將鬆餅機翻面。比剛才烘烤時間短一點。
9. 用抹刀取下鬆餅，放在工作台上，立刻纏捲到粗約3cm的木棍上。
10. 放涼後拿掉木棍。

Coussin de Lyon
里昂枕

走在里昂(*Lyon*)的舊市區街頭，能看到建築物一樓有許多名為穿廊(*traboule*)的通道，那是為了方便穿梭往巷弄之間所建。它是里昂在絲織品業興盛的年代，為避免雨天運送商品被弄濕而做的獨特設計。

里昂枕的確像是因絲織品業而繁榮的這個城市的特產。在法語中，coussin這個字是靠枕的意思。1643年里昂流行傳染病，相傳該市的議員們登上富維耶(*Fourvière*)山丘，向瑪麗亞像祈禱。承諾若能消除瘟疫，便會派遣禮拜的隊伍，獻上放有蠟燭和金幣的絲絨枕。結果，疫情如願消弭，據說現在里昂市長每年也一定會派遣隊伍上山。1960年，巧克力大師「瓦藏(*Voisin*)」由此獲得靈感，創作出里昂枕。他仿照絲絨枕，用綠色杏仁膏包覆橙香巧克力餡，再裝入同樣綠色的靠枕形盒子裡。

杏仁膏的表面浸漬糖漿糖化後，能保存數年之久。裡面包入香橙味的巧克力餡，緩緩飄散出的洋酒香讓人感覺豪華。

約3×2.5cm・26個份

橙酒巧克力餡 ganache parfumé au curaçao
- 黑巧克力（可可成分55%）：200g couverture noir 55% de cacao
- 鮮奶油（乳脂肪成分48%）：100g crème fraîche 48% MG
- 香橙酒：48g orange curaçao

杏仁膏 pâte d'amandes
- 糖果用杏仁膏：280g Pâte d'amandes fondante
- 綠色色素：適量 colorant vert Q.S. ※用水調勻

＊糖果用杏仁膏是指杏仁和白砂糖的比例為1：2的杏仁膏。

糖漬用糖漿 sirop pour confire
- 水 eau：1kg
- 白砂糖 sucre semoule：2kg
- 水飴 glucose：120g

製作橙酒巧克力餡
1. 在鋼盆中放入切碎的黑巧克力。
2. 倒入煮沸的鮮奶油，用打蛋器粗略地混合靜置2～3分鐘。
3. 從中央仔細地混合，讓它乳化變細滑，直接放涼。
4. 加入香橙酒，用木匙攪拌混合。
5. 擠花袋上裝上口徑13mm的圓形擠花嘴，裝入餡料。在鋪了矽膠烤盤墊的烤盤上，擠成長約30cm的棒狀數條。
6. 放入冷藏庫冷藏凝結。

捲包杏仁膏
7. 在撒上糖粉（分量外）的工作台上，放上糖果用杏仁膏，用手揉軟，加入綠色色素混合。
8. 擀成寬30cm、厚4mm的帶狀。
9. 從面前的30cm的邊緣，放上1條**6**，捲包1圈，沿著交接處用刀切斷。
10. 重複步驟**9**，捲包完所有的橙酒巧克力餡。
11. 在**10**剩餘的杏仁膏中，再加綠色色素混合成深綠色。將它揉成細條狀，用手壓平，貼在**10**上遮蓋交接線。
12. 用木頭模型（使用和菓子用的木製切模。不可切斷兩端，否則甜點會散開，要完全封住內餡）分切成長3cm，靜置讓它乾燥約2天。

浸漬糖漬用糖漿
13. 在鍋裡放入水、白砂糖和水飴加熱。
14. 加熱至106℃後離火，放涼至22～23℃。
15. 浸漬**12**，在室溫（22℃～28℃）下約浸漬12小時。
16. 取出放在網架上晾乾，讓糖漿糖化。

Conversation
糖霜杏仁奶油派

在法語中，Conversation是「會話」的意思。這個甜點是在千層酥皮中包入杏仁奶油醬或法蘭奇帕內奶油餡，塗上糖霜後，上面交叉放上切細的千層酥皮再烘烤。據說甜點源自18世紀末，關於名稱的由來，最普遍的說法是因當時流行德畢內夫人 *(Madame'd'Epinay)* 的著作《愛蜜莉的會話 *(Les Conversation d'Emilie (1774))*》，因此而得名。雖然巴黎也有製作，但是拉康 *(Pierre Lacam)* 認為它發祥於里昂，因此本書也依照這樣的看法。表面酥脆的口感嚼起來爽脆愉快，豐盈的杏仁奶油醬和芳香的千層酥皮非常對味。

口徑6×高2.2cm的
蓬蓬內小模型・10個份

千層酥皮麵團：約200g
pâte feuilletée
（摺三折・8次、▸▸ 參照「基本」）

杏仁奶油醬：220g
crème d'amandes
（▸▸ 參照「基本」）

蛋白糖霜：適量
glace royale Q.S.
（▸▸ 參照「基本」）

準備千層酥皮麵團

1. 千層酥皮麵團擀成厚2mm。
2. 配合酥皮麵團長度的一半和寬度，在工作台上無間隙地排放好模型，用擀麵棍捲取酥皮麵團鬆鬆地蓋在模型上。剩餘的一半不要切，直接捲在擀麵棍上備用。
3. 千層酥皮麵團的碎麵團（分量外）等，揉成比模型稍小的圓形，沾上防沾粉按壓模型的內側，讓酥皮和模型密貼。

組裝、烘烤

4. 擠花袋上裝上口徑12mm的圓形擠花嘴，裝入杏仁奶油醬，擠入模型中，在*3*中各擠22g。
5. 在*2*中捲在擀麵棍上備用的剩餘酥皮，如反摺般一面攤開，一面緊密地蓋在*4*的上面。用2根擀麵棍在上面碾壓切掉多餘的酥皮。
6. 放入冷藏庫讓它鬆弛1小時，再放入冷凍庫稍微凍縮。
7. 用抹刀在上面塗上1～2mm厚的糖霜。
8. 將*5*中切下的千層酥皮麵團重疊，再擀成厚0.5mm，切成寬5mm的繩狀。
9. 在*7*的上面黏貼成格子狀，切掉突出的部分。
10. 排放在烤盤上，用160℃的烤箱約烤45分鐘。
11. 脫模，置於網架上放涼。

Pralines Roses
粉紅果仁糖

果仁糖是在一顆顆杏仁上裹上糖衣的糖果。杏仁裹數次糖漿，一面混拌，一面進行讓糖結晶化的沙狀搓揉 *(sablage)* 作業，使果仁糖表面呈現獨特的凹凸，形成酥脆的口感。

提到果仁糖，被視為此甜點發祥地的奧爾良地區的蒙達爾日 *(Montargis)* 果仁糖 *(p.236)* 十分著名。其他還有奧維涅區的艾格佩斯 *(Aigueperse)* 生產，有柔軟糖衣的果仁糖，以及朗格多克 *(Languedoc)* 地區的瓦布拉貝 *(Vabres-l'Abbaye)* 的白色果仁糖。另外，里昂 *(Lyon)* 的粉紅果仁糖，外觀呈紅色，顯得格外地吸睛。

在當地除了直接裝在袋裡販售外，也將它碾碎用於塔、布里歐麵包、甜點或冰淇淋等各式甜點中。直接食用因為很硬，請留意牙齒的狀況。

約4220g

糖漿（*A*）sirop（*A*）
- 水 eau：33g
- 水飴 glucose：120g
- 阿拉伯膠（粉）：66g gomme arabique en poudre
- 波美度30°的糖漿：80g sirop à 30° Baumé

糖漿（*B*）sirop（*B*）
- 白砂糖：1.8kg sucre semoule
- 水 eau：900g
- 水飴 glucose：400g

杏仁（連皮、烤過）：933g amandes brutes grillées

紅色色素：適量 colorant rouge Q.S.
※用伏特加酒調勻

製作糖漿（*A*）

1. 在鋼盆中放入水和水飴，盆底直接用火稍微加熱。
2. 水飴融化後加阿拉伯膠混合。
3. 加波美度30°的糖漿（依不同季節多少調節分量）混合，隔水加熱直到完全融化備用。

製作糖漿（*B*）

4. 在鍋裡放入白砂糖、水和水飴開火加熱。
5. 煮沸，待白砂糖和水飴完全融化後，分裝在8個鍋裡。

完成

6. 烤過的杏仁趁熱，放入已加熱的銅盆中。
7. 將1鍋的**5**之糖漿（*B*）開火加熱，加熱至120℃後從杏仁上倒入。
8. 用木匙從盆底充分混合讓杏仁裹上糖漿。待杏仁裹上糖漿，糖漿泛白、糖化，變得鬆散後即OK。用粗目網篩稍微過濾，篩落的糖衣放入別的鋼盆中備用（第1次）。將杏仁倒回銅盆中。
9. 步驟**7～8**重複4次（第2～5次）。第3次以後，糖漿加熱後加紅色色素混合。大約第5次開始，糖衣會沾黏在銅盆內側，用刮板刮下後，放入別的鋼盆中備用。
10. 再重複1次步驟**7～8**（第6次）。第6次是將步驟**8～9**中保留的糖衣加入糖漿一起煮融。
11. 之後再重複2次**7～8**（第7～8次）。第7～8次是將刮下的糖衣，放回銅盆的杏仁中，同樣地裹上糖漿。第8次是糖漿還未糖化時即停止混合。
12. 加入**3**的糖漿（*A*），用木匙從盆底充分混合，裹上糖漿。
13. 分別放入6片烤盤中，手上沾上沙拉油（分量外），一粒粒分開。
14. 放入40℃的發酵機（保溫、乾燥庫）中，晾乾一晚。

Bugne Lyonnaise
里昂炸甜餅

約2×8cm・約24個份

低筋麵粉 farine ordinaire：125g
泡打粉：2g
levure chimique
磨碎的檸檬皮：⅓個份
zestes de citrons râpés
奶油 beurre：25g
白砂糖：2.5g
sucre semoule
鹽 sel：1g
全蛋 œufs：35g
蘭姆酒 rhum：12g

花生油：適量
huile d'arachide Q.S.
糖粉 sucre glace：適量 Q.S.

里昂炸甜餅是天主教自2月中旬開始，約進行一週的狂歡節(*carnaval*，又稱謝肉節)時不可或缺的油炸甜點。狂歡節大約始於停止肉食的四旬齋(*carême*，基督教的齋戒期，為紀念基督40天在荒野的斷食與磨難)之前，人們在這段時間裡會盡情飲食、享樂。油炸甜點通稱為甜甜圈(*Beignet*)，在法國各地製作成各式各樣的造型，如美爾威油炸餅(*Merveille*)、歐雷特酥片(*p.164*)等。

其中，舉世聞名的是里昂(*Lyon*)附近的炸甜餅。它在16世紀前便已出現，相傳最初是用麵粉、水，加橙花水的酵母(或玫瑰水)混成的麵團油炸而成，但後來才加入蛋和奶油。麵團先切成緞帶狀，再穿過中央的切口扭轉成可愛的外形。

我造訪里昂時，小攤販在大鍋中炸好炸甜餅後，有的用報紙包，有的裝入紙袋中，販售的方式都很簡便。儘管不敢恭維說他們是用好油來炸，不過年輕時吃起來仍覺得「好好吃！」。酥脆的口感、無可挑剔的味道，同時混雜著包裝紙的香味，每次想起都令我無限懷念。

1. 在鋼盆中放入所有材料，如抓捏般用手混合。
2. 整體混合後，取至工作台上揉成球狀。
3. 裝入塑膠袋中，讓它鬆弛15～20分鐘。
4. 擀成厚2mm。
5. 用切派刀切成28cm的長方形等喜歡的形狀，在中央切切口。
6. 將麵皮的一端穿過切口，如製作蒟蒻條般扭轉。
7. 用加熱至180℃的花生油，一面不時翻面，一面將兩面充分炸至上色。
8. 撈出放在網架上瀝油，趁熱撒上糖粉。

我騎著自行車從因五月革命混亂的巴黎出發，行駛國道
田地、田園景觀，以及悠閒吃草的牛群。茂密的森林、遠
罷工，在陽光與大地的恩賜之下，人們每天堅強、認真地
自己混亂散慢的心，也逐漸獲得療癒。

話雖如此，我臨時起意毫無計畫的旅行艱難重重，熾熱
里的顛簸馬路，自行車很快就壞了。我邊修邊騎，抵達男
國不愧是自行車大國，不論車子多糟糕都能幫我修理，我
就這樣騎了1200公里，在我從巴黎出發後的第10天，終

到達後一看沒什麼事可做，儘管如此，我也沒心情設定
地治安差的心情當場煙消雲散。我將龍頭轉向北方，朝著
納(*Vienne*)時，所帶的旅費已用盡。沒辦法我只好喝隆河的
頭，一面忍受飢餓，不過這段日子並不長，無計可施之
住宿佣工的工作，幫他們採收桃子來籌措旅費。

那裡的生活一如法國農家的生活，我和他們分開住宿，
鄉村麵包，吃煮豆等樸素的法國家常菜，那段日子令我懷
顧的我，也忘了思考往後自己要做什麼，當時只是專心採

大約兩個月後，我再度騎上自行車返回巴黎。當時五月
物。

號一會兒，霍然進入另一個世界，道路兩旁無際的肥沃
方傳來的婉轉鳥叫聲……那裡既沒有遊行示威，也沒抗議
努力工作。「這是法國這種大國的深厚潛力啊！」我感覺

的陽光和中暑讓我倒在草叢裡。而且，一天騎上一百多公
的鋪石路時，前輪的支架竟然斷了，我投降了。然而，法
住在十分便宜的青年旅館，自己煮飯，完全無視甜點店，
於抵達馬賽城。
行的目的地。暫且先到港邊看看地中海，原本有點擔心當
留下行李的巴黎再度出發。然而，抵達多菲內地區的維埃
水，採路邊的桃子吃，或是到教會接受施捨，一面露宿街
下，我在附近聖朗貝爾達邦 *(Saint-Rambert-d'Albon)* 的農家找到

午餐則到主屋和雇主家人一起用餐。用自己的刀削切大型
感。假日時雇主全家帶我去蒙特利馬和亞維農玩，蒙受照
能，完全浸淫在安穩的田園生活中。
革命的混亂狀況已結束，城裡各處都在修復被破壞的建築

回到巴黎後，為了表示送禮致謝，我又回到採桃的農家。

Biscuit de Savoie
薩瓦蛋糕

直徑17×高18cm的薩瓦蛋糕模型．2個份

蛋黃：160g
Jaunes d'œufs

白砂糖：300g
sucre semoule

蛋白：240g
blancs d'œufs

低筋麵粉 farine ordinaire：108g

玉米粉：108g
fécule de maïs

澄清奶油：適量
beurre clarifié Q.S.

高筋麵粉 farine de gruau：適量 Q.S.

糖粉 sucre glace：適量 Q.S.

薩瓦蛋糕又稱為Gâteau de Savoie，是薩瓦地區具悠久歷史的特產甜點。輕盈的質感和柔和的蛋香味無與倫比。儘管尚貝里(*Chambéry*)也宣稱是薩瓦蛋糕的發祥地，不過，在《法國美食百科全書(*Larousse Gastronomique*)》(*1996*)中也記載，薩瓦蛋糕是嚴恩(*Yenne*)舉世聞名的特產。嚴恩這個小城市，位於薩瓦西方隆河入口的左岸蒙得夏(*Mont du Chat*)山麓。根據嚴恩城的傳說，這個甜點是1348年左右，薩瓦伯爵阿梅迪奧六世(*Amédée VI*)的主廚皮爾德嚴恩(*Pierre de Yenne*)所設計。其配方由1782年創立「Au Veritable Gâteau de Savoie」甜點店的德伯吉(*Debauge*)傳承，據說該店至今仍採取柴窯烘焙的傳統作法。

阿梅迪奧六世款待神聖羅馬皇帝卡爾四世(*Karl IV*)的宴會，是薩瓦蛋糕誕生的契機。相傳裝飾著庭園式盆栽的薩瓦領地，以及放著皇冠的巨大薩瓦蛋糕的展示，深獲卡爾四世的喜愛。另一方面，尚貝里的傳說是1416年，薩瓦伯爵阿梅迪奧八世(*Amédée VIII*)希望尊貴的地位受重視，因此宴請以德皇為首的眾多賓客。料理中供應巨大的薩瓦蛋糕，然而，蛋糕怎樣都少了一片，於是阿梅迪奧八世將自己的那片讓給其他的與會者。因此，他無法介紹蛋糕的味道，陷入辭去伯爵身分的困境，但德國皇帝授與他公爵的爵位作為補償。順帶一提，當時製作薩瓦蛋糕者好像是尚德巴爾維爾(*Jean de Belleville*)這位名人。

在我的記憶中至今仍記得，嚴恩市裝飾在陳列櫃裡，那個高達1m的巨型薩瓦蛋糕。不論顏色和外形都製作得非常精美，我雖然想嚐嚐看，不過每次去店都休息。我第三次造訪該城時，那家店已不復見。想必一定很棒卻未能如願吃到的美味，已消逝在成為幻想的時刻。

事先準備
＊用毛刷在模型中塗上澄清奶油，撒上高筋麵粉備用。

1. 在鋼盆中放入蛋黃和白砂糖，用打蛋器攪打發泡變得泛白為止。
2. 和**1**同時進行在鋼盆中放入蛋白，用打蛋器充分打發至尖角能豎起的硬度。
3. 混合低筋麵粉和玉米粉加入**1**中，用木匙如切割般大幅度混拌。
4. 混合至稍微還看得到粉，將**2**分3～4次加入混合。先用力混合，之後再輕輕地混合。
5. 混合到泛出光澤後，倒入模型中。
6. 以160℃的烤箱約烤1個半小時。
7. 立刻脫模，置於網架上放涼。
8. 稍微放涼後，撒上糖粉。

Brioche de Saint-Genix
聖傑尼布里歐麵包

直徑18×高2cm的圓形塔模．1個份

布里歐麵團：300g
pâte à brioche
（▸▸參照「基本」）

粉紅果仁糖：100g
pralines roses
（▸▸參照p.78「粉紅果仁糖」）

塗抹用蛋（全蛋）**：適量**
dorure（œufs entiers）Q.S.

珍珠糖：20g
sucre en grains

布里歐麵團中加入粉紅果仁糖 *(p.78)* 烘烤成的聖傑尼布里歐麵包，是尚貝里 *(Chambéry)* 附近的小鄉鎮，聖傑尼雪吉耶爾 *(Saint-Genix-sur-Guiers)* 的特產甜點。外表紅得令人驚訝，不過吃起來卻很美味，對比的口感也很棒。

這個甜點的起源可溯自西西里島的聖女阿佳塔 *(Sainte Agathe)* 的傳說。長得非常美麗的阿佳塔，被該島的羅馬總督求婚，但她虔誠信仰基督教而拒絕，因此被切除乳房。聖彼得聽到她祈禱後現身，讓她的乳房重生。之後，總督想將她處死，卻發生大地震保住了性命，傳說她最後裸身在燒紅的煤炭上滾動殉教。據說自1713年薩瓦公爵統治西西里島開始，每年2月5日聖佳塔節時，薩瓦的女性們會製作外形猶如胸部的甜點。

出身萊薩布雷特 *(Les Abret)* 的馮絲華．吉約 *(Françoise Guillaud)*，嫁給「拉布里 *(Labully)*」的皮耶．拉布里 *(Pierre Labully)*，將此甜點傳入聖傑尼吉耶爾。皮耶採納兒子的創意，在布里歐麵團中加入碎果仁糖，1880年以拉布里蛋糕 *(Gâteau de Labully)* 之名正式販售。推出後相當受歡迎，為了和其他店做區隔，該店也將「Gâteau de Labully」註冊為商標。現在該店仍開設在城中心的教會廣場，薩瓦風格的紅、白色包裝紙令人賞心悅目。

---

1. 布里歐麵團分割成每塊150g。
2. 一塊擀成長約50cm的帶狀。
3. 粉紅果仁糖中的40g大致弄碎，平均放在**2**上，縱長向捲包起來，修整成棒狀。
4. 另一塊麵團擀成長50cm的棒狀。
5. 在烤盤上放上模型，將**3**和**4**相互交錯扭捲，從外圍往內盤捲放入模型中。
6. 蓋上保鮮膜，進行第二次發酵約1小時，讓它膨脹約2倍大。
7. 上面用毛刷塗上塗抹用蛋。
8. 將**3**剩餘的完整粉紅果仁糖60g撒放在上面，輕輕地按壓。
9. 散放上珍珠糖。
10. 用180℃的烤箱約烤40分鐘。
11. 脫模，置於網架上放涼。

Galette Dauphinoise

多菲內核桃派

多菲內地區是著名的優質核桃產地。傳說最早是四世紀時格爾諾伯勒*(Grenoble)*附近的維奈*(Vinay)*城主開始栽培。該地核桃的薄皮澀味與苦味少，香味和甜味濃厚，因此也獲得A.O.C.(原產地管制命名)的認證。

多菲內核桃派是使用大量當地自豪的核桃製作味道濃郁的烘焙類甜點。混合焦糖的烤過核桃，以塔皮包住烘烤而成。它與一般所說發源於瑞士恩葛丁地區的恩葛丁核桃派*(Engadiner Nusstorte)*類似。因當地也鄰近瑞士邊境，或許是從瑞士傳來，當地才開始製作吧。因蛋奶餡味道濃厚，所以製作重點是杏仁甜塔皮擀厚一點，皮餡才能呈現完美的平衡。

直徑18×高2cm的圓形塔模．2個份

杏仁甜塔皮：960g
pâte sucrée aux amandes
（▸▸參照「基本」）

餡料 garniture
- 核桃（烤過）：217g
  noix grillées

蛋奶餡 appareil
- 白砂糖：155g
  sucre semoule
- 水飴 glucose：45g
- 鮮奶 lait：37g
- 鮮奶油：55g
  （乳脂肪成分48%）
  crème fraîche 48% MG
- 蜂蜜 miel：33g
- 奶油 beurre：60g

塗抹用蛋：適量
（蛋黃＋咖啡香精「Trablit」）
dorure（jaunes d'œufs＋extrait de café「Trablit」）Q.S.

準備杏仁甜塔皮

1. 將杏仁甜塔皮擀成厚4.5mm。
2. 切割成比模型還大一圈的圓形，1個模型準備2片。
3. 在鋪了矽膠烤盤墊的烤盤上放上模型，各鋪入一片甜塔皮。
4. 突出的甜塔皮不要切掉，放入冷藏庫1小時讓它鬆弛。剩餘的甜塔皮裝入塑膠袋中，放入冷藏庫鬆弛備用。

準備餡料

5. 烤過的核桃趁熱用篩子去除澀皮，大致切碎放涼。

製作蛋奶餡

6. 在銅鍋裡放入白砂糖和水飴，用打蛋器一面混合，一面以大火加熱。
7. 在別的鍋裡放入鮮奶和鮮奶油，開火加熱。為了**6**完成時同時煮沸，需算準製作時間。
8. 當**6**煮至變深褐色後熄火，用打蛋器繼續混合，利用餘溫讓顏色變得更深。
9. 一面在**8**中倒入**7**，一面用打蛋器充分混合。
10. 加蜂蜜利用餘溫混合融解。
11. 加撕碎的奶油混合融解。

組裝、烘烤

12. 趁**11**還熱加入**5**，用木匙混拌。
13. 放在烤盤上放涼。
14. 在**4**中填入**13**，用手指整平。
15. 用毛刷在甜塔皮邊緣塗上塗抹用蛋。
16. 蓋上**4**保留的甜塔皮。上面用擀麵棍碾壓，讓邊端接合，並切掉多餘的甜塔皮。
17. 用毛刷在上面塗上塗抹用蛋，稍微晾乾後再塗一層。
18. 用叉子在上面畫出格子圖樣。
19. 用刀在各處刺出透氣孔，用手指抹去沾在邊緣的塗抹用蛋。
20. 以180℃的烤箱約烤50分鐘。
21. 置於網架上半天放涼，蛋奶餡凝固後脫模。

Gâteau Grenoblois
格爾諾伯勒蛋糕

格爾諾伯勒 *(Grenoblois)* 位於蜿蜒的伊澤爾 *(Isère)* 河的圓弧外側，是個環繞群山風光明媚的都市。因位居瑞士、法國、義大利的交通要衝，也是法國代表性的學術都市。1968年曾在此舉辦冬季奧運會，或許有很多人知道記錄當時奧運會的《法國13天 *(13 Jours en France)*》*(1968)* 這部記錄片吧。

這個城市有許多使用特產核桃製作的甜點，格爾諾伯勒蛋糕就是其中之一。核桃的油脂與奶油混合的感覺很獨特，使用麵包粉的豐盈口感也很棒。製作的重點是以低溫慢慢烘烤，因為以高溫烘烤的話，裡面還沒烤透，核桃就會釋出油脂。

直徑16×高5cm的雛菊模型・3個份

麵團 pâte
- 核桃 noix：250g
- 白砂糖：150g sucre semoule
- 蛋黃 jaunes d'œufs：120g
- 融化奶油：300g beurre fondu
- 蘭姆酒 rhum：24g
- 咖啡香精：3g extrait de café「Trablit」
- 麵包粉 chapelure：100g
- 蛋白：180g blancs d'œufs
- 白砂糖：50g sucre semoule

＊麵包粉是變硬的吐司以粗目網篩過濾，再以發酵箱烘乾後使用。

焦糖醬 sauce caramel
- 白砂糖：100g sucre semoule
- 檸檬汁：2.5g jus de citron
- 水 eau：40g

澄清奶油：適量 beurre clarifié Q.S.

核桃（烤過）noix grillées：30個

事先準備

＊用毛刷在模型中塗上澄清奶油備用。

製作麵團

1. 用食物調理機將核桃攪打成切碎般的大小。
2. 在鋼盆中放入白砂糖150g和蛋黃，用打蛋器充分攪打成泛白的黏稠狀。
3. 加融化奶油（室溫）混合充分乳化。
4. 加蘭姆酒和咖啡香精混合。
5. 加麵包粉和**1**的核桃，用橡皮刮刀混合。
6. 用攪拌機（鋼絲拌打器）以高速打發蛋白。一面慢慢加入白砂糖50g，一面打發成尖角能立起的硬度。
7. 在**5**中分數次加入**6**，充分混合直到泛出光澤。
8. 倒入模型中，以160℃的烤箱約烤1小時。
9. 脫模，置於網架上放涼。

製作焦糖醬

10. 在銅鍋裡放入白砂糖，用打蛋器一面混合，一面以大火加熱。
11. 變成深褐色後熄火，一口氣加入檸檬汁和水。

完成

12. 用湯匙舀取**11**淋在**9**上，放上烤過的核桃裝飾。
13. 核桃上面再淋上**11**。

Ruifard du Valbonnais
瓦爾博奈塔

瓦爾博奈（*Valbonnais*）是距離格爾諾伯勒（*Grenoble*）約35km的小村落，村落位於周圍環繞高山的小盆地中。瓦爾博奈塔被認為是這個村的特產，屬於塔甜點的一種。作法是在模型中鋪入發酵麵團，填入以奶油香煎，加入砂糖和夏思多利口酒的蘋果或洋梨餡料，再以同樣的麵團覆蓋後烘烤。原名中的Ruifard，據說是紅甜點之意。

它最大的特色是一入口，夏思多利口酒的香味立刻瀰漫開來。這種藥草利口酒也是多菲內地區的特產，由位於格爾諾伯勒附近的阿爾卑斯山中的夏思多大修道院所釀造。其原料、作法均祕傳，不過裡面好像含有香蜂葉、牛膝草、肉桂、歐白芷根、番紅花和肉荳蔻皮等約130種香草。酸甜的蘋果中充分滲入夏思多利口酒，散發藥草才有的獨特香味，吃完後喉韻清爽，讓人感到愉悅滿足。

直徑18×高6cm的海綿蛋糕（附底）模型．2個份

麵團 pâte
- 乾酵母：15g levure sèche de boulanger
- 白砂糖 sucre semoule：2g
- 溫水 eau tiède：75g
- A. 低筋麵粉：250g farine ordinaire
  - 白砂糖：13g sucre semoule
  - 全蛋 œufs：50g
  - 奶油 beurre：20g
  - 沙拉油：9g huile végétale
  - 鮮奶油：100g（乳脂肪成分48%）crème fraîche 48% MG
  - 鹽 sel：1.5g

餡料 garniture
- 蘋果 pommes：10個
- 白砂糖：150g sucre semoule
- 奶油 beurre：60g
- 夏翠思利口酒：190g Chartreuse

塗抹用蛋（蛋黃）：適量 dorure（jaunes d'œufs）Q.S.

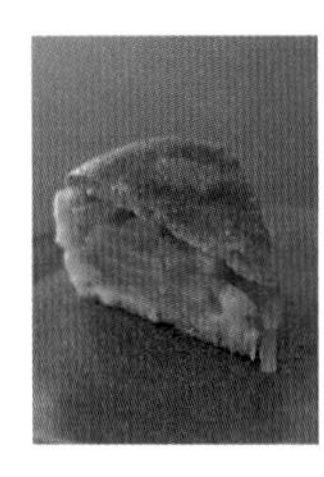

製作麵團

1. 依照「基本」的「布里歐麵團」的「使用攪拌機法」*1*～*5*的要領製作。只是，預備發酵後加入A的材料，攪拌機以低速再轉高速攪拌。

2. 揉壓麵團擠出空氣後分成2等分。

3. 擀成厚5mm，鋪入模型中。切掉突出的麵團，揉成團後裝入塑膠袋中，放入冷藏庫備用。

製作餡料

4. 蘋果去皮和果核，縱切一半後切成厚7～8mm。

5. 平底鍋裡加熱奶油，稍微香煎*4*。

6. 加白砂糖用木匙混拌均勻。

7. 加夏思多利口酒，一面混合，一面稍微加熱。

8. 放入淺鋼盤中放涼。

9. 稍微放涼後，放到網篩上瀝除湯汁。

組裝、烘烤

10. 在*3*上放入*9*輕輕壓平。

11. 將*3*切下的麵團擀成厚5mm的圓形，蓋在*10*上。

12. 上面用擀麵棍碾壓，切除多餘的麵皮。

13. 蓋上保鮮膜，進行第二次發酵約1個小時，讓它稍微膨脹。

14. 用毛刷在上面塗上塗抹用蛋。

15. 用180℃的烤箱約烤1小時。

16. 置於網架上放涼，脫模。

Bêtises de Vienne
維恩糖

位於隆河畔的維恩 *(Vienne)*，自古羅馬時期以來就是居交通要衝的繁榮古城。西元前4世紀時高盧人建立城市，西元前50年時成為羅馬帝國的殖民地。城裡殘留神殿、劇場、城門等遺跡，讓人得以想見當時的繁華。

維恩糖是這個城值得推薦的特產。在法語中「Bêtises」是指蠢事、愚笨之意。在法蘭德地區的康布雷 *(Cambrai)* 也有同樣名為Bêtises的糖果 *(p.308)*，但它和維恩糖不同，維恩糖屬於所謂的水果糖錠 *(pastille*，圓形扁平的糖果*)*。作法是砂糖和水煮融後加入香料，以小圓盤塑形，淡雅的色調十分美麗，入口後才剛感受糖在齒間碎裂，瞬間就融化消失。那樣的夢幻口感充滿魅力，讓人一吃難忘。

直徑2.5cm・約300個份

白砂糖 sucre semoule：450g
水 eau：150g
綠色色素：適量 Q.S. colorant vert
※用伏特加酒調勻
薄荷香精：5g essence de menthe

糖粉 sucre glace：適量 Q.S.

事先準備
＊在稍微深一點的烤盤平鋪上糖粉。用直徑2.5cm的保特瓶蓋等工具輕輕按壓，壓出圓形凹洞。

1. 在銅鍋裡放入白砂糖和水，開火加熱。
2. 煮沸後加綠色色素，加熱至118℃。
3. 熄火，加入薄荷香精。
4. 從鍋底湧起的泡沫平息後，用打蛋器輕輕攪拌，攪到變白濁即停手。
5. 放入填充機，填入糖粉的凹陷中。
6. 約靜置10分鐘讓它變硬。
7. 取出放在濾網中，用毛刷刷除多餘的糖粉。

Suisse
人形麵包

約25×13cm的人形模型・4個份

低筋麵粉 farine ordinaire：500g
糖粉 sucre glace：250g
奶油 beurre：300g
鹽 sel：2.5g
蜜漬橙皮：100g
écorces d'oranges confites
全蛋 œufs：150g

塗抹用蛋（全蛋）：適量
dorure（œufs entiers）Q.S.
無籽葡萄乾：適量
raisins secs de Sultana O.S.
蜜漬橙皮：適量
écorces d'oranges confites Q.S.
醃漬櫻桃：適量
bigarreaux connts Q.S.

穿著幻想國居民般的奇異服裝，擁有大食客般引人發笑的面貌，這是人形麵包給人的印象。在瓦朗斯（*Valence*）城裡的甜點櫃中，琳瑯滿目陳列的這個甜點，是名為好人（*Bon Homme*，原意為好人）的人形麵包。它雖然是法國甜點，但為何稱為Suisse（瑞士）呢，是因為人形上戴著瑞士的雙角帽。拿破崙一世（*Napoléon Bonaparte*）占領教皇領土後，羅馬教皇庇護六世（*Pie VI*）在1799年逝世前，事實上一直被囚禁，在瓦朗斯過著失意的日子。為表示對教皇的敬意，服侍他的衛兵頭戴瑞士雙角帽，這個城的甜點店模仿此造型研發出人形麵包，因此取名為Suisse。順帶一提，瑞士衛兵的服裝，相傳是米開朗基羅（*Michelangelo*）所設計。

大口咬下厚實的沙布蕾麵包，立即感受蜜漬橙皮的柔和香味。隨著香味的引導，一面漫步，一面在各店欣賞麵包不同的設計與表情，那份快樂至今我記憶猶新，恍如昨日。

事先準備
＊參照p.98製作紙型備用。

1. 將低筋麵粉和糖粉混合，篩在工作台上堆成山狀，在中央弄個凹洞。
2. 在1的凹洞中放入撕碎的奶油（室溫），加入鹽、切碎的蜜漬橙皮。
3. 用手指一面弄碎奶油，一面撒上麵粉混合整體。
4. 混成鬆散的沙狀後，再堆成山狀，在中央弄個凹洞。
5. 在4的凹洞中放入打散的全蛋，一面用手慢慢地撥入周邊的粉，一面混合整體，用手掌揉捏。
6. 麵團輕輕揉成團後，用手掌在工作台上一面揉搓，一面從前往後如推壓般揉碎混合，直到整體變均勻。
7. 揉成團後裝入塑膠袋中壓平，放在冷藏庫鬆弛1小時以上。
8. 擀成厚5mm。
9. 放上人形紙型，沿紙型用刀切割，放在烤盤上。
10. 將9剩餘的麵團揉成團，再擀成厚5mm。用切派刀、圓形擠花嘴切出臉和衣服的配件。
11. 用毛刷在9的上面塗上塗抹用蛋，當作接著劑裝飾上10。
12. 眼睛用無籽葡萄乾，衣服的裝飾用切成適當大小的蜜漬橙皮和醃漬櫻桃，放上後用手指輕輕按壓黏貼。
13. 再用毛刷在上面塗上塗抹用蛋。稍微晾乾後再塗一次。
14. 用180℃的烤箱約烤30分鐘。
15. 置於網架上放涼。

我實際使用過的
手工人形麵包的紙型。原寸

Provence
Corse

普羅旺斯、科西嘉島

Provence
普羅旺斯

陽光普照的普羅旺斯，擁有富饒的自然環境，以及許多任誰都會嚮往，美麗得令人沉醉的城市。該區山脈逼近海岸，是高人氣的臨地中海休閒地。薰衣草田、橄欖樹、松樹等可說是該地特有的風景象徵。西元前118年成為羅馬的屬州，拉丁語中意指屬州的provincia，成為普羅旺斯名稱的語源。羅馬文化在該地繁榮發展，留下許多建築遺跡。之後，歷經法蘭克王國、勃艮地王國的統治、伊斯蘭勢力的侵入等，10世紀時成為普羅旺斯伯爵的領地。然而，之後又歸屬於神聖羅馬帝國、受巴塞隆那伯爵的管轄、併入安茹伯爵領地、售予亞維農*(Avignon)*的羅馬教皇等，歷史坎坷曲折。15世紀時，被贈予路易十一*(Louis XI)*，形式上併入法蘭西王國。18世紀時才被法國完全統治。這樣的歷史也融合許多外來的文化與物資，甜點的種類也很豐富。艾克斯普羅旺斯*(Aix-en-Provence)*的比斯寇坦脆餅*(Biscotin*，小餅乾*)*、松子餅乾*(Pignoulat*，加松子的餅乾*)*等。此外，16世紀時，尼斯伯爵領地建立的尼斯*(Nice)*周邊，還被區分成尼斯地方*(Pays Niçois)*。

▶主要都市：馬賽（*Marseille*、距巴黎661km）、尼斯（*Nice*，距巴黎687km） ▶氣候：屬地中海性氣候，夏熱、冬暖。冬季也吹強烈的西北風（*mistral*）。內陸隆河河岸氣候溫差大。 ▶水果：杏仁、塔拉斯孔（*Tarascon*）的無花果、卡龐特拉（*Carpentras*）和卡蘿（*Carros*）的草莓、蒙通（*Menton*）的檸檬、柳橙、苦橙（*Bigarade Awère*）、紅棗、卡維濃（*Cavaillon*）的哈蜜瓜、旺圖（*Ventoux*）的巨峰葡萄、希特西瓜（*Citre*，糖漬用西瓜）、葡萄、覆盆子、杏仁、蘋果、洋梨、桃子、皮卡羅櫻桃（*Bigarreaux*）、杏桃、李子、榲桲 ▶酒：葡萄酒、茴香酒（*Pastis*，以八角、甘草、茴香等增加香味的利口酒）、苦艾（*génépi*）利口酒、茴香酒（*Anisette*、使用大茴香和其他香料的利口酒）、聖誕的熟酒（*Vin Cuit*，熬煮過的甜葡萄酒） ▶起司：巴濃（*Banon à la Feuille*）、羊奶起司（*Brousse du Rove*）、東姆達魯（*Tomme d'Arles*） ▶料理：馬賽魚湯（*Bouillabaisse*，馬賽港的海鮮烹煮的湯品料理）、尼斯沙拉（*Salade Niçoise*，使用馬鈴薯、番茄、橄欖、四季豆、鯷魚、油漬鮪魚等的沙拉）、酸豆橄欖醬（*Tapenade*，黑橄欖、鯷魚、酸豆等混合製成的醬料）、普羅旺斯燉菜（*Ratatouille*、燉煮蔬菜）、尼斯洋蔥塔（*Pissaladière*、以鯷魚、洋蔥、大蒜、百里香等為餡料的尼斯風味披薩）、紅酒燉洋肉（*Daube d'Avignon*，仔羊腿肉加橙皮和紅葡萄酒燉煮）、索卡豆餅（*Socca*，尼斯地區常見的鷹嘴豆粉製的餅） ▶其他：橙花水、橄欖油、薰衣草等蜂蜜、香草類、斯卑爾脫小麥、杜松子（*Génièvre*）。

Corse
科西嘉島

科西嘉島以拿破崙*(Napoléon Bonaparte)*的故鄉而聞名於世，繼西西里島、薩丁尼亞島、塞普路斯島之後，它是排名第4的地中海大島。如作家莫泊桑*(Henri René Albert Guy de Maupassant)*稱該島為「從海中聳立之山*(montagne dans la mer)*」，科西嘉島上大部分是山地地形，標高500m以下廣布低矮的灌木叢林帶*(Maquis)*，最高峰桑度*(Cinto)*山超過2700m。從海產到山產食材豐富，石灰質土壤能收獲多種柑橘與果實，畜牧以羊和山羊為主。受義大利影響的料理與甜點等，呈現與法國本土截然不同的獨特飲食文化。該島特產包括以蜂蜜、松子和杏仁製作的各式甜點(馬卡龍、杏仁脆餅、烤餅等)，以及栗粉可麗餅。回顧歷史，科西嘉島在羅馬統治後，受到各民族和伊斯蘭教徒的侵襲，11世紀時受比薩統治；13世紀時受熱那亞管轄，但因島民反抗和法國的介入，18世紀時終成為法國的領土。

▸主要都市：阿亞克修（*Ajaccio*，距巴黎919km） ▸氣候：海岸部雖是溫暖的地中海性氣候，但隨著高度上升成為山地氣候，山頂終年一半時間覆蓋積雪。 ▸水果：柑橘類（柳橙、橘子、檸檬、佛手柑（*Cédrat*，似檸檬的柑橘）、克萊蒙丁紅橘、杏仁、榲桲、無花果、楊梅（*Arbouse*，西洋野桃） ▸酒：阿誇維持（*Acquavita*，以葡萄渣滓釀造的渣釀白蘭地）、波拿巴（*Bonapartine*，柳橙和橘子為基材的利口酒）、香櫞利口酒（*Cédratine*）、桃金孃利口酒（*Myrte*）、科西嘉角．蜜思嘉（*Musucat du Cap Corse*） ▸起司：山羊起司（*Brocciu*）、叢林之花（*Fleur du Maquis*）、尼歐羅羊奶起司（*Niolo*）、維那科（*Venaco*） ▸料理：燉羊肉（*Cabri en ragoût*，燉煮仔山羊）、櫛瓜燉羊肉（*Courgettes Farcies*） ▸其他：栗粉（*farine de châtaigne*）、栗子蜂蜜、松樹蜂蜜、橄欖油、桃金孃（銀梅花）、百里香和迷迭香

Nougat de Montélimar
蒙特利馬牛軋糖

對我來說，法國國道7號是令我印象深刻的一條路，五月革命爆發那年，我失去甜點店的工作，也不知未來該尋求什麼，記得那時我騎著自行車，沿著這條路從巴黎（*Paris*）南下馬賽（*Marseille*）。行經這條路一定會看到寫著「No.7 Montélimar Nougat」的牛軋糖包裝外觀的看板。在砂糖、水飴和蜂蜜的基材中加入蛋白攪拌，再加堅果製成的白色牛軋糖，在法國稱為白牛軋糖（*nougat blanc*）。它是蒙特利馬（*Montélimar*）的特產。造訪位於普羅旺斯北方入口的這個城的話，到處都有在賣這個牛軋糖。

誠如牛軋糖（*nougat*）的語源為拉丁語的nux（核桃）或普羅旺斯語的nogat（核桃甜點）般，最初好像是使用核桃。不過，據傳1600年頃，德塞赫（*Olivier de Serres*）這位農業學家推廣栽種杏仁，維瓦萊地區（夾隆河的蒙特利馬對岸）大約從1650年開始栽培，之後核桃便取代了杏仁，蒙特利馬成為牛軋糖主要生產地。

現在有更詳細的規定，使用堅果30％以上（僅杏仁30％或杏仁28％和開心果2％）、蜂蜜25％以上的牛軋糖，才能被稱為正宗的蒙特利馬牛軋糖。散發柔和的甜味，黏Q富彈性的牛軋糖和香脆的堅果口感，讓人感到十分愉悅。

8×3.2×厚1.5cm・48個份

牛軋糖 nougat
- 蜂蜜 miel：300g
- 白砂糖：600g sucre semoule
- 水飴 glucose：100g
- 蛋白 blancs d'œufs：100g
- 杏仁（連皮、烤過）：300g amandes brutes grillées
- 榛果（烤過）：300g noisettes grillées
- 開心果 pistaches：150g
- 醃漬櫻桃：175g bigarreaux confits

威化餅（27×27cm）：2片 gaufrette

玉米粉：適量 fécule de maïs Q.S.

事先準備
＊威化餅上放置基準桿，框成25×25cm、高2.8cm的四方框備用。
＊配合作法7的完成時間，烘烤杏仁和榛果。
＊榛果以粗目網篩過濾，去皮備用。

1. 在鍋裡放入蜂蜜，以大火加熱。
2. 在別的鍋裡放入白砂糖和水飴，以中火加熱。
3. 1煮沸後，用攪拌機（鋼絲拌打器）以高速攪打使蛋白開始發泡。
4. 待1變成124℃後，攪拌機轉低速加入3中，再恢復以高速攪打。
5. 混合整體充分發泡後，攪拌機改換槳狀拌打器攪打。
6. 待2加熱至148℃後，攪拌機改低速，加入5中之後，再立刻轉中高速攪打。
7. 待6稍微放涼後取出，停止攪拌機。手上沾玉米粉觸摸，若不沾手即可。
8. 加入杏仁、榛果和開心果，儘量避免打碎堅果，攪拌機一面時而停止，一面以低速混合。
9. 在工作台撒上玉米粉，散放上醃漬櫻桃，上面放入8。用沾了玉米粉的手揉捏混合，修整成四角形。
10. 放入基準桿中，用手掌壓平修整形狀。
11. 拿掉基準桿，再放上另一片威化餅，上下翻面。
12. 重新放上基準桿按壓，讓它鬆弛一天。
13. 拿掉基準桿，用鋸齒刀切掉邊端，分切成8×3.2×厚1.5cm。

Berlingot de Carpentras
卡龐特拉水果糖

具有透明與白色條紋的美麗四面體水果糖，是位於亞維農(*Avignon*)附近，源起於高盧時期的古城卡龐特拉(*Carpentras*)的傳統特產。它的名稱由來，一說是由服侍亞維農初任羅馬教皇克萊蒙五世(*Clément V*)的廚師所創作，以法王實際的名字Bertrand de Gouth來命名；另一說是從義大利語中，意指緞帶狀餅乾的Berlingozzo這個字而來。此外，還有一說是從普羅旺斯語中，意指「小骨」的Berlingau這個字而來。

卡龐特拉水果糖現在的作法，傳說是路易十六(*Louis XVI*)時期，一位稱為庫耶夫人(*Madame Couet*)的人所完成。據傳1844年時，馮索・巴斯卡・隆(*François Pascal Long*)使用蜜漬水果剩下的糖漿開始製作，1851年時，居斯塔夫・耶塞利克(*Gustave Eysséric*)加入薄荷的香味，重現庫耶夫人的作法，而成為該城的特產品。

卡龐特拉當地的水果糖裡雖然沒包餡，但我考慮到口感的趣味，決定包入果醬和蜂蜜，改良成我自己的風味。水果糖舔嚐一會後，裡面會溢出濃稠的餡料，散發更豐富的風味。

約1.5×1.5cm・
約400個份（1色份）

白砂糖 sucre semoule：1kg
水飴 glucose：200g
水 eau：400g
檸檬酸 acide citrique：8g
色素 colorant：適量 Q.S.
※用伏特加酒調勻
果醬（或蜂蜜）：100g
confiture（ou miel）

色素和果醬（或蜂蜜）
分別使用以下分量

紅：「覆盆子」
- 紅色色素 colorant rouge
- 覆盆子（含籽）果醬 confiture de framboises pépins

黃：「杏桃」
- 紅色色素 colorant rouge
- 黃色色素 colorant jaune
- 杏桃果醬 confiture d'abricots

綠：「奇異果」
- 綠色色素 colorant vert
- 奇異果果醬 confiture de kiwis

紫：「無花果」
- 紅色色素 colorant rouge
- 藍色色素 colorant blue
- 無花果果醬 confiture de figues

褐：「蜂蜜」
- 黑色色素 colorant noir
- 黃色色素 colorant jaune
- 紅色色素 colorant rouge
- 蜂蜜 miel

---

1. 在銅鍋裡放入白砂糖、水飴和水，以大火加熱至165℃。
2. 在大理石台鋪上矽膠烤盤墊，倒上3/4量（*A*）。
3. 在大理石台上另鋪一塊矽膠烤盤墊，將剩餘的**2**（1/4量）再分別倒成3/4量（*B*）和1/4量（*C*）。
4. 在*A*中加檸檬酸6g、*B*中加色素和檸檬酸1.5g、*C*中加檸檬酸0.5g，直接稍微放涼。
5. 戴上耐熱手套，將*A*、*B*、*C*的飴糖邊端如上捲般朝中心摺疊成一團，分別修整成棒狀。放在飴糖用燈下一面保溫，一面分別再摺數次，直到泛出光澤飽含空氣。
6. 放在飴糖用燈下一面保溫，一面將*B*和*C*擀成相同的細長棒狀，並排黏貼起來。從兩端輕輕拉長，用手指壓平。
7. 將**6**切半，2條平行並排黏貼，修整外形。再切半，2條平行並排黏貼，修整外形。以飴糖用燈保溫備用。
8. 將*A*用手揉成和**6**相同尺寸的長方形。在中央橫放一條加熱至人體體溫程度的果醬，將果醬當軸對摺確實黏合*A*，兩端也要確實黏合。
9. 將**8**拉成約3倍的長度，摺三折，共重複3次。
10. 在**7**放上**9**，底部鋪的矽膠烤盤墊如竹簾般拉起，以捲海苔的要領捲包。
11. 用飴糖用燈一面加熱，一面在矽膠烤盤墊上揉成直徑約1.5cm的棒狀。用切卡龐特拉水果糖的專用切割機（Machine de Berlingot），切成寬約1.5cm的正四面體（若無此機器，可用剪刀剪）。
12. 為避免沾黏，散放在鋪了矽膠烤盤墊的冷卻盤上，放涼。

Fruits Confis d'Apt
艾普特蜜漬水果

走在普羅旺斯的城裡，甜點店的展售櫃中，觸目所及盡是形形色色的蜜漬水果*(砂糖醃漬水果)*，滿滿地堆放在容器裡。柑橘類、李子、洋梨、櫻桃、無花果、杏桃、哈蜜瓜、鳳梨等，不僅呈現水果寶石般的光澤、透明度與鮮麗色彩，還散發讓人不禁駐足凝視的閃耀光芒。

其中最著名的是艾普特*(Apt)*的蜜漬水果，艾普特城位於景致寧靜的盧貝隆*(Luberon)*自然公園內。該城的蜜漬水果自14世紀初開始製作，用來獻給亞維農*(Avignon)*的羅馬教皇，在該世紀末廣為人知。自古以來，羅馬人便會用蜂蜜醃漬水果，以利保存、食用，這似乎就是蜜漬水果的起源。據傳中世紀時，蜜漬水果被稱為「寢室的辛香料*(épices de chambre)*」，作為飯後甜點深受富裕階層的喜愛。

製作的重點是，無論如何要花2週時間，慢慢地、確實地調高浸漬水果的糖漿糖度。這雖是傳統的純手工方式，但若不這麼做，糖無法徹底滲入水果中。而且，有時我也不限定每天調高糖度，若糖滲入太慢，我會兩天都用相同的糖漿浸漬，慢慢地等糖確實滲透進去。需謹慎製作的蜜漬水果，不是只突顯甜味，還要展現豐富的水果風味，它能直接食用，也能用於甜點中。切碎加入蛋糕或布里歐麵包中烘烤也別有風味。

便於製作的分量

水果 fruits
- 鳳梨 ananas：適量 Q.S.
- 薑：適量 gingembres frais Q.S.
- 克勞德皇后李：適量 reines-claudes Q.S.
- 金橘 kumquats：適量 Q.S.
- 柳橙圓形（冷凍）：適量 rondelles d'oranges congelées Q.S.
- 蜜漬鳳梨圓片：適量 compote de rondelles d'ananas Q.S.
- 蜜漬小洋梨：適量 compote de petites poires Q.S.
- 蜜李乾：適量 pruneaux Q.S.

＊蜜漬鳳梨和蜜漬小洋梨都使用糖煮罐頭。

波美度20°的糖漿：適量 sirop à 20° Baumé Q.S.
（▸▸參照「基本」）

波美度36°的糖漿：適量 sirop à 36° Baumé Q.S.
（▸▸參照「基本」）

水飴 glucose：適量 Q.S.

＊水果分別烹調。（圖中的蜜漬櫻桃為市售品）

準備・水煮
1. 先用刀尖將整個鳳梨刺洞備用。薑、克勞德皇后李和金橘同樣用針刺洞備用。放入鍋中，加入能蓋過材料的水加熱，煮到能用竹籤迅速刺穿的柔軟度後瀝除水分。
2. 冷凍柳橙直接放入鍋裡，加入能蓋過材料的水，加熱，煮到皮能用竹籤迅速刺穿的柔軟度後瀝除水分。
3. 蜜漬鳳梨和小洋梨是瀝除罐頭的糖漿，分別放入鍋裡，加入能蓋過材料的水，加熱，煮沸數分鐘後瀝除水分。
4. 蜜李乾泡水約3小時回軟。

糖煮
5. 在鍋裡放入波美度20°的糖漿，以大火加熱。煮沸後加水果，熄火。
6. 蓋上到處剪洞的烘焙紙浸漬一晚。
7. 暫時取出水果，瀝除湯汁。剩餘的糖漿加熱煮沸。
8. 放回水果，再蓋上烘焙紙浸漬一晚。
9. 每1～2天重複1次步驟**7～8**的作業。讓糖逐漸滲入水果中，增加色澤和透明度。
10. 持續作業約2週的時間，讓糖漿糖度成為67～70%brix即OK。
11. 只將**10**的糖漿放回鍋裡，加2成分量的水飴煮沸。
12. 在**11**中放回水果，醃漬一晚以上。

完成
13. 將**12**的水果放在網篩上，徹底瀝除糖漿。
14. 在鍋裡放入新的波美度20°的糖漿加熱煮沸。將水果迅速放入糖漿中取出，讓高濃度的糖液滴落後，放在網篩上徹底瀝除糖漿。
15. 用鍋製作波美度36°的糖漿。稍微放涼後用打蛋器稍微混合，讓它糖化變白濁。
16. 將**14**的水果一面用叉子等固定，一面浸入**15**中取出，放在烤盤上。
17. 放入180℃的烤箱約30秒，烘乾表面的糖漿。

Calissons d'Aix
卡里松杏仁餅

艾克斯普羅旺斯 *(Aix-en-Provence)* 這個城市，原為普羅旺斯伯爵的領地首都而繁榮發展。15世紀初設立大學，不論在學術或文化上都是普羅旺斯地區的重心。在陽光普照的初夏造訪該城，隨興漫步街頭，能看到熙來攘往熱鬧的米拉波 *(Mirabeau)* 街上美麗的梧桐行道樹，城裡到處盛開著薰衣草，令人心曠神怡。還有許多噴泉與噴水池，甜點店的櫥窗仍保留古典的風格，饒富趣味，在法國城市中，它是我非常喜愛的城市之一。

說到這個城市的特產，一定得提到卡里松杏仁餅。它是用杏仁和蜜漬水果製成，具有杏仁膏般的黏稠質感，以及覆以糖霜的白色小舟狀外觀非常可愛。關於它的由來有諸多說法，似乎是相當古老的甜點，過去都放在竹簾上晾乾，一般認為calissons的語源，是從拉丁語的canna *(蘆葦)* 衍生而來的普羅旺斯語calissoun或canissoun *(竹簾)*。13世紀時，在文件中已能看到這個甜點的相關記述，顯示它用於祭典中。據說1629年鼠疫大流行後，在供奉艾克斯的守護聖人的彌撒中，每年大主教會將受祝福的卡里松杏仁餅分給參與者，一直持續到法國革命為止。

若提到較浪漫的傳說，那就是1453年統治普羅旺斯的雷內一世 *(René I)*，梅開二度時舉辦的婚宴小插曲吧。當時創製的卡里松杏仁餅，珍娜王妃 *(Jeanne)* 吃了一口後，讓被認為不親切的王妃綻放笑顏。雷內一世於是說「Di Calin soun *(那甜點是擁抱＝那甜點叫做擁抱)*」，相傳Di Calin soun最後就變成calissons。

總之，隨著17世紀普羅旺斯杏仁栽培的擴展及杏仁貿易的發達，卡里松杏仁餅無疑更加傳承遠播。它原本是使用蜜漬哈密瓜為主流，不過，現在已製成各式各樣的口味與顏色，讓人視覺與味覺都獲得享受。

5×2.5cm的卡里松模型．45～50個份

麵團 pâte

- 蜜漬橙皮：250g
écorces d'oranges confites
- 杏仁（無皮）：250g
amandes émondées
- 白砂糖：250g
sucre semoule
- 蜜漬橙皮糖漿（波美度36°）：適量（約150～160g）
sirop（à 36° Baumé）d'orange confite Q.S.

威化餅（25×25cm）：1片
gaufrettes

蛋白糖霜：適量
glace royale Q.S.
（▸▸ 參照「基本」）

事先準備

＊威化餅上放置基準桿，框成25×15cm、高1.2cm的四方框備用。

1. 蜜漬橙皮瀝除湯汁後切大塊。
2. 將杏仁和白砂糖混合，用食物調理機大致攪碎。
3. 用滾軸將**2**碾壓2～3次成膏狀（成為硬杏仁膏的狀態）。計量重量，放入鍋裡。
4. 將**3**之重量的1/5～1/4（約150～160g）的蜜漬橙皮糖漿加入鍋裡，開火加熱。
5. 一面用木匙混合避免煮焦，一面以中火加熱。冒出大泡後，取出少許放在工作台上，若是能保有形狀的硬度即可。若變得太硬，加糖漿再煮。
6. 倒入基準桿中，上面用擀麵棍碾壓成厚1.2cm，直接放涼。
7. 用卡里松模型切取，放在網架上晾乾一晚。
8. 用抹刀在上面薄塗上糖衣，排放在烤盤上。
9. 放入180℃的烤箱中約30秒，以呈現光澤。
10. 直接放涼讓表面變乾、變硬。

约30×20cm・4個份

乾酵母：25g
levure sèche de boulanger
白砂糖 sucre semoule：20g
溫水 eau tiède：80g
低筋麵粉：300g
farine ordinaire
高筋麵粉：300g
farine de gruau
白砂糖 sucre semoule：55g
鹽 sel：10g
橄欖油 huile d'olives：100g
橙花水：9g
eau de fleur d'oranger
磨碎的檸檬皮：½個份
zestes de citrons râpés
水 eau：140g
全蛋 œufs：50g

塗抹用蛋（全蛋）：適量
dorure（œufs entiers）Q.S.

Pompe à l'Huile
蓬普油烤餅

蓬普油烤餅是普羅旺斯地區製作的大餅。發酵麵團中加入橄欖油，以橙花水或檸檬皮增加香味後再烘烤，是聖誕節食用的十三甜點 *(p.119)* 之一。橄欖油獨特的口感與香味，充分散發南法氣息。

傳統上，食用蓬普油烤餅時不可用刀，一定要像基督一樣用手撕著吃。聽說萬一用刀分切，隔年運勢恐怕會敗壞，所以在意的人吃的時候小心別觸犯禁忌了。

1. 在鋼盆中放入乾酵母和白砂糖20g，倒入溫水。進行預備發酵作業20～30分鐘直到冒泡。
2. 將低筋麵粉和高筋麵粉混合篩成山狀，將中央弄個凹洞。
3. 在**2**的在凹洞中放入**1**、白砂糖55g、鹽、橄欖油、橙花水、磨碎的檸檬皮和水。
4. 用手一面慢慢撥入周圍的粉，一面混合整體，用手掌揉捏，將中央弄個凹洞。
5. 稍微打發全蛋讓它含有空氣，倒入**4**於凹洞中，用手如摺入般充分揉捏。
6. 麵團不沾工作台後，倒入鋼盆中表面撒上防沾粉，用刮板將麵團邊端向下壓入使表面緊繃成團。
7. 蓋上保鮮膜，進行第一次發酵約2小時，讓它膨脹約2倍大。
8. 揉壓麵團擠出空氣後，分成4等分，擀成厚2mm的適當形狀。
9. 放在烤盤上，用毛刷塗上塗抹用蛋。
10. 進行第二次發酵約2小時，讓它膨脹約2倍大。
11. 再用毛刷塗上塗抹用蛋，切出葉脈般的切口。
12. 用180℃的烤箱約烤20分鐘。
13. 置於網架上放涼。

Nougat Noir
黑牛軋糖

黑牛軋糖與白牛軋糖 (蒙特利馬牛軋糖、*p.102*) 並列，同為聖誕十三甜點 (*p.119*) 中不可或缺的甜品之一。它是在蜂蜜中加入杏仁，一直熬煮到呈濃褐色為止。不只在普羅旺斯地區，在魯西永等靠近西班牙的地區也能見到，有各式各樣的口感。在攤販或手工糖果專賣店，常見用大鐵鎚分割大塊牛軋糖，直接販售大如岩石般的整塊分量。

我介紹的這個配方不加砂糖，只用蜂蜜熬煮，所以不黏牙，而且口感濃稠，深受大眾喜愛。加入香菜是我變化的口味。這樣咀嚼時會散發淡淡的香味，與杏仁的香味融合後感覺更加清爽。

7×3.2cm、厚1.5cm・22個份

牛軋糖 nougat
- 蜂蜜 miel：350g
- 杏仁（連皮、烤過）：350g amandes brutes grilllées
- 香菜：10g coriandre en grains

威化餅（20×20cm）：2片 gaufrette

事先準備
＊威化餅上放置基準桿，框成15×18cm、高2.8cm的四方框備用。
＊配合**2**的完成時間烘烤杏仁。

1. 在鍋裡放入蜂蜜，以大火加熱煮沸。
2. 加入杏仁（烤過的或熱的）和香菜混拌。
3. 直接加熱煮至130℃。
4. 離火，在室溫中讓它稍微變涼。
5. 立刻倒入基準桿中，放上另一片威化餅，蓋上矽膠烤盤墊，用手掌壓平。
6. 放涼約5小時，成為能用刀切割的硬度（請注意太涼的話無法分切）。
7. 拿掉基準桿，用鋸齒刀切除邊端。再分切成0.7×3.2cm、厚1.5cm。

Navette
納威小舟餅

馬賽 *(Marseille)* 是西元前6世紀作為希臘殖民地時建造，被稱為Massalia的法國最古老港都。歷經羅馬的統治，10世紀時馬賽成為普羅旺斯伯爵的領地，因位居東方與非洲貿易要衝而繁華。現為法國第二大商業城，也是最大的貿易港。登上建在高台上的守護聖母教堂 *(Notre-Dame de la Garde)*，從其露台眺望舊港、街道建築，以及漂浮著島嶼的地中海景色，只能說簡直美極了。

擁有許多鄉土甜點的馬賽港，在2月2日聖燭祭 *(calendrier*，也稱為聖母行潔淨禮日*)* 會食用烘烤成小船外形的納威小舟餅。作法是在麵粉、奶油中加入橙花水增加香味，修整形狀後烤成堅硬的口感。我造訪馬賽時，城裡到處可見堆積如山待售的納威小舟餅。

這個甜點還以具歷史性的聖維克多 *(Saint-Victor)* 大修道院來命名，它又被稱為聖維克多小舟餅 *(Navette de Saint-Victor)*。相傳過去在該修道院前彌撒後，信徒會販售聖維克多小舟餅。它的外形讓人連想到和伯大尼的瑪麗亞 *(Marie de Béthanie)*、瑪爾特 *(Marthe)* 姐妹一起漂流到馬賽附近的荒村，相傳在馬賽殉教的聖拉薩 *(Saint Lazare*，也稱為聖拉薩路〔*Saint Lazarus*〕*)* 的小船。

長12×寬4cm的小舟形，14個份

低筋麵粉：300g
farine ordinaire

泡打粉：2g
levure chimique

奶油 beurre：100g

全蛋 œufs：50g

白砂糖：120g
sucre semoule

磨碎的檸檬皮：1個份
zestes de citrons râpés

橙花水：3滴
eau de fleur d'oranger

塗抺用蛋（蛋黃）：適量
dorure（jaunes d'œufs）Q.S.

---

1. 將低筋麵粉和泡打粉混合，在工作台上篩成山狀，將中央弄個凹洞。
2. 在 **1** 的凹洞中，加入用手揉軟的奶油、全蛋、白砂糖、磨碎的檸檬皮、橙花水，一面用手慢慢撥入周圍的粉，一面將整體揉搓混合。
3. 麵團成團不沾工作台後，揉成一團。
4. 裝入塑膠袋中壓平，放入冷藏庫讓它鬆弛2小時。
5. 分割成每塊40g。
6. 用手揉成棒狀，只將兩端揉細長，成為長12cm、寬4cm的小舟形。
7. 排放在烤盤上，蓋上保鮮膜，放入冷藏庫讓它鬆弛1小時。
8. 用毛刷在上面薄塗上塗抹用蛋，在正中央切切口。
9. 用190℃的烤箱約烤30分鐘。
10. 置於網架上放涼。

Colombier
科隆比耶蛋糕

科隆比耶蛋糕發祥於普羅旺斯，是在加杏仁膏的麵糊中混入蜜漬水果的甜點。原來好像是混入蜜漬哈蜜瓜，不過現在也會加入其他的水果。具有熱那亞麵包般的濕潤口感，柔和的杏仁風味別具一格。

在法語中，「Colombier」這個字原是「鴿籠」的意思。白鴿 *(colombe)* 被視為聖靈與和平的象徵。在馬賽 *(Marseille)*，傳說基督復活後的第50天，聖靈會從天而降來祝福信徒們，在聖靈降臨節 *(Pentecôte)* 那天，人們習慣食用這個甜點。大部分蛋糕上會放上糖製的白鴿裝飾，不過原本的作法好像是烘烤前，才將一隻小陶鴿藏入蛋糕中。分切食用時，吃到這個鴿子的人，被認為一年內將結婚。

14×9.5cm、高4cm的橢圓形模型．3個份

生杏仁膏：450g
pâte d'amandes crue

全蛋 œufs：225g

蛋黃 jaunes d'œufs：60g

玉米粉：75g
fécule de maïs

蘭姆酒醃漬的蜜漬綜合水果（葡萄乾、柳橙、檸檬、鳳梨、櫻桃）：180g
fruits confits au rhum

融化奶油 beurre fondu：67g

澄清奶油：適量
beurre clarifié Q.S.

杏仁粒：適量
amandes hachées Q.S.

杏桃果醬：適量
confiture d'abricots Q.S.
（▸▸ 參照「基本」）

覆面糖衣：適量
glace à l'eau Q.S.
（▸▸ 參照「基本」）

染成粉紅色的杏仁粒：適量
amandes hachées roses Q.S.

蛋白霜製的白鴿：1個
colombe en meingues

＊染成粉紅色的杏仁粒的作法，是先在淺鋼盤中放入杏仁粒，稍微撒點水，再淋上用少量水調勻的紅色色粉混勻。之後，放入50℃的發酵機（乾燥、保存庫）中讓它乾燥，直接靜置鬆弛一晚。

事先準備
＊在鋪了矽膠烤盤墊的烤盤上放上模型，用毛刷塗上澄清奶油，上面全撒滿杏仁粒，黏貼好備用。

製作麵糊
1. 在攪拌缸中放入生杏仁膏，用攪拌機（槳狀攪拌器）以低速攪拌。
2. 分3次加入混合打散的全蛋和蛋黃，混拌至無顆粒。
3. 若混拌變得泛白，舀起蛋糊時會如緞帶般滑落的狀態，從攪拌機上取下，加玉米粉，用手從盆底舀起混拌。
4. 加入綜合蜜漬水果粗略地混合，再加融化奶油混拌到泛出光澤。
5. 倒入模型中至八～九分滿，以160℃的烤箱約烤1小時。
6. 翻面後脫模，置於網架上放涼。

完成
7. 待**6**放涼後，切除突出的邊端，修整形狀。
8. 用毛刷在表面薄塗上煮沸的杏桃果醬。
9. 用毛刷在表面薄塗上加熱至人體體溫程度的覆面糖衣。
10. 上面放上一列染成粉紅色的杏仁粒，中央再裝飾蛋白霜製的白鴿，晾乾。

Tarte aux Pignons
松子塔

生長在溫暖地中海沿岸的義大利石松，松球中會長出細長的小果實松子。古羅馬美食家阿皮奇歐斯 *(Apicius)* 的文章中也曾提到它，自古以來就是歐洲熟悉的食物。在南法不僅用於料理中，也用來製作各式各樣的甜點和手工糖果。表面覆滿松子的松子塔，可說是當地最具代表性的甜點。

芳香的松子塔入口後，口感輕盈獨特的松子在齒間迸裂，每次咀嚼都散發豐腴油脂的豪華風味。一般裡面不加任何餡料，不過我參考當地看過的蛋糕，在底部薄塗上覆盆子果醬。覆盆子的酸味調和了松子的濃厚風味，我覺得吃起來更美味。

直徑18×高2cm的圓形塔模．1個份

杏仁甜塔皮：220g
pâte sucrée aux amandes
（▸▸參照「基本」）

覆盆子（含籽）果醬：100g
confiture de framboises pépins
（▸▸參照「基本」）

杏仁奶油醬：200g
crème d'amandes
（▸▸參照「基本」）

餡料 garniture

- 松子（烤過）：50g
  pignons de pin grillés

1. 杏仁甜塔皮擀成厚2.5mm的圓形。
2. 切割成比模型大一圈的圓形，鋪入模型中，切掉突出的塔皮。
3. 在**2**的底部薄鋪上覆盆子果醬。
4. 擠花袋裝上口徑12mm的圓形擠花嘴，裝入杏仁奶油醬，在**3**上由內向外呈螺旋狀擠入。
5. 用抹刀抹平，撒滿松子。
6. 用180℃的烤箱約烤40～45分鐘。
7. 脫模，置於網架上放涼。

Treize Desserts
十三甜點

普羅旺斯地區（朗格多克地區也能見到）的人們在聖誕節前晚，全家會齊聚一堂共享豐盛夜宵（*gros souper*），餐點雖是素食，卻非常的豐盛。最後一定會準備法語中意指「13種甜點」的「treize desserts」。這個數字代表耶穌基督最後晚餐時，圍桌一起用餐的人數。

根據不同地區與家庭，十三甜點的內容雖有差異，不過絕對少不了乾果四拼盤（*Quatre Mendiants*），內容是作為四大托缽修會象徵的水果乾和堅果。葡萄乾象徵多明我會（*Dominicains*）、無花果為方濟各會（*Franciscains*）、榛果是奧斯定會（*Augustinians*）、杏仁為加爾默羅會（*Carmes*）。還有代表基督的蓬普油烤餅（*p.102*）或烤餅（*fougasse*）；象徵善與惡的白牛軋糖（蒙特利馬牛軋糖、*p.102*）和黑牛軋糖（*p.112*）。其他還有，椰棗、卡里松杏仁餅（*p.108*）、榲桲果醬、水果糖，各式蜜漬水果（*p.106*）、美爾威油炸餅、歐雷特酥片（*p.164*）、油炸甜點，及新鮮水果等，豐盛地排放在桌上。

記得我首次認識十三甜點，是在法國修業期間所讀的某本書中。像這樣全家洋溢感謝之情，備集南法特有的在地食物的聖誕節習俗，深深吸引著我。最近，聽說傳統已逐漸式微，那裡很少有家庭會備齊13種甜點，令人感到很遺憾。我衷心希望溫暖人心的優良傳統能永不斷絕地傳承下去。

右上方起順時鐘分別是：蓬普油烤餅、蜜李、椰棗、牛軋糖、納威小舟餅、榲桲果醬、蜂蜜、黑牛軋糖、白牛軋糖、巧克力、糖漬薑、蜜漬柳橙、歐雷特酥片、杏仁脆餅、卡里松杏仁餅

Tarte au Citron
檸檬塔

氣候溫暖的地中海沿岸，很適合檸檬為首的柑橘類水果生長。檸檬的原產地在印度及馬來半島，古希臘、羅馬將檸檬用在名為「米底亞 *(Median)* 樹果」的藥中，或用來增添香味。經由十字軍遠征，從巴勒斯坦引進至其他歐洲地區。法國城市中，以和義大利相鄰的蒙通 *(Afenton)* 產的檸檬最為著名。它的優點是果實大、果肉厚、酸味少，據說法國檸檬產量的七成都是產自蒙通。當地每年2月會舉行盛大的檸檬節，以檸檬、柳橙裝飾的華麗花車在城裡遊行慶祝，吸引來自世界各地觀光客的熱情參與。

這個檸檬塔的特色是，在隔水加熱的檸檬奶油醬中加入大量蛋白霜。口感膨軟、輕盈，入口後清新的檸檬酸味與柔和的香味立即在口中瀰漫開來。

直徑18×高2cm的圓形塔模．3個份

杏仁甜塔皮：375g
pâte sucrée aux amandes
（▸▸參照「基本」）

蛋奶餡 appareil
- A. 白砂糖：75g sucre semoule
  - 蛋黃：80g jaunes d'œufs
  - 低筋麵粉：2g farine ordinaire
  - 磨碎的檸檬皮：2個份 zestes de citrons râpés
  - 檸檬汁：2個份 jus de citron
- 蛋白 blancs d'œufs：120g
- 白砂糖 sucre semoule：75g

塗抹用蛋（全蛋）：適量
dorure（œufs entiers）Q.S.

鋪塔皮．乾烤

1. 杏仁甜塔皮擀成厚2.5mm。
2. 切割成比模型還大一圈的圓形，一個模型切一片，鋪入模型中。
3. 切掉突出的塔皮。
4. 放在烤盤上，內側鋪入烘焙紙放入重石，以180℃約乾烤20分鐘。
5. 拿掉烘焙紙和重石，在塔皮內側用毛刷塗上塗抹用蛋。
6. 用180℃的烤箱約烘乾3分鐘，置於網架上放涼。

製作蛋奶餡

7. 在鋼盆中放入A，用打蛋器混合。
8. 隔水加熱，一面不時混合，一面加熱12～15分鐘，整體混成乳脂狀。
9. 配合**8**完成的時間點，用攪拌機（鋼絲拌打器）以高速打發蛋白。一面慢慢加入白砂糖75g，一面打發至尖角能豎起的發泡程度。
10. 趁**8**還熱時分數次加入**9**，用木匙如切割般大幅度混合。

組裝、烘烤

11. 在**6**中倒滿**10**。
12. 以200℃的烤箱約烤10～15分鐘。
13. 脫模，置於網架上放涼。

Tarte Tropézienne
托佩圓蛋糕

聖托佩(*Saint-Tropez*)濱臨聖托佩灣，是擁有人氣海水浴場的港都。19世紀末開始發展成醫療養生地，因許多藝術家和作家造訪而聞名。

托佩圓蛋糕誕生於1955年。當時電影「上帝創造女人(*Et Dieu...Créa Femme*)」在聖托佩進行拍攝，供應演員及員工簡餐的是，在該城開設麵包店(*boulangerie*)的波蘭裔甜點師阿歷山大・米卡(*Alexandre Micka*)。某天，他提供夾入用祖國波蘭食譜製作的奶油醬的甜點，深受女主角碧姬・芭杜(*Brigitte Bardot*)的喜愛，建議為它取名。碧姬・芭杜說「叫托佩圓蛋糕如何？」據說這就是這道甜點名字的由來。

膨軟的布里歐麵包中夾入大量甜度低的慕斯林奶油醬，使托佩圓蛋糕散發柔和的風味。

直徑18×高2cm的圓形塔模・3個份

布里歐麵團 pâte à brioche
- 乾酵母：20g　Levure sèche de boulanger
- 白砂糖 sucre semoule：2g
- 溫水 eau tiède：100g
- 低筋麵粉：175g　farine ordinaire
- 高筋麵粉：175g　farine de gruau
- 白砂糖 sucre semoule：48g
- 鹽 sel：3g
- 全蛋 œufs：200g
- 檸檬汁：1個份　Jus de citron
- 奶油 beurre：170g

奶酥 crumble
- 白砂糖 sucre semoule：40g
- 低筋麵粉 farine faible：60g
- 融化奶油：25g　beurre fondu

慕斯林奶油醬 crème mousseline
- 奶油 beurre：225g
- 蛋黃霜 pâte à bombe：75g（▸▸參照「基本」）
- 義式蛋白霜：75g　meringue italienne
- 卡士達醬：375g　crème pâtissière（▸▸參照「基本」）

塗抹用蛋（全蛋）：適量　dorure（œufs entiers）O.S.

珍珠糖：適量　sucre en grains Q.S.

製作布里歐麵團

1. 依照「基本」的「布里歐麵團」以相同的要領製作。但是，以檸檬汁取代水加入，進行第一次發酵約1個半小時，讓它膨脹約2倍大。
2. 分成3等分，分別配合模型的大小擀成圓形。
3. 放入置於烤盤上的模型中，用手掌壓平。
4. 蓋上保鮮膜，進行第二次發酵約1小時，讓它膨脹約2倍大。

製作奶酥

5. 在鋼盆中放入白砂糖和低筋麵粉，用木匙混合。
6. 加入融化奶油（室溫），用木匙混合。
7. 混勻後揉成團，裝入塑膠袋中壓平，放在冷藏庫約鬆弛1小時。

烘烤

8. 在**4**的上面用毛刷塗上塗抹用蛋。
9. 放上撕成適當大小的**7**，撒上珍珠糖。
10. 以200℃的烤箱約烤20～25分鐘。
11. 置於網架上放涼，橫向切半。

製作慕斯林奶油醬

12. 在鋼盆中放入奶油，用打蛋器攪拌混合成乳脂狀。
13. 加蛋黃霜混合，再加義式蛋白霜如切割般大幅度混拌。
14. 在**13**中加入用木匙攪拌變細滑的卡士達醬，用木匙混合均勻。

組裝

15. 擠花袋裝上口徑12mm的圓形擠花嘴，裝入**14**，在**11**下面的蛋糕上，一個擠235g。
16. 疊上**11**上面的蛋糕夾住奶油醬。

Fiadone
菲亞多娜蛋糕

直徑18cm的派盤．2個份

起司（布洛喬）：500g
fromage（Broccio）

蛋黃 jaunes d'œufs：80g

白砂糖：125g
sucre semoule

磨碎的檸檬皮：½個份
zestes de citrons râpes

洋梨白蘭地：14g
eau de vie de poire

鹽 sel：1g

蛋白 blancs d'œufs：120g

西元前6世紀，葡萄酒、橄欖、羊以及起司的作法，經由希臘人傳入科西嘉島。而且，當地自西元前3世紀之前便開始畜牧山羊，起司幾乎都用山羊乳或羊乳製作。

當地特產的起司蛋糕菲亞多娜，也是用山羊乳或羊乳起司，或是混合兩者製成的起司。布洛喬 *(Broccio)* 起司是獲得A.O.C.認證的純白新鮮羊奶起司。深受出身該島的拿破崙 *(Napoléon Bonaparte)* 母親的喜愛而聞名於世。

菲亞多娜蛋糕有各種作法，例如在布洛喬起司中加入蛋黃、砂糖和檸檬皮，混入打發的蛋白後烘烤，也有不加蛋白的作法。另外，還有將起司蛋糊當作蛋奶餡倒入塔皮中，也有的做成小型水果塔狀。這裡介紹的菲亞多娜蛋糕，我是用最先提到的方法製作。具有類似煎蛋的柔軟質感，山羊乳及羊乳獨特的起司風味與檸檬混合，散發清爽的香味。

事先準備
＊在派盤鋪上鋁箔紙備用。

1. 用布包住起司瀝除汁液，放入鋼盆中。
2. 加蛋黃，用打蛋器充分混合。
3. 加白砂糖、磨碎的檸檬皮、洋梨白蘭地和鹽，用打蛋器充分混合。
4. 用攪拌機（鋼絲拌打器）以高速充分打發蛋白至尖角能豎起的狀態。
5. 在3中分數次加入4，用木匙充分混合。
6. 倒入派盤中，以200℃的烤箱約烤30分鐘。
7. 從派盤中取出，置於網架上放涼。放涼後撕掉鋁箔紙。

Flan à la Farine de Châtaigne
栗粉布丁

多山地地形不適合栽培小麥的科西嘉島，長久以來以栗子作為主食，在當地稱它為castagnu，深受大家的喜愛。該島出產的栗子，不是製作糖漬栗子等所用的大栗子*(marron)*，而是小栗子*(châtaigne)*。當地將這種栗子磨成粉，拿來製作麵包、玉米糕*(polenta)*，以及加入名為布里露里*(brilluli)*的山羊乳的粥品等。此外，也有許多甜點使用栗粉，例如沙布蕾之一的杏仁脆餅*(canistrelli)*、炸甜點、鬆餅，以及名為妮奇*(nicci)*的可麗餅等。

栗粉布丁也是用栗粉製作的甜點之一。最初用鮮奶煮栗粉，充分加熱煮至黏稠，完成後質感如布丁般細滑柔嫩。入口後，立刻散發濃濃的栗子香味，滋味濃郁、溫醇的餘韻讓人意猶未盡。

直徑15×高7cm的
海綿蛋糕模型（附底）‧2個份

栗粉 farine de châtaigne : 50g
鮮奶 lait : 100g
鮮奶 lait : 900g
白砂糖 : 200g
sucre semoule

香草糖 sucre vanille : 10g
全蛋 œufs : 200g
栗子白蘭地 : 85g
eau de vie de châtaigne

奶油 beurre : 適量 Q.S.

事先準備
＊用手在模型中薄塗奶油備用。

1. 在鋼盆中放入栗粉，加鮮奶100g用打蛋器攪拌混合。
2. 倒入煮沸的鮮奶900g混合，也加入白砂糖、香草糖混合。
3. 放入鍋中，用打蛋器一面混合，一面以稍微沸騰的狀態約煮10分鐘讓它稍微變濃稠。
4. 放涼至人體體溫的程度。
5. 在4中加入充分打散的全蛋混合。也加入栗子白蘭地混合。
6. 倒入模型中，以200℃的烤箱約烤25分鐘。
7. 置於網架上放涼，脫模。

Farcoullèle
法洛克萊蛋糕

法洛克萊蛋糕散發檸檬的香味，是以白黴起司製作的起司蛋糕。它採用焗烤菜的作法饒富趣味，能同時享受充分烘烤的焦脆外皮，與柔嫩內裡的對比口感。因為它是科西嘉島的甜點，所以白黴起司最好使用山羊乳製作的產品。從烤箱取出可以立刻食用，也可以冰涼後再吃。

19×13cm、高3.5cm的焗烤盤・2個份

白黴起司：300g
fromage blanc

低筋麵粉 farine ordinaire：10g

全蛋 œufs：300g

白砂糖：200g
sucre semoule

磨碎的檸檬皮：2個份
zestes de citrons râpés

奶油 beurre：適量 Q.S.

事先準備

＊用毛刷在焗烤盤上塗上乳脂狀奶油備用。

1. 在鋼盆中放入白黴起司，加低筋麵粉用打蛋器混合。
2. 在別的鋼盆中加入打散的全蛋、白砂糖和磨碎的檸檬皮，用打蛋器混合。
3. 在1中加入2，用打蛋器混合。
4. 倒入焗烤盤中，放在烤盤上以180℃的烤箱約烤40分鐘。
5. 置於網架上放涼。

AU BON VIEUX

Vivarais(Ardèche)
Auvergne
Bourbonnais
Limousin

維瓦萊（阿爾代什）、
奧維涅、波旁、利慕贊

打發蛋白霜時
使用的銅製鋼盆。

Vivarais (Ardèche)
維瓦萊（阿爾代什）

維瓦萊地區相當於現在的阿爾代什省，是沿隆河的多山地區。該地區源於羅馬建築的維威恩斯 *(Vivarium)*，以維維耶爾 *(Viviers)* 為首都。之後，陸續成為普羅旺斯和勃艮地王國的領地，10世紀末成為土魯斯伯爵的領地，到了13世紀時才成為法國的領土。該區農業興盛，水果種類豐富，尤其以盛產栗子著稱。以蜜漬栗子 *(Marron glacé)* 為首，普里瓦 *(Privas)* 的栗子加工品聞名於世。

▸主要都市：普里瓦（*Privas*，距巴黎490km） ▸氣候：氣候多樣，北部溫和，南部受地中海性氣候的影響。 ▸水果：栗、藍莓、埃里約河（*Eyrieux*）流域的桃子、蘋果、洋梨、杏桃、櫻桃、草莓、覆盆子、克勞德皇后李 ▸起司：阿爾代什皮科東（*Picodon de l'Ardèche*） ▸料理：阿爾代什薯餅（*Criques Ardéchoises*，馬鈴薯泥和蛋製的可麗餅）、鑲栗烤火雞（*Dinde Rôtie aux Marrons*，填入栗子的烤火雞）。

Auvergne
奧維涅

奧維涅地區位於法國中央高原 *(Massif Central)* 區的中心位置。也是法國的火山最密集的地區，連綿青翠的圓錐狀火山，當地稱為Puy (意味「山丘」的方言)，其美麗景觀尤其著名。該區氣候嚴寒，土壤也不算肥沃，比起農業更盛行畜牧業。有許多人都去外地工作。6世紀後歷經法蘭克王國、阿基坦王國的統治，10世紀時成為奧維涅伯爵的領地而獨立。12世紀時被分割受英國管轄，之後又受到小規模在地領主等的割據，17世紀時才被法蘭西王國統一。甜點部分有許多都是使用在地水果的樸素糕點。

▸主要都市：克雷蒙費弘（*Clermont-Ferrand*，距巴黎347km） ▸氣候：基本上是山岳氣候，不過因不同地區也有相當大的差異。 ▸水果：栗子、蘋果、藍莓、覆盆子、杏桃 ▸酒：龍膽蒸餾酒（*Gentiane*，一種龍膽的根製的酒）、維萊馬鞭草酒（*Verveine du Valay*，使用馬鞭草等香草，以白蘭地為基酒的利口酒） ▸起司：康塔爾（*Cantal*）、昂貝爾藍紋起司（*Fourme d'Ambert*）、奧維涅藍紋起司（*Bleu d'Auvergne*）、聖內克泰爾（*Saint-Nectaire*）、葛布隆（*Gaperon*）、薩賴爾（*Salers*）、佛瑞出羊起司（*Brique du Forez*）、蒙布裡松藍紋起司（*Fourme de Montbrison*） ▸料理：起司馬鈴薯泥（*Aligot*，混合康塔爾起司或拉吉奧爾（*Laguiole*）起司的馬鈴薯泥）、小扁豆沙拉（*Salade de Lentilles*）、蔬菜濃湯（*Soupe au Chou*，包心菜、洋蔥、馬鈴薯和培根煮的濃湯）、彭堤派（*Pounti*，豬背脂、洋蔥、菾甜菜的糕點）、小羊內臟捲（*Tripoux Auvergnats*，羊胃、羊腿肉、香草的燉煮料理） ▸其他：富維克（*Volvic*）周邊的礦泉水

Bourbonnais
波旁

位於中央高原*(Massif Central)*北部的波旁地區，原是波旁王朝始祖的波旁家族統治的地區。1327年成為公爵的領土，在政治、文化、藝術上皆繁榮發展，但1527年被法蘭西王國統治。當地人們在丘陵地和盆地從事畜牧與耕作，也生產水果。該區周邊的遷移地帶雖缺乏明顯的特色，不過甜點大多使用當地產的水果。加入從礦泉水提煉的鹽，有薄荷、檸檬，大茴香風味的維琪水果糖*(Pastille de Vichy)*也十分著名。

▸主要都市：穆蘭（*Moulins*，距巴黎265km） ▸氣候：全體受大陸性氣候的影響，溫和、濕潤。▸料理：燉鵝肉（*Oyonnade*，燉煮鵝肉料理）、馬鈴薯派（*Pâté aux Pommes de Terre*）、波旁可麗餅（*Sanciaux Bourbonnais*，厚可麗餅） ▸其他：維琪（*Vichy*）周邊的礦泉水

Limousin
利慕贊

地區名稱源自古高盧利慕席斯*(Lemocives)*族的利慕贊地區，是以利摩日磁器而聞名的利摩日*(Limoges)*為中心。經羅馬統治後，又受到西哥德族等的侵略。之後，分成數個子爵的領地，到了10世紀時統一成為阿基坦的領地，又歷經英國管轄，1607年才成為法國領土。該區大半為高原，具濃厚的農村色彩。森林、清流、丘陵等牧歌般風景廣布，也很盛行畜牧業。甜點中多使用水果，也有製作塔、芙紐多等。

▸主要都市：利摩日（*Limoges*，距巴黎346km） ▸氣候：西南部是比較溫暖的海洋性氣候，不過隨著越向內陸，氣候變得越嚴峻，山區冬季長、十分寒冷。 ▸水果：櫻桃、栗子、藍莓、蘋果、瓦爾（*Vars*）的克勞德皇后李、核桃、李子 ▸酒：利慕贊蘋果酒、栗子利口酒 ▸料理：蔬菜肉湯（*Bréjaude*，以包心菜、鹽漬豬肉、四季豆等燉煮的湯品）、煮兔肉（*Lievre en Cabessal*、裡填內餡的蒸煮野兔肉） ▸其他：石楠蜂蜜。

Marron Glacé de Privas
普里瓦蜜漬栗子

如同在日本，一般認為「丹波栗」最著名，在法國若提到栗子的名產地，非阿爾代什 *(舊稱維瓦萊)* 地區莫屬。那裡的栗子也獲得A.O.C. *(原產地管制命名)* 的認證。通常，在總苞裡有3顆栗子 *(châtaigne)* ，但是用來製作蜜漬栗子的改良種栗子 *(marron)* ，總苞裡僅有一顆。這樣各位日後應該知道什麼才是高級品了吧。

普里瓦 *(Privas)* 為該區的中心都市，周圍廣布栗林，城裡林立許多以特產栗子製作栗子醬、栗子泥和蜜漬栗子的製造廠商。工廠生產始於19世紀末。據說克萊門・馮吉 *(Clément Faugier)* 公司開始大量生產後，該品牌在國外也廣為人知。

我初次見到這個甜點，是在巴黎巧克力人氣老店「塞維涅侯爵夫人 *(Marquise de Sévigné)* 」。那是一家相當高級的店，對於剛到巴黎的我來說，它高級到我連進店都會猶豫，但店的氣氛和商品強烈吸引我，因此常經過那裡。某日，我和店裡的阿姨們 *(失禮了！)* 說話，她們拿給我一小塊蜜漬栗子的碎片。那味道是高級感中充滿深奧美味！如今回想起來彷彿昨日之事。也因為有那樣的經歷，我才得知阿爾代什地區是栗子的著名產地。

20個

蜜漬栗子
：compote de marrons
以下為20個的份量
- 栗 marrons：1kg
- 水 eau：2kg
- 小蘇打：10g
  bicarbonate de soude

波美度20°的糖漿：適量
sirop à 20° Baumé Q.S.
（▸▸ 參照「基本」）

波美度36°的糖漿：適量
sirop à 36° Baumé Q.S.
（▸▸ 參照「基本」）

白砂糖：適量
sucre semoule

水飴 glucose：適量 Q.S.

準備・水煮

1. 栗子剝除鬼皮（外皮），保留澀皮備用。
2. 在鍋裡加入水和小蘇打混合融解，開火煮沸。
3. 將**2**轉小火加入**1**，一面撈除浮沫，一面水煮。
4. 煮到能用竹籤迅速刺穿的柔軟度後，熄火，稍微放涼。
5. 用小刀剝除澀皮。一面輕輕沖水，一面清洗，瀝除水分。
6. 一粒粒分別用紗布包好，用線綁牢。

浸漬

7. 在鍋裡放入波美度20°的糖漿以大火加熱，煮沸後離火。
8. 將**6**放入網篩中，浸入**7**中，蓋上到處剪洞的烘焙紙浸漬一晚。
9. 輕輕地拿起裝栗子的網篩，瀝除湯汁。
10. 將**9**的糖漿鍋子加熱煮沸。加適量白砂糖煮融，調整成波美度22°。
11. 將**10**離火，將**9**連網篩一起浸入，再蓋上烘焙紙浸漬一晚。
12. 每1～2天進行1次步驟**9**～**11**。但是，每次作業糖度都向上調整2°。
13. 糖漿若達到波美度36°後，拿起栗子，只將糖漿倒入別的鍋中，加2成量的水飴加熱煮沸。
14. 放回**13**的栗子浸漬一晚。

完成

15. 拿掉栗子的紗布，放在網架上徹底瀝除糖漿。
16. 在鍋裡放入新的波美度20°的糖漿，開火加熱煮沸。放入栗子後迅速取出讓表面裹上高濃度糖液，放在網架上徹底瀝除糖漿。
17. 在鍋裡製作波美度36°的糖漿，稍微放涼後，用打蛋器輕輕混合，使其糖化變白濁。
18. 叉子上放**16**的栗子，浸漬**17**取出放在烤盤上。
19. 以180℃的烤箱約烤30秒，烘乾表面的糖漿。

Flognarde aux Pommes
蘋果芙紐多

芙紐多是奧維涅、利慕贊、佩里戈爾等廣大地區常見的餐後甜點之一。它是以粥狀麵糊烤製的甜點（我在法國全境看到的這類甜點都稱為「粥狀甜點」），特色是口感豐潤具少許彈性。容器中倒入如可麗餅般的麵糊，和蘋果、李子和洋梨等水果一起烘烤即成。冬季時好像也會加入果醬取代水果。它可以放涼後食用，也可以從烤箱取出後直接大快朵頤。

這種甜點在法語中除了稱為flognarde外，還能拼成flaugnarde、flangnarde及flougnarde。

直徑16.5×高1.5cm的派盤・4個份

蛋奶餡 appareil
- A.白砂糖：150g
  sucre semoule
- 泡打粉：5.5g
  levure chimique
- 香草糖：75g
  sucre vanille
- 低筋麵粉：80g
  farine ordinaire
- 全蛋 œufs：200g
- 鮮奶油：260g
  （乳脂肪成分48%）
  crème fraîche 48% MG
- 鮮奶 lait：330g

餡料 garniture
- 蘋果 pomme：1個

奶油 beurre：適量 Q.S.

事先準備
＊用手在派盤中塗上奶油備用。

製作蛋奶餡
1. 在鋼盆中放入A，用打蛋器混合。
2. 依序加入打散的全蛋、鮮奶油和鮮奶，每次加入都要用打蛋器混合。

準備餡料
3. 蘋果縱切一半，去皮和果核，切成厚約3mm的薄片。

組裝、烘烤
4. 派盤上勿重疊排放上**3**。
5. 將**4**放到烤盤上，倒入**2**。
6. 用220℃的烤箱約烤35分鐘。
7. 置於網架上放涼。

Tarte à la Crème
奶油塔

奶油塔是我在書中認識的歐里亞克 *(Aurillac)* 的特產。作法是在鋪入布里歐麵團的模型中，倒入加了白黴起司的蛋奶餡烘烤而成。它並沒有什麼特別突出的特色，但樸素、百吃不膩的風味足以療癒人心。

歐里亞克相傳起源於高盧—羅馬時代，是位於山地和平原交界處的古城。它是首位擔任羅馬教皇的法國人西爾維斯特二世 *(Sylvestre II)* 的誕生地，當地至今仍保留他度過修道生活的聖熱羅修道院 *(Saint Géraud)* 等歷史建築物。康塔爾起司被認為是法國最古老的起司，或許也有人知道歐里亞克是它的生產重鎮吧。

直徑18×高2cm的菊形塔模（活動式底部）．3個份

麵團 pâte
- 乾酵母：5g levure sèche de boulanger
- 白砂糖：1g sucre semoule
- 溫水 eau tiède：25g
- 低筋麵粉：125g farine ordinaire
- 高筋麵粉：125g farine de gruau
- 白砂糖 sucre semoule：14g
- 鹽 sel：2.5g
- 全蛋 œufs：100g
- 奶油 beurre：100g

蛋奶餡 appareil
- 白黴起司：300g fromage blanc
- 鮮奶油：300g（乳脂肪成分48%） crème fraîche 48% MG
- 白砂糖：300g sucre semoule
- 全蛋 œufs：300g
- 磨碎的柳橙皮：3個份 zestes d'oranges râpées
- 低筋麵粉：30g farine ordinaire

製作麵團
1. 依照「基本」的「布里歐麵團」以相同的要領製作。但是不加水，進行第一次發酵1個半小時，讓它膨脹約2倍大。
2. 分割成每塊160g。
3. 配合模型大小擀成圓形，鋪入模型中。
4. 放在烤盤上，蓋上保鮮膜進行第二次發酵約1小時，讓它膨脹約2倍大。

製作蛋奶餡
5. 在鋼盆中放入白黴起司，依序加入其他的材料，每次加入都要用打蛋器充分混合。

組裝、烘烤
6. 在**4**中倒入**5**。
7. 用200℃的烤箱約烤45分鐘。
8. 脫模，置於網架上放涼。

Cornet de Murat
米拉奶油捲

位於康塔爾山脈中心位置，標高920m的米拉 *(Murat)* 城，周邊環繞著火山形成的美麗景觀。城裡保留許多具有斜頂特色的舊民宅與教會，至今依然展現中世紀的趣味。這個城市的特產是米拉奶油捲，它是用貓舌餅 *(langue de chat)* 等所用的煙捲麵糊捲製成甜筒 *(cornet*，小角笛之意*)* 狀，裡面再擠入香堤鮮奶油的甜點。相傳19世紀就已存在，每年9月還會舉行盛大的慶典。

除了外觀可愛外，輕盈、酥脆的外皮和綿軟的奶油醬口感形成強烈對比，讓人一吃上癮。奶油捲過了30分鐘後，就會失去原有的細緻口感，完成後請務必立刻享用。

長約6×口徑約3cm・約75個份

煙捲麵糊 pâte à cigarette
- 奶油 beurre：80g
- 花生油：17g huile d'arachide
- 低筋麵粉：60g farine ordinaire
- 糖粉 sucre glace：50g
- 蛋白 blancs d'œufs：60g
- 鹽 sel：1g
- 磨碎的檸檬皮：⅓個份 zestes de citrons râpés
- 白砂糖 sucre semoule：25g

香堤鮮奶油：275g crème chantilly
（八分發泡、▸▸參照「基本」）

沙拉油：適量 huile vegétale O.S.

事先準備

＊用毛刷在烤盤上仔細塗上沙拉油備用。

製作煙捲麵糊

1. 將奶油和花生油混合後煮沸，放涼。
2. 在鋼盆中放入低筋麵粉和糖粉，充分混合。
3. 在**2**中倒入**1**，用木匙混合均勻。
4. 用攪拌機（鋼絲拌打器）以高速打發蛋白、鹽和磨碎的檸檬皮。
5. 將**4**打發到尖角能豎起的硬度後，加白砂糖以低速大致混合。
6. 將**5**分數次加入**3**中，用木匙混合至整體充分融合。
7. 擠花袋裝上口徑8mm的圓形擠花嘴，裝入**6**，在烤盤上保持間距每個擠4g。
8. 將烤盤敲擊工作台，讓麵糊平攤成直徑5cm左右。
9. 用180℃的烤箱約烤8～10分鐘（烤好後直徑約8cm）。
10. 趁熱用抹刀一片片從烤盤上取下，一端約摺1.5cm後，此端朝下將它捲在12cm的擠花嘴（法國製金屬擠花嘴比日本製的稍長一些）上成為甜筒（牛角）狀。
11. 稍微放涼後拿掉擠花嘴。

完成

12. 擠花袋裝上口徑10mm的星形擠花嘴，裝入香堤鮮奶油，供應前再擠入**11**。

Mias Bourbonnais
波旁櫻桃塔

波旁櫻桃塔是波旁地區製作的黑櫻桃塔。和法國奧維涅地區的蘋果芙紐多 *(p.136)* 及利慕贊地區的克拉芙緹 *(p.150)* 同類，都是一般所稱以蛋、鮮奶、麵粉和砂糖為底料的「粥狀甜點」*(p.136)*。它和克拉芙緹特別類似，其特色是在塔皮中鋪入大量黑櫻桃再烘烤。這裡介紹的櫻桃塔中是使用野櫻桃。口感略黏稠的蛋奶餡，味道溫潤，不會太甜。蛋奶餡輕柔地裹覆櫻桃的酸甜味，讓人感受到家庭的溫暖感。

直徑15×高4cm的中空圈模．3個份

酥塔皮：450g
pâte à foncer
（▸▸參照「基本」）

蛋奶餡 appareil
- 全蛋 œufs：150g
- 白砂糖：250g sucre semoule
- 低筋麵粉：125g farine ordinaire
- 鹽 sel：1g
- 鮮奶 lait：750g

餡料 garniture
- 野櫻桃（冷凍）：480g griottes congelées

準備酥塔皮

1. 酥塔皮擀成厚2.5mm。
2. 切割成比模型還大一圈的圓形，一個模型切一片，裝入塑膠袋中放入冷藏庫鬆弛1小時以上。
3. 鋪入模型中，放入冷藏庫鬆弛1小時以上。
4. 用手指按壓塔皮側面讓它密貼模型，切掉突出的塔皮。

製作蛋奶餡

5. 在鋼盆中放入全蛋打散，加白砂糖用打蛋器混合。
6. 加低筋麵粉和鹽混合。
7. 加煮沸的鮮奶混合。

組裝、烘烤

8. 將*4*放在烤盤上，底部鋪入野櫻桃餡料。
9. 每個模型倒入400g的*7*。
10. 用180℃的烤箱約烤45分鐘。
11. 置於網架上放涼，脫模。

Piquenchâgne
洋梨塔

在波旁地區的甜點中，經常可見與鄰近地區幾近一致的相同甜點，不過，洋梨塔可說是這個地區特有的甜點。它原本像是如發酵麵團所製作的餅類甜點，不過現在卻有各式各樣的作法，不只用以布里歐麵團為首的發酵麵團，也會使用千層酥皮或酥塔皮來製作。裡面的餡料大多是洋梨，不過也會加入蘋果或花梨。好像許多都是以王冠模型成形，直接撒上砂糖後烘烤，或做成填入卡士達醬餡料的塔。據說這個塔的名稱由來，是因為在塔皮上立排水果，就像過去青少年遊戲時在手掌上「插橡樹枝 *(Pique un chêne)* 」一樣。

這裡，我是根據介紹法國地方甜點的書中作法，以酥塔皮來製作塔。在砂糖和鮮奶油混成的樸素蛋奶餡中，加入胡椒作為重點風味，出乎意料地和洋梨纖細的風味也非常對味。若鋪入模型中的塔皮沒緊密黏合，如奶汁焗菜般質感的蛋奶餡就會流出來。抱持仔細謹慎的工作態度相當重要。

直徑15×高4cm的中空圈模・1個份

酥塔皮：230g
pâte à foncer
（▸▸ 參照「基本」）

蛋奶餡 appareil
- 白砂糖 sucre semoule：50g
- 鮮奶油：196g（乳脂肪成分48%）crème fraîche 48% MG
- 黑胡椒（粉）：0.5g poivre noir en poudre

餡料 garniture
- 洋梨 poires：250g

塗抹用蛋（全蛋）：適量
dorure（œufs entiers）Q.S.

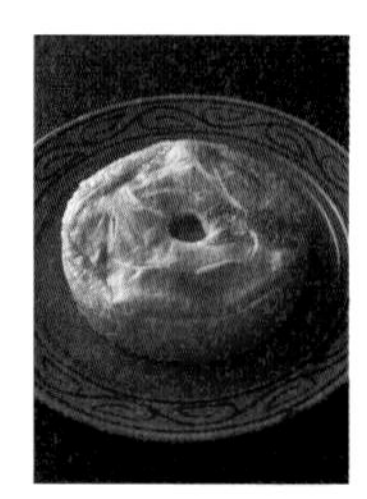

準備酥塔皮
1. 酥塔皮分割成150g和80g，分別擀成厚2.5mm的圓形，蓋上保鮮膜，放入冷藏庫鬆弛1小時以上。
2. 將150g的塔皮鋪入圈模中。勿切掉突出的塔皮，放在烤盤上，放入冷藏庫鬆弛1小時。80g的塔皮直接放入冷藏庫鬆弛備用。

製作蛋奶餡
3. 在鋼盆中放入白砂糖、鮮奶油和黑胡椒，用打蛋器混合。

準備餡料
4. 洋梨去皮，縱切一半，去除果核，切成厚1cm的薄片。

組裝、烘烤
5. 將鋪入酥塔皮的 *2* 的模型放在烤盤上，放入 *4* 。
6. 在模型中倒入 *3* 至八分滿。
7. 將80g的酥塔皮蓋在 *6* 上，輕輕按壓讓塔皮緊貼邊緣，上面用擀麵棍碾壓切掉突出的塔皮。
8. 在 *7* 的上面用毛刷塗上塗抹用蛋，用刀背畫出格子狀或波狀圖樣。
9. 使用擠花嘴，在上面的中央壓出直徑2cm的透氣孔。
10. 將寬約5cm的紙捲成筒狀，如煙囪般插入 *9* 的氣孔中。
11. 用180℃的烤箱約烤1小時。
12. 拿掉 *10* 的紙，放在網架上，放涼後脫模。

Poirat
洋梨塔

波旁和貝里地區，在秋季時經常製作稱為poirat的洋梨塔。它和使用酥塔皮的Piquenchâgne *(p.144)* 一樣，不過，它的特色是切薄片的洋梨先用蒸餾酒醃過後才排入塔中。塔皮上還挖出透氣孔後烘烤，這個塔的作法是烤好後從透氣孔擠入鮮奶油。塔皮底部鋪了杏仁糖粉，洋梨釋出的美味、香味，以及奶油醬全會滲入其中，能享受到雙層塔皮的不同風味。為避免鮮奶油和湯汁流出，稍微放涼後再分切，才能切出漂亮的外觀。

25×8cm、高2.5cm的四角形模型‧3個份

酥塔皮：約165g
pâte à foncer
（▸▸參照「基本」）

餡料 garniture
- 洋梨 poires：700g
- 干邑白蘭地 cognac：45g
- 白砂糖：35g sucre semoule

杏仁糖粉 T.P.T.：50g
初階糖 vergeoise：60g
（譯註：初階糖是將甘蔗汁或甜菜根初步加工製成的粗糖，重新溶入糖漿後，再次結晶成的糖，介於粗糖與精緻白糖之間）
黑胡椒（粉）：0.3g
poivre noir en poudre
鮮奶油（乳脂肪成分48%）：20g
crème fraîche 48% MG

塗抹用蛋（全蛋）：適量
dorure（œufs entiers）Q.S.

準備酥塔皮
1. 酥塔皮擀成厚2.5mm。
2. 切成34×17cm和29×12cm的長方形，一個模型各切1片，蓋上保鮮膜，放入冷藏庫鬆弛1小時以上。
3. 在模型中鋪入34×17cm的塔皮（四角形塔皮重疊部分以切掉等方式調整）。上面突出的塔皮不要切掉，放在烤盤上，放入冷藏庫鬆弛1小時。29×12cm的塔皮直接放入冷藏庫鬆弛備用。

製作餡料
4. 洋梨去皮縱切一半，剔除果核切成厚約5mm的薄片。
5. 放入淺鋼盤中，撒入干邑白蘭地和白砂糖，放入冷藏庫約醃漬2小時。

組裝、烘烤
6. 在鋪入**3**的模型中的塔皮上，滿滿鋪上杏仁糖粉。
7. 排放入**5**，撒上初階糖和黑胡椒。
8. 將**3**的29×12cm的塔皮蓋在**7**上。輕輕按壓讓邊緣接合，切掉突出的塔皮。
9. 在上面4個地方，用擠花嘴壓出直徑約2cm的透氣孔。
10. 上面用毛刷塗上塗抹用蛋。
11. 用180℃的烤箱約烤45分鐘。
12. 烤好後，立刻從透氣孔均勻擠入鮮奶油。
13. 置於網架上放涼，脫模。

騎自行車到南法旅行重回巴黎後，我依然對甜點沒有

里昂、瓦朗斯等，有許多魅力城市和甜點，那次的旅行

離甜點，並非去城裡觀光，所以心情一點也沒有因為遇

再次逃離巴黎的我，這次的目的是波爾多附近的葡萄

書中找到的釀酒廠，他們回信同意後，我便興高采烈地

在廣大葡萄園採收葡萄的作業，是遠超出想像的嚴苛

若作業太慢還會被鞭打。搞得我渾身疼痛、精疲力竭。

班牙、葡萄牙來的勞工們，此刻大家都忘記了疲勞，豪

的日子，讓我了解什麼叫做勞動，也讓我見識到法國飲

而且更料想不到，我在那裡發生了命運般的相遇。那

容如前文（*p.220*）所述，小甜點店裡陳列著謎一樣美味的

厭膩甜點了，但並沒有。我不是還有該去了解的甜

都不透露。無法達成目標，更激發我對甜點世界的熱情。

我再度回到巴黎，在「沙拉邦（*Salavin*）」找到工作，

店），是因為我想法還轉不過來，對甜點店有點排斥。沙

注重手工糖果的原點。然而，難以改變的甜點店狀況，

的熱情。回想起來，在巴黎和馬賽之間，像是納韋爾、
想去探尋鄉土甜點也不足為奇，可是，當時我一心想遠
點而激動。

，我打算體驗一直很嚮往的採葡萄工作，我寫信給旅遊
車前往。

。一面要挑選適當熟度的葡萄，一面得彎腰不斷採摘，
，到了晚上莊園會提供充足的伙食和新釀葡萄酒，從西
情地唱歌、跳舞。那充滿活力的景象令我感動。在莊園
化的不同面向，這些都成為我寶貴的經驗。

法國自古傳承的鄉土甜點——波爾多可露麗。詳細的內
物體，它讓我宛如被雷劈到般深受衝擊。「我原以為已
！」我想認識這個甜點，但不論我去打聽多少次，他們

甜點的世界。沒選擇甜點店，而進入手工糖果店（糖果專賣
是家大工廠，不過工作很有趣，我花甲之年後，又重回
不適應的法國生活，讓年輕時的煩惱暫時無解。

工作餘暇，我到法國各地尋找鄉土甜點。

Clafoutis Limousin
利慕贊克拉芙緹

利慕贊克拉芙緹(法式櫻桃布丁)這個鄉土甜點，使用大量在當地產的黑色小櫻桃烘製而成。它是在耐熱盤中放入水果，倒入類似可麗餅的麵糊烘烤，和一般所謂的「粥狀甜點」(p.136)一樣，不過若使用櫻桃以外的水果製作，就得稱為芙紐多(*flognarde*)(p.136、p.206)。法國法蘭西學術院(*l'Académie Française*)把克拉芙緹定義為「一種水果布丁」時，還曾引起利慕贊地區人們的示威抗議，最後只好改為「黑櫻桃(*Cerise noire*)的烘焙甜點」。像這樣，利慕贊克拉芙緹是當地人深以為傲，極其講究的甜點。順帶一提，clafoutis的語源來自奧克語(*Lenga d'òc*)方言中的claufir(釘牢)一字。

為使甜點呈現更濃厚的櫻桃風味，基本上製作時不剔除種子，有時甚至連櫻桃梗也一起烘烤。當地人吃的時候當然會吐籽，不過似乎也有人直接把籽嚼碎吃下。因為這個甜點是在日本製作，所以我改用野櫻桃罐頭。

19×13cm、高3.5cm的焗烤盤．3個份

蛋奶餡 appareil
- 低筋麵粉：110g farine ordinaire
- 白砂糖 sucre semoule：90g
- 鹽 sel：1g
- 全蛋 œufs：200g
- 鮮奶油：490g（乳脂肪成分48%）crème fraîche 48% MG
- 鮮奶 lait：150g

餡料 garniture
- 糖漬野櫻桃（瀝除湯汁）：390g compote de griottes（égouttées）

奶油 beurre：45g

奶油 beurre：適量 Q.S.
糖粉 sucre glace：適量 Q.S.

事前準備
＊用手在模型中塗上奶油備用。

製作蛋奶餡
1. 在鋼盆中放入低筋麵粉、白砂糖和鹽，用打蛋器混合。
2. 依序加入打散的全蛋（室溫）、鮮奶油（室溫）和鮮奶（室溫），每次加入都要用打蛋器充分混合。
3. 用濾網過濾。

組裝、烘烤
4. 在模型中填入已瀝除湯汁的蜜漬野櫻桃。
3. 倒入**3**。
6. 在**5**的上面散放上撕碎的奶油45g。
7. 放在烤盤上，以180℃的烤箱約烤1小時。
8. 置於網架上放涼，稍微放涼後撒上糖粉。

VIEUX TEMPS

Creusois
克茲瓦蛋糕

充滿魅力的樸素烘焙甜點克茲瓦蛋糕，具有濃厚的榛果風味和柔軟的質感。1969年，拆除位於克羅 *(Crocq)* 附近的拉馬齊埃奧・邦奧姆 *(La Mazière-aux-Bons-Hommes)* 的老修道院時，在一本以古法語撰寫15世紀的食譜中發現了這道食譜，不過真偽至今不明。據說食譜中寫道，「以有凹弧的瓦片烘烤」。克勒茲縣 *(Creuse)* 的甜點師工會長安德烈・拉孔伯 *(André Lacombe)* 和克羅的甜點師傅羅伯特・朗格拉德 *(Robert Langlade)* 以此為基礎，再加以改良，使用當地採收的榛果完成了克茲瓦蛋糕。

這個甜點只有遵照克茲瓦蛋糕協會 *(l'association Le Creusois)* 的配方和作法，具有會員認證的人才有資格製造、販售。它不只裝在瓦形模型中烘烤，好像也能用圓形模型烘烤。它能讓人嚐到非常濃烈的榛果風味，鬆脆的口感也很棒，我覺得是很美味的甜點。

直徑18×高4cm的寬口窄底烤模・1個份

- 榛果（連皮）：250g noisettes brutes
- 白砂糖 sucre semoule：60g
- 低筋麵粉 farine ordinaire：50g
- 榛果粉：5g levure chimique
- 蛋白 blancs d'œufs：120g
- 鹽 sel：1g
- 檸檬汁：5g
- 白砂糖 sucre semoule：20g
- 白砂糖 sucre semoule：20g
- 融化奶油 beurre fondu：110g

- 澄清奶油：適量 beurre clarifié
- 糖粉 sucre glace：適量 Q.S.

事前準備

＊用毛刷在模型中塗上澄清奶油備用。

1. 將榛果和白砂糖混合，用食物調理機大致攪打成還殘留顆粒的程度。
2. 在鋼盆中放入 ***1***，加低筋麵粉和泡打粉用木匙混合。
3. 將蛋白、鹽、檸檬汁和白砂糖20g放入攪拌機（鋼絲拌打器）中，以高速打發。
4. ***3*** 若打發成尖角能豎起的硬度後，加白砂糖20g，用木匙粗略地混合。
5. 在 ***4*** 中加入 ***2*** 充分混合。
6. 加融化奶油（室溫）混合。
7. 倒入模型中，放在烤盤上，用180℃的烤箱約烤45分鐘。
8. 置於網架上放涼。
9. 放涼後脫模，輕輕撒上糖粉。

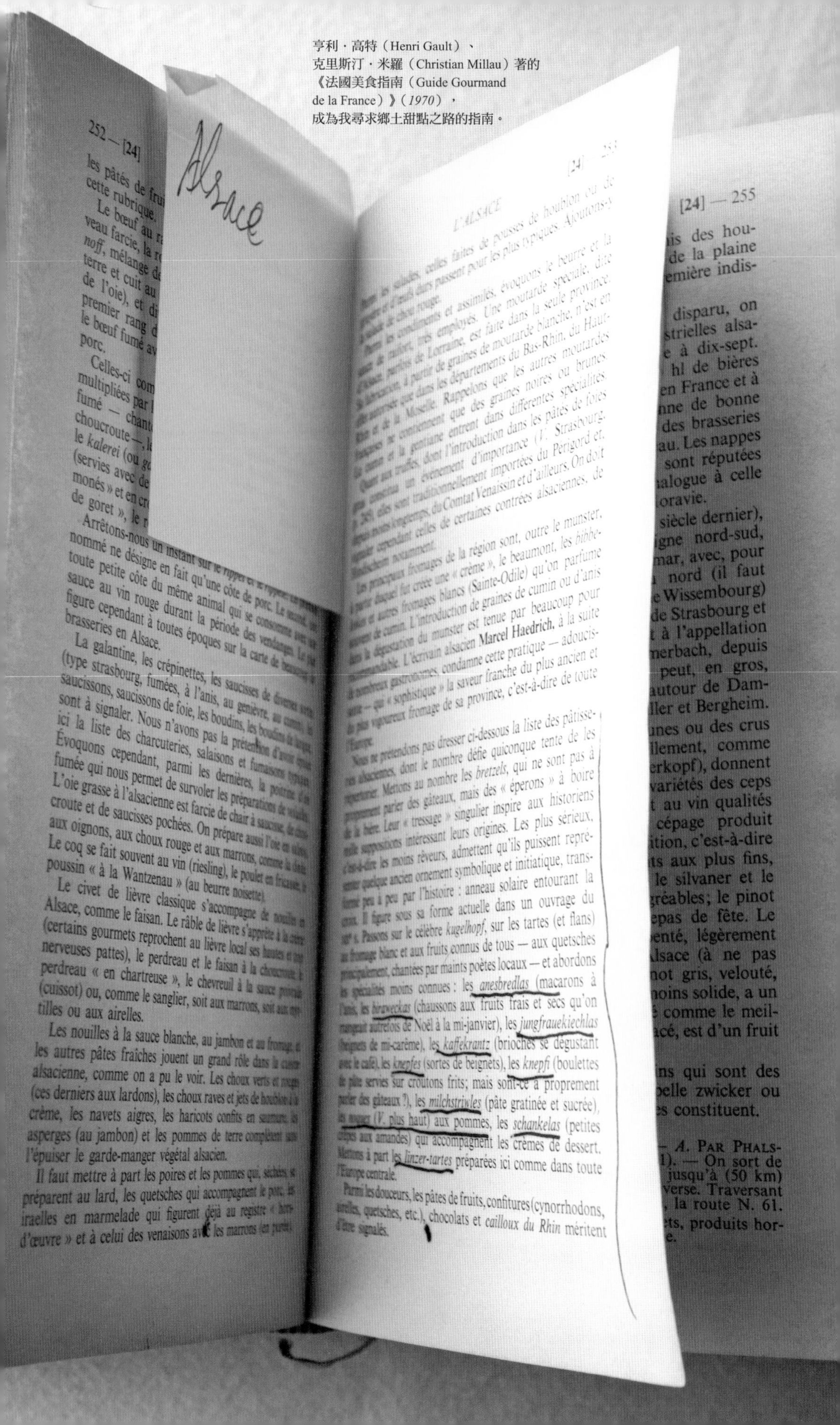

亨利・高特（Henri Gault）、
克里斯汀・米羅（Christian Millau）著的
《法國美食指南（Guide Gourmand
de la France）》（*1970*），
成為我尋求鄉土甜點之路的指南。

252 — [24]

Alsace

L'ALSACE

[24] — 255

les pâtés de fruits [...] cette rubrique.

Le bœuf au [...] veau farcie, la r[...] noff, mélange de [...] terre et cuit au [...] de l'oie), et di[...] premier rang d[...] le bœuf fumé av[...] porc.

Celles-ci com[...] multipliées par [...] fumé — chan[...] choucroute, [...] le kalerei (ou g[...] (servies avec de[...] monés » et en cr[...] de goret », le [...]

Arrêtons-nous un instant sur le riper [...] nommé ne désigne en fait qu'une côte de porc. Le [...] toute petite côte du même animal qui se consomme [...] sauce au vin rouge durant la période des vendanges [...] figure cependant à toutes époques sur la carte de be[...] brasseries en Alsace.

La galantine, les crépinettes, les saucisses de d[...] (type strasbourg, fumées, à l'anis, au genièvre, au c[...] saucissons, saucissons à l'anis, les boudins, les boudins la lange[...] sont à signaler. Nous n'avons pas la prétention d'aur[...] ici la liste des charcuteries, salaisons et fumaisons typ[...] Évoquons cependant, parmi les dernières, la poitrine d'[...] fumée qui nous permet de survoler les préparations de v[...] L'oie grasse à l'alsacienne est farcie de chair à saucisse [...] croute et de saucisses pochées. On prépare aussi l'oie au [...] aux oignons, aux choux rouge et aux marrons, comme le ci[...] Le coq se fait souvent au vin (riesling), le poulet en fricas[...] poussin « à la Wantzenau » (au beurre noisette).

Le civet de lièvre classique s'accompagne de nouilles e[...] Alsace, comme le faisan. Le râble de lièvre s'apprête à la cr[...] (certains gourmets reprochent au lièvre local ses hautes et tr[...] nerveuses pattes), le perdreau et le faisan à la choucroute, [...] perdreau « en chartreuse », le chevreuil à la sauce poivrée [...] (cuissot) ou, comme le sanglier, soit aux marrons, soit aux [...] tilles ou aux airelles.

Les nouilles à la sauce blanche, au jambon et au fromage, et [...] les autres pâtes fraîches jouent un grand rôle dans la cuisine [...] alsacienne, comme on a pu le voir. Les choux verts et rouges [...] (ces derniers aux lardons), les choux raves et jets de houblon à la [...] crème, les navets aigres, les haricots confits en saumure, les [...] asperges (au jambon) et les pommes de terre complètent sans [...] l'épuiser le garde-manger végétal alsacien.

Il faut mettre à part les poires et les pommes qui, séchées, se [...] préparent au lard, les quetsches qui accompagnent le porc, les [...] iraelles en marmelade qui figurent déjà au registre « hors- [...] d'œuvre » et à celui des venaisons avec les marrons (en purée [...]

[...] des salades, celles faites de pousses de houblon ou de [...] celles faites pour les plus typiques. Ajoutons-y [...] de chou rouge.

[...] et assimilés, évoquons le beurre et la [...] les [...] d'ail dûrs passent pour les meilleurs. Une moutarde spéciale, dite [...] moutarde de Lorraine, est faite dans la seule province. [...] très employés. Rien de la culture, à partir de graines de moutarde blanche, n'est en [...] la [...] partie des départements du Bas-Rhin, du Haut- [...] [...] et de la Moselle. Rappelons que les autres moutardes [...] [...] ne contiennent que des graines différentes des pâtes de foies [...] [...] une [...] entrent dans la truffe. [...] [...] un événement d'importance (V. Strasbourg- [...]

[...] sont traditionnellement importées d'ailleurs. On doit [...] elles sont traditionnellement importées d'ailleurs. On doit [...] soit elles sont du Périgord, du Comtat Venaissin et d'ailleurs. On doit [...] [...] cependant celles de certaines contrées alsaciennes, de [...]

Les principaux fromages de la région sont, outre le munster, [...] notamment.

[...] auquel fut créée une « crème »), le beaumont, les bibbe- [...] le beaumont [...] que l'on parfume [...] fromages blancs (Sainte-Odile) qu'on parfume [...] autres fromages blancs (Sainte-Odile) qu'on parfume [...] de cumin. L'introduction de graines de cumin à beaucoup pour [...] la dégustation du munster est tenue par beaucoup pour [...] la dégustation du munster, à la suite [...] L'écrivain alsacien Marcel Haedrich, à la suite [...] condamne cette pratique — adoucis- [...] nombreux gastronomes, condamne cette pratique — adoucis- [...] [...] — qui « sophistique » la saveur franche du plus ancien et [...] [...] vigoureux fromage de sa province, c'est-à-dire de toute [...]

Nous ne prétendons pas dresser ci-dessous la liste des pâtisse- [...] des alsaciens, dont le nombre défie quiconque tente de les [...] répertorier. Mettons au nombre les bretzels, qui ne sont pas à [...] proprement parler des gâteaux, mais des « éperons » à boire [...] de la bière. Leur « tressage » singulier inspire aux historiens [...] les plus rêveurs, admettent qu'ils puissent repré- [...] c'est-à-dire les moins rêveurs, admettent qu'ils puissent repré- [...] senter quelque ancien ornement symbolique et initiatique, trans- [...] formé peu à peu par l'histoire : anneau solaire entourant la [...] [...] il figure sous sa forme actuelle dans un ouvrage du [...] [...] Passons sur le célèbre kugelhopf, sur les tartes (et flans) [...] [...] au fromage blanc et aux fruits connus de tous — aux quetsches [...] principalement, chantées par maints poètes locaux — et abordons [...] les spécialités moins connues : les anesbredlas (macarons à [...] l'anis, les birawecklas (chaussons aux fruits frais et secs qu'on [...] mangeait autrefois de Noël à la mi-janvier), les jungfrauekiechlas [...] (beignets de mi-carême), les kaffekrantz (brioches se dégustant [...] avec le café), les knepfes (sortes de beignets), les knepfi (boulettes [...] de pâte servies sur croûtons frits; mais sont-ce à proprement [...] parler des gâteaux ?), les milchstriwles (pâte gratinée et sucrée), [...] (V. plus haut) aux pommes, les schankelas (petites [...] aux amandes) qui accompagnent les crèmes de dessert. [...] à part les linzer-tartes préparées ici comme dans toute [...] l'Europe centrale.

Parmi les douceurs, les pâtes de fruits, confitures (cynorrhodons, [...] airelles, quetsches, etc.), chocolats et cailloux du Rhin méritent [...] d'être signalés.

[...] des hou-
[...] de la plaine
[...] première indis-

[...] disparu, on
[...] strielles alsa-
[...] e à dix-sept.
[...] hl de bières
[...] en France et à
[...] nne de bonne
[...] des brasseries
[...] u. Les nappes
[...] sont réputées
[...] nalogue à celle
[...] oravie.

[...] siècle dernier),
[...] igne nord-sud,
[...] mar, avec, pour
[...] nord (il faut
[...] Wissembourg)
[...] de Strasbourg et
[...] t à l'appellation
[...] nerbach, depuis
[...] peut, en gros,
[...] utour de Dam-
[...] ller et Bergheim.
[...] unes ou des crus
[...] lement, comme
[...] erkopf), donnent
[...] variétés des ceps
[...] t au vin qualités
[...] cépage produit
[...] tion, c'est-à-dire
[...] ts aux plus fins,
[...] le silvaner et le
[...] gréables; le pinot
[...] pas de fête. Le
[...] nté, légèrement
[...] Alsace (à ne pas
[...] not gris, velouté,
[...] oins solide, à un
[...] comme le meil-
[...] cé, est d'un fruit

ns qui sont des
belle zwicker ou
es constituent.

— A. PAR PHALS-
1). — On sort de
jusqu'à (50 km)
verse. Traversant
, la route N. 61.
ets, produits hor-

Toulousain
Languedoc
Roussillon

土魯斯、朗格多克、魯西永

Toulousain

土魯斯

位於阿基坦 *(Aquitaine)* 盆地和地中海之間的土魯斯區，以西南部中心都市土魯斯 *(Toulouse)* 為中心。土魯斯的古名為特羅薩 *(Tolosa)*，因位居交通要衝，作為羅馬帝國的屬州都市而發達。5世紀時是西哥特王國 *(Visigothic Kingdom)* 的首都，8世紀時成為阿基坦王國的首都。9～13世紀初，在世代雷蒙伯爵 *(Raymond*，土魯斯伯爵*)* 統治下發展自治制度及工商業，領地逐漸擴大。13世紀因阿爾比十字軍征服南法而荒廢，1271年合併為法王的領土。16世紀時因菘藍 *(*藍染料*)* 的貿易，經濟、文化皆有發展，現作為航空產業的中心地而聞名。因食材豐富，農產物的交易也很興盛，甜點方面有糖漬紫蘿蘭花 *(Violette de Toulouse)*，以甘草 *(réglisse*，甘草*)* 為原料製作的四角小糖錠 *(Cachou Lajaunie)* 也很著名。

▶主要都市：土魯斯（*Toulouse*、距巴黎589km） ▶氣候：為受夏炎熱、冬略寒冷的阿基坦型氣候，以及夏熱、冬暖的地中海型氣候影響的氣候。 ▶水果：杏仁、栗子、桃子 ▶酒：葡萄酒、核桃利口酒 ▶料理：土魯斯白豆燉肉（*Cassoulet de Toulouse*，白菜豆、羊肩肉和番茄燉煮後，加入油封鵝及土魯斯風味香腸，再以烤箱烘烤）、奧克（*Lenga d'oc*）風味的白豆燉肉（*Estouffat de Haricots à l'Occitane*，白菜豆、鹽漬豬肉、大蒜、洋蔥、番茄的燉煮料理）、燻豬肝佐蘿蔔（*Foie Sec de Porc aux Radis*，燻製豬肝香煎佐配櫻桃蘿蔔） ▶其他：玉米粉

Languedoc

朗格多克

朗格多克地區位於普羅旺斯西方，占法國南部廣大範圍。該地區說奧克語 *(Lengue d'oc)*，被認為是該區名字的由來。西元前1世紀時成為羅馬屬州繁榮發展，現殘存許多遺跡。之後，受西哥特族、法蘭克王國的統治，8世紀以後，伊斯蘭教徒入侵。歷經動盪時代，到了11～12世紀時，土魯斯伯爵雖擴展霸權，但在政治上並未統一，經濟發達。12世紀後半開始被視為基督教異端的卡特里派滲透。13世紀時阿爾比十字軍發動鎮壓，之後慢慢合併為法王的領土。16世紀以後，新教徒引起宗教叛亂也廣為人知。19世紀以後廣泛栽種葡萄，以生產大量價格平實的葡萄酒而聞名。食材豐富，生產各式各樣的水果。該區也能見到特有的甜點。

▶主要都市：蒙貝利耶（*Montpellier*、距巴黎596km） ▶氣候：全屬溫和的地中海性氣候，不過夏季酷熱，冬季也會吹強勁的西北風和庇里牛斯山吹來的冷風。 ▶水果：杏仁、核桃、聖熱涅多爾（*Saint-Geniez d'Olt*）的草莓、克萊蒙耶羅爾（*Clermont-l'Hérault*）的葡萄、阿蓋薩克（*Aguessac*）的櫻桃、榲桲、蘋果、栗子、李子、桃子、無花果、杏桃 ▶酒：葡萄酒、朗格多克渣釀白蘭地（*Eau de Vie de Marc du Languedoc*，用釀造葡萄酒時產生的渣滓來釀製的蒸餾酒）、嘉麗娜（*Cartagène*，未發酵的果汁中加酒精釀造的一種甜酒）、苦艾酒（*Noilly Prat*） ▶起司：洛克福（*Roquefort*）、高斯藍紋起司（*Bleu des Causses*）、拉奇歐勒（*Laguiole*）、佩拉依羊乳起司（*Pérail*） ▶料理：卡斯特諾達里白豆燉肉（*Cassoulet de Castelnaudary*，各種豬肉、香腸、白菜豆、有時加入油封鵝肉一起燉煮後，再用烤箱烘烤）、卡爾卡松白豆燉肉（*Cassoulet de Carcassonne*，加入羊腿肉和山鶉鶉的白菜燉肉）、茄子鑲肉（*Aubergines à la Biterroise*，茄子裡塞入火腿、絞肉和鹽漬豬肉，再以烤箱烘烤） ▶其他：卡馬格（*Camargue*）的米和海鹽

Roussillon

魯西永

魯西永位於庇里牛斯山脈和地中海之間，南與西班牙相鄰的魯西永地區，散發法國・加泰隆尼亞的異國風情。西元前1世紀被羅馬人統治，與所屬的納爾榜南西斯高盧省合併。之後，歷經西哥特人、阿拉伯人入侵，12世紀時奠定伊比利半島東部的基礎，成為亞拉岡王國的領地。亞拉岡王國建立了加泰隆尼亞聯合王國，所以當地至今仍殘留加泰隆尼亞文化的色彩。17世紀，該區成為法國的領土，不過現在境內加泰隆尼亞語和法語併行，具高度的民族意識。因此，境內也有許多甜點是源自加泰隆尼亞，綻放獨特的異彩。丘陵、台地上與葡萄田一起廣布果樹園。

▸主要都市：培品納（*Perpignan*，距巴黎687km） ▸氣候：非常溫暖的地中海性氣候，但有強風。▸水果：杏桃、杏仁、塞雷（*Céret*）的櫻桃、榅桲、無花果、桃子、洋梨 ▸酒：葡萄酒、巴紐爾斯（*Banyuls*）、里韋薩爾特（*Riversaltes*）等為代表的天然甜味葡萄酒、皮爾（*Byrrh*，紅葡萄酒或甜酒中加香草和香料的酒） ▸料理：煮伊勢蝦（*Civet de Langouste*，用巴紐爾斯酒、番茄、大蒜、洋蔥、辛香料燉煮伊勢蝦）、包心菜燉肉（*Trinxat Cerda*，煮包心菜和鹽漬豬肉）、西班牙肉丸（*Boles de Picolat*，牛或豬肉丸子用加火腿、橄欖、番茄、鹽漬豬肉、辛香料的醬汁燉煮）

Gimblette d'Albi

阿爾比麵包

位於塔恩 *(tarn)* 河畔，作為畫家羅特列克 *(Henri de Toulouse-Lautrec)* 的故鄉而聞名的小城阿爾比 *(Albi)*，在紡織業、皮革業和藍染料 *(菘藍)* 貿易的帶動下繁華發展，它和土魯斯 *(Toulouse)* 一樣，也是林立粉紅磚造建築物的美麗城市。此外，它也是13世紀時被視為異端受到鎮壓的基督教一派——阿爾比派 *(Albigenses，又稱卡特里派)* 的據點而著名。

阿爾比麵包是該城自古流傳的環形甜點。由巴黎大區南泰爾 *(Nanterre)* 的修道士研創，相傳15世紀時，傳授給阿爾比的主教座堂參事會員 *(chanoines)*。若說到作法，其特色是使用燙煮 *(échaudé)* 法，用熱水煮麵團後瀝除水分，放入烤箱中烤乾。它當然能夠直接食用，不過當地的人都會搭配果醬，也會配杯咖啡。除了外酥內軟的口感外，吃起來還有一點黏牙感，饒富趣味，滋味確實樸素奧妙。

直徑約8.5cm・8個份

鮮奶 lait：50g
乾酵母：10g
levure sèche de boulanger
高筋麵粉 farine de gruau：62.5g
低筋麵粉 farine ordinaire：62.5g
杏仁糖粉 T.P.T.：120g

A.鹽 sel：1g
融化奶油：35g
beurre fondu
蛋黃 jaunes d'œufs：20g
白砂糖：15g
sucre semoule
糖粉 sucre glace：15g
磨碎的柳橙皮：½個份
zestesdoraneesrâpees
切碎的蜜漬檸檬皮：40g
écorces de citrons confites hachées

塗抹用蛋（全蛋）：適量
dorure（œufs entiers）Q.S.

1. 在鮮奶（室溫）中加入乾酵母，用打蛋器混合。
2. 在鋼盆中放入高筋麵粉、低筋麵粉和杏仁糖粉，加入1和A。
3. 用手輕輕地混合均勻呈黏稠狀態為止。
4. 蓋上保鮮膜，發酵約5小時。
5. 揉壓麵團擠出空氣後，分割成每塊50g。
6. 用手揉成長20cm的棒狀，用手黏接兩端形成環狀。
7. 將6放入煮沸的熱水中煮到浮起。
8. 撈出放在網篩上，充分瀝除水分。
9. 放在烤盤上，用毛刷塗上塗抹用蛋。
10. 用200℃的烤箱約烤30分鐘。
11. 置於網架上放涼。

20×11cm、高3cm的
橢圓形模型．3個份

杏仁甜塔皮：約390g
pâte sucrée aux amandes
（▸▸參照「基本」）

香水檸檬果醬
marmelade de citrons

檸檬皮：1個份
zestes de citrons

水飴 glucose：100g

青蘋果泥：300g
purée de pommes vertes

萊姆泥：200g
purée de citrons verts

白砂糖：375g
sucre semoule

蛋奶餡 appareil

蛋白 blancs d'œufs：150g

白砂糖：350g
sucre semoule

切碎的杏仁：500g
amandes hachées fin

磨碎的檸檬皮：75g
zestes de citrons râpés

糖粉 sucre glace：適量 Q.S.

蜜漬檸檬皮：適量
écorces de citrons confites Q.S.

Gâteau Toulousain

土魯斯蛋糕

有「粉紅之城 *(la ville rose)*」之稱的土魯斯 *(Toulouse)*，為法國南西部的中心都市，在老街道上粉紅磚造建築物櫛比鱗次。建造於西元前3世紀的這個城，歷史悠久。因位居交通要衝，16世紀以後藍染料 (菘藍) 貿易發達。城裡建造了許多美麗的粉紅色磚造大宅第。現為航空產業的重鎮，且為學問之都而聞名於世。

該城的另一項特產是散發檸檬香味的杏仁甜點——土魯斯蛋糕。作法是在蛋白霜中混入切碎杏仁製成蛋奶餡，倒入塔皮中烘烤，讓人能夠享受到外酥脆、裡豐潤，同時夾雜杏仁粒的獨特口感。它雖然味道甜又濃郁，不過檸檬充分發揮作用，吃完感覺清爽。風味與口感之間達到絕妙的平衡。

準備杏仁甜塔皮

1. 杏仁甜塔皮擀成厚3mm。
2. 切割成比模型還大一圈的橢圓形，鋪入模型中。
3. 切掉突出的塔皮，放在烤盤上，放入冷藏庫鬆弛1小時。

製作香水檸檬果醬

4. 削掉薄薄剝下的檸檬表皮的白色部分，表皮切細絲放入鍋中。
5. 加入能蓋過材料的水開火加熱，煮軟後用熱水淋燙。
6. 用涼水約沖淋5分鐘後，放在濾網上瀝除水分。
7. 在鍋裡放入***6***和水飴開火加熱。
8. 煮至110℃，皮稍微呈透明感的輕蜜漬狀態後，過濾，瀝除糖漿。
9. 在鍋裡放入青蘋果泥、萊姆泥和白砂糖，用木匙一面混合，一面加熱。
10. 糖度達70％brix後，放入淺鋼盤中，加***8***的檸檬皮混合，緊貼蓋上保鮮膜，放涼。

製作蛋奶餡

11. 蛋白一面慢慢加入白砂糖，一面用攪拌機（鋼絲拌打器）以高速充分打發。
12. 打發到厚重、泛出光澤後，加入切碎的杏仁和磨碎的檸檬皮，用木匙混合均勻。

完成

13. 在每個模型的***3***中放入75g的***10***，讓它薄鋪其中。
14. 再分別倒入250g的***12***，用抹刀抹平。
15. 撒上糖粉，直接靜置一會兒讓糖粉吸收水分。
16. 再撒一次糖粉，呈十字放上切成菱形的蜜漬檸檬皮。
17. 用170℃的烤箱約烤1小時15分鐘。
18. 置於網架上放涼，脫模。

Alléluias de Castelnaudary
卡斯特諾達里奶油麵包

25～30×約8cm・4個份

乾酵母：12g
levure sèche de boulanger

低筋麵粉 farine ordinaire：15g

白砂糖 sucre semoule：1.5g

溫水 eau tiède：100g

鮮奶 lait：50g

高筋麵粉 farine de gruau：125g

低筋麵粉 farine ordinaire：110g

白砂糖：23.5g
sucre semoule

鹽 sel：2g

蛋黃：40g
jaunes d'œufs

奶油 beurre：50g

切丁的蜜漬綜合水果
（葡萄乾、柳橙、檸檬、鳳梨、櫻桃）
：110g
fruits confits en dés

塗抹用蛋（全蛋）：適量
dorure（œufs entiers）Q.S.

波美度30°的糖漿：適量
sirop à 30° Baumé Q.S.

珍珠糖：適量
sucre en grains Q.S.

卡斯特諾達里 *(Castelnaudary)* 是位於土魯斯 *(Toulouse)* 西南方50km的城市。靠著南運河 *(Canal du midi)* 的水運之利蓬勃發展，過去製陶與製瓦業都很興盛。提到這個城市也不可忘了用卡酥來 *(cassole)* 砂鍋，燉煮白菜豆、鹽漬肉和香味蔬菜的白豆燉肉 *(cassoulet)*。據傳它的起源是百年戰爭時期，在戰火下求生存的村民們收集殘存的食材燉煮後，用來款待士兵們。現在已成為法國西南部的代表性鄉土料理。

在甜點方面，以復活節 *(Pâques)* 時製作的奶油麵包 *(Alléluias)* 最為著名。在布里歐麵團中原要加入蜜漬佛手柑（類似檸檬的水果），不過因為在日本買不到，所以這裡我是用綜合蜜漬水果來代替。麵團中已加入水果的甜味，所以烤好後比起什麼都不加口感來得濕潤柔軟。

這種奶油麵包的歷史悠久，相傳源於1800年左右，一位士兵為答謝借宿一夜，教授他在戰爭中奔波各地途中獲得的甜點作法作為謝禮。而且，據說1814年羅馬教皇庇護七世 *(Pie VII)* 造訪卡斯特諾達里時，住在製作這個甜點店家的對面，當店家獻給他這種麵包時，教皇非常高興。當時，法王以「哈利路亞 *(Alléluia)*」給予祝福，被認為是該甜點名字的由來。

1. 依照「基本」的「布里歐麵團」的「用手揉捏法」1～8的要領製作。但在步驟1，低筋麵粉和乾酵母一起加入，鮮奶（人體體溫的溫度）和溫水一起加入。在步驟3加入蛋黃取代全蛋，而且不加水。此外，在步驟7加奶油後加入蜜漬綜合水果。
2. 蓋上保鮮膜，進行第一次發酵約1個半小時，讓它膨脹約2倍大。
3. 揉壓麵團擠出空氣，分割成每塊50g。
4. 分別用手揉成約30cm的棒狀。
5. 將3條整齊並排，一端用手指黏合，以此為起點做麻花編。
6. 放在烤盤上，蓋上保鮮膜貼膜靜置約1小時，進行第二次發酵約1小時，讓它膨脹約2倍大。
7. 用毛刷塗上2次塗抹用蛋。
8. 用200℃的烤箱約烤20分鐘。
9. 趁熱用毛刷塗上波美度30°的糖漿，撒上珍珠糖。
10. 置於網架上放涼。

Oreillette
歐雷特酥片

歐雷特酥片是朗格多克地區2月狂歡節（*carnaval*，又稱嘉年華）時製作的傳統油炸甜點。其中蒙貝利耶（*Montpellier*）又特別著名，裡面還添加柳橙、檸檬皮和蘭姆酒等的香味。在法語中oreille是耳朵的意思，而ordiette是指帽子旁用來覆耳的帽耳。它或許是用甜點的外形來命名，富有幽默感。南法各地都可見到相同的甜點，有時也會用美爾威油炸餅（*merveille*）之名來販售。

麵團擀成極薄片，以熱油油炸，一口氣膨脹隆起的氣泡會形成凹凸不平的獨特風貌。酥片在齒間卡滋咀嚼輕盈崩碎，隨即能嚐到淡淡的檸檬香。

約13×6cm，約24片份

低筋麵粉 farine ordinaire：125g
泡打粉：2g
levure chimique
白砂糖 sucre semoule：20g
奶油 beurre：25g
全蛋 œufs：50g
磨碎的檸檬皮：1/3個份
zestes de citrons râpés

花生油：適量
huile d'arachide Q.S.
糖粉 sucre glace：適量 Q.S.

製作麵團

1. 在鋼盆中放入所有材料，用手揉捏混合。
2. 整體變細滑揉成團後，取出放在工作台上揉成球狀。
3. 裝入塑膠袋中鬆弛15分鐘。
4. 用手揉成棒狀後，分割成每塊10g。
5. 用微彎的手掌如包覆般在工作台上旋轉揉圓。
6. 用塑膠墊夾住，輕輕壓扁。
7. 用擀麵棍擀成厚1mm、長徑13×短徑6cm的橢圓形。

完成

8. 用加熱至170～180℃的熱花生油油炸7，一邊翻面，一邊將兩面充分炸至上色。
9. 放在網架上瀝除油分，放涼後撒上糖粉。

Gâteau des Rois de Limoux
利穆國王蛋糕

提到法國1月6日慶祝主顯節的甜點，最廣為人知的是在千層酥皮中夾入法蘭奇帕內奶油餡的國王餅 *(Galette des Rois)*。而產於南法的國王蛋糕 *(Gâteau des Rois)*，和國王餅有著相同旨趣，是在王冠形狀的發酵麵團中，混入蜜漬水果和珍珠糖。水果香味充分散發南法氣息，讓人感受到與國王餅截然不同的美味。它也是距離卡爾卡松 *(Carcassonne)* 約20km的南部歷史古城利穆 *(limoux)* 的名產。特色是使用佛手柑（類似檸檬的柑橘類水果），也稱為利穆蛋糕 *(Gâteau de Limoux)* 或利穆 *(Limoux)*。我在當地曾經嚐過，口感略乾的布里歐麵包般的蛋糕，與佛手柑的香味很對味，能享受溫醇的餘韻。

19世紀的甜點主廚，也是歷史家的拉康 *(Pierre Lacam)* 所著的《歷史、地理相關的甜點烘焙記事 *(Le Mémorial Historique et Géographique de la Pâtisserie)*》*(1890)* 中，曾介紹國王蛋糕之一的土魯斯利穆蛋糕 *(Gâteau de Limoux à Toulouse*，土魯斯的利穆蛋糕*)*。暫且不管在麵團中混入碎檸檬皮的土魯斯風格，這種利穆蛋糕的麵團是擀成圓盤狀，中央壓薄，還撒入佛手柑，特色十足。在日本不易購得佛手柑，所以這裡我試著用檸檬代替。樸素的蛋糕和怡人的柑橘香味，我覺得又再度重現當地的原味。

直徑18×高2cm的圓形塔模．6個份

- 乾酵母：15g levure sèche de boulanger
- 高筋麵粉 farine de gruau：50g
- 白砂糖：15g sucre semoule
- 溫水 eau tiède：75g
- 低筋麵粉 farine ordinaire：225g
- 高筋麵粉 farine de gruau：225g
- 白砂糖：125g sucre semoule
- 鹽 sel：2g
- 全蛋 œufs：100g
- 奶油 beurre：125g
- 磨碎的檸檬皮：1個份 zestes de citrons râpés
- 蜜漬檸檬皮：適量 écorces de citrons confites Q.S.

- 塗抹用蛋（全蛋）：適量 dorure（œufs entiers）Q.S.

1. 依照「基本」的「布里歐麵團」的「使用攪拌機法」的**1**～**5**之要領製作。但是，在**1**中加入高筋麵粉50g，不加**2**的水。此外在**3**中加入磨碎的檸檬皮。
2. 揉壓麵團擠出空氣後，分成6等分，配合模型大小擀成圓形。
3. 烤盤放上模型，再放入麵團，用指尖壓平讓邊緣較厚，中央較薄。
4. 蓋上保鮮膜，進行第二次發酵約1小時，讓它膨脹約2倍大。
5. 用毛刷塗上2次塗抹用蛋，在邊緣放上切成棒狀的蜜漬檸檬皮。
6. 用200℃的烤箱約烤25分鐘。
7. 脫模，置於網架上放涼。

Bras de Vénus

維納斯蛋糕捲

納本 *(Narbonne)* 源自西元前118年高盧建造的羅馬最早殖民都市那爾邦馬提斯 *(Narbo Martius)*。城中心有運河經過，我造訪這個葡萄酒貿易興盛的港都有其目的。那就是尋找曾在書中讀到的維納斯蛋糕捲 (維納斯的手臂)。從它帶有神話色彩的名字，想必具有悠久的歷史背景，我興奮地抵達該城。然而，尋遍城裡後發現，所有店都沒這甜點。即使我指出書中所寫的名字給他們看，依然沒人知道。我的期待大大落空，感到十分沮喪。

但是，據說有位甜點店老闆聽完我和友人尋找甜點的想法後表示感動，那人知道維納斯蛋糕捲。而且「因為是同行」，所以他特地花了2天的時間為我製作。我簡直喜出望外！我巡迴法國各地，從來沒這麼高興過。

他完成的甜點如蛋糕捲般，是用海綿蛋糕捲包檸檬風味的卡士達醬。稱它為「維納斯的手臂」略顯粗了點，不過它是錯過可惜、很棒的甜點。

另外，我還聽過在麵團中混入蜜漬水果後烘烤，再將它翻面捲包以便看到豐富色彩的作法。原來如此，那樣做的話，蛋糕捲宛如鑲了寶石的手臂般變成很華麗吧。不過，我的維納斯蛋糕捲是在裡面塗杏桃果醬，外面鑲貼杏仁片。我製成在當地所見到的外觀，以表示對納本甜點師傅的敬意。

直徑7～8×長24cm．2個份

蛋糕捲 biscuit roulé
- 白砂糖：112g sucre semoule
- 蛋黃 jaunés d'œufs：120g
- 蛋白 blancs d'œufs：136g
- 鹽 sel：2g
- 檸檬汁：10g jus de citron
- 低筋麵粉：112g farine ordinaire
- 融化奶油：38g beurre fondu

糖漿 sirop
- 白砂糖：100g sucre semoule
- 水 eau：150g
- 檸檬汁：½個份 jus de citron

卡士達醬 crème pâtissière
- 鮮奶 lait：400g
- 磨碎的檸檬皮：⅘個份 zestes de citrons râpés
- 蛋黃 jaunes d'œufs：80g
- 白砂糖：100g sucre semoule
- 低筋麵粉：40g farine ordinaire
- 奶油 beurre：40g

- 杏桃果醬：適量 confiture d'abricots Q.S. （▸▸參照「基本」）
- 水 eau：適量 Q.S.
- 杏仁片（烤過）：適量 amandes effilées grillées Q.S.

製作蛋糕捲

1. 在鋼盆中放入白砂糖和蛋黃，用打蛋器充分攪打變黏稠。
2. 在攪拌機（鋼絲拌打器）中放入蛋白、鹽和檸檬汁，以高速攪打到尖角能豎起的硬度。
3. 在**1**中加低筋麵粉，用橡皮刮刀粗略混拌，趁還混不勻時，分3次加入**2**混合。
4. 加入回到常溫的融化奶油，用橡皮刮刀充分混合。
5. 倒入鋪了烘焙紙60×40cm大小的2片烤盤中，用抹刀刮平。
6. 用240℃的烤箱約烤20分鐘，表面上色後取出。
7. 連同烘焙紙一起放到網架上，放涼後蓋上保鮮膜備用。

製作糖漿

8. 在鍋裡放入白砂糖和水煮沸，放涼。
9. 稍微放涼後加檸檬汁混合。

製作卡士達醬

10. 依照「基本」的「卡士達醬」以相同的要領製作。但是，以磨碎的檸檬皮取代香草莢，以低筋麵粉取代高筋麵粉。

組裝．完成

11. 撕掉**7**的烘焙紙，用鋸齒刀切成24×36cm的大小。
12. 烘烤面朝下，短邊置於面前，放在撕下的烘焙紙上。
13. 每片用毛刷分別塗上120g的**9**。
14. 每片放上280g的**10**，用抹刀薄薄抹平。
15. 從蛋糕前側，用刀橫向每間隔約1cm輕畫數條切痕。
16. 用雙手捲包，捲好後用烘焙紙包成一條，為避免鬆開一面拉紙，一面包緊蛋糕。
17. 在水中加入少量杏桃果醬，加熱到用毛刷能塗抹的濃度。
18. 拿掉**16**的烘焙紙，在表面塗上**17**。
19. 貼上杏仁片。

Aveline du Midi
南榛果球

「Aveline」為西洋榛樹的果實，換言之是一種榛果。南榛果球是將蛋白和磨碎的榛果混合，沾滿冰糖烘烤而成。我在19世紀後葉的書中找到這個食譜，深受它的法國西南風格吸引，決定嘗試製作看看。它的麵團非常紮實，用手揉成小球後，晾乾一天再烘烤，這樣烤好後不易碎裂，成品更穩定。

榛果球入口後迅速碎裂，裡面口感濕潤。每次咀嚼都會湧現濃郁的榛果風味，砂糖的顆粒口感別有一番趣味。

直徑約2cm・約55個份

榛果（連皮、烤過）：250g
noisettes brutes grillées

蛋白 blancs d'œufs：30g

水 eau：10g

白砂糖：300g
ucre semoule

香草粉：1g
vanille en poudre

蛋白 blancs d'œufs：適量 Q.S.

冰糖：適量 Q.S.
sucre cristallisé

事先準備

＊榛果用粗目網篩過濾，去皮備用。

1. 在鋼盆中放入所有材料混合，用滾軸碾壓數次，稍微保留顆粒，成為稍硬的杏仁膏狀態即可。
2. 分割成每塊10g，用手揉成球狀。
3. 在手掌沾上蛋白，塗在2上。
4. 在放了冰糖的鋼盆中放入3，讓它沾滿冰糖。
5. 排放在烤盤上乾燥24小時。
6. 用80℃的烤箱約烤30分鐘。
7. 置於網架上放涼。

Croquant
杏仁脆餅

杏仁脆餅是法國南部，尤其是庇里牛斯山周邊常見的樸素甜點。「Croquant」這個字在法語中是「酥脆」的意思。它爽脆的口感和堅果的香味總讓人意猶未盡，越吃越想吃。不同地區的配方和作法多少有異，不過我這裡是採用砂糖量多、嚼感輕盈，在培品納*(Perpignan)*附近販售的杏仁脆餅的作法。雖然大部分使用杏仁，但也常見到榛果口味的，所以我兩者兼用讓味道更深厚。製作的重點是烘烤的溫度。因它的糖分多，若溫度太高的話會烤焦，所以烤到撒在上面的糖粉還未融化的程度最恰當。

直徑約4.5cm・約72片份

蛋白（置於室溫中3天以上）：50g
blancs d'œufs

白砂糖：200g
sucre semoule

低筋麵粉 farine ordinaire：50g

杏仁（連皮）：50g
amandes brutes

榛果（連皮）：50g
noisettes brutes

塗抹用蛋（全蛋）：適量 Q.S.
dorure（œufs entiers）

糖粉 sucre glace：適量 Q.S.

事先準備

＊榛果是以烤箱烘烤表面，以粗目網篩篩過，剔除外皮備用。

1. 在鋼盆中放入蛋白、白砂糖和低筋麵粉，用手混合均勻。
2. 加入切碎的杏仁和榛果混合。
3. 用手揉成圓棍狀後，分切成每片5g。
4. 放在鋪了矽膠烤盤墊的烤盤上，用叉子背面壓成直徑約4.5cm。
5. 用毛刷塗上塗抹用蛋，撒上糖粉。
6. 用160℃的烤箱約烤10分鐘。
7. 置於網架上放涼。

Touron Catalan

加泰隆尼亞松子牛軋糖

培品納(*Perpignan*) 12世紀時為西班牙亞拉岡王國(*Reino de Aragón*)的一部分，1276～1344年作為馬略卡王國(*Reino de Mallorca*)的首都建造了皇宮。17世紀成為法國領地後，當地留下濃厚的西班牙文化色彩，人們依然以身為加泰隆尼亞人而自豪。

這樣的歷史和巴斯克地區也有點類似，因此甜點方面，也能看到西班牙的風格特色。加泰隆尼亞松子牛軋糖是其中的代表性甜點。它雖然很像一般的牛軋糖，不過並非在蛋白中混入熬煮過的糖漿(原本是蜂蜜)，而是在糖漿中混入蛋白製作。因此，比牛軋糖口感黏稠，質地更紮實。松子的厚味與水果的香味也隨著糖慢慢在口中融化擴散開來。

這裡介紹的是我仿效法國修業時期參加講習會，當地的M.O.F (*Meilleur Ouvrier de France*，法國最佳工藝師)甜點師傅製作的形式，嘗試以糯米紙包住，完成時呈半月形外觀，我覺得這樣更具風貌。

直徑約7cm的半月形，約90個份

蜂蜜 miel：187g
白砂糖：125g
sucre semoule
白砂糖：187g
sucre semoule
水飴 glucose：125g
水eau：60g
義式蛋白霜：60g
meringue italienne
（▸▸ 參照「基本」）
松子（烤過）：500g
pignons de pin grillés
切丁的蜜漬綜合水果
（葡萄乾、柳橙、檸檬、鳳梨、櫻桃）
：187g
fruits confits en dés

糖粉 sucre glace：適量 Q.S.
玉米粉：適量
fécule de maïs Q.S.
糯米紙（直徑9cm）：約90片
oblaat

事先準備

＊配合**4**的完成時間，製作義式蛋白霜。
＊糖粉和玉米粉以1：1的比例混合備用。

1. 在鍋裡放入蜂蜜和白砂糖125g，熬至123～124℃。
2. 倒入攪拌機（槳狀攪拌器）以低速攪拌。
3. 和**2**同時進行，在鍋裡放入白砂糖187g、水飴和水，加熱煮至145℃。
4. 在**2**中加入**3**，以低速混合。
5. 分數次加入義式蛋白霜混合。
6. 以低速持續攪拌至稍涼，用手觸摸會殘留痕跡的硬度（底料）後，從攪拌機上取下。
7. 在工作台撒上混合好的糖粉和玉米粉，放上**6**。
8. 加松子和綜合蜜漬水果，用手揉捏混合。
9. 趁熱分割成每塊30g，用手按壓成直徑約7cm。
10. 用2片糯米紙夾住**9**。
11. 放涼後用刀切半。

Rosquille
羅斯袞甜甜圈

包含魯西永地區的加泰隆尼亞文化圈常製作羅斯袞甜甜圈，是節慶時不可或缺的環形麵包。在加泰隆尼亞語中，它又稱為Rousquilla（甜甜圈之意）。現在雖然製成柔軟的口感，但它原本好像烤得又乾又硬，是耐保存的甜點。

位於庇里牛斯山區的阿梅利耶萊斯．班（*Amelie-les-Bains*，現為阿梅利耶萊斯．班．帕拉爾達〔*Amelie-les-Bains-Palalda*〕），這個城市以豐富的溫泉和此甜點而聞名。據傳1810年，羅伯特．塞蓋拉（*Robert Seguela*）城的甜點師傅，設計將羅斯袞甜甜圈裹覆糖衣，以檸檬風味取代大茴香風味後，開始擴展到各地。我造訪該城時，那裡的甜點店都堆滿待售的羅斯袞甜甜圈。一口咬下，濃郁的大茴香香味撲鼻，滋味樸素。它的融口性佳，與雪白的糖衣非常搭調。

直徑8（內徑5）×厚1cm的環形模型．18個份

麵團 pâte
- 低筋麵粉：300g farine ordinaire
- 高筋麵粉：100g farine de gruau
- 全蛋 œufs：90g
- 波美度30°的糖漿：230g sirop à 30° Baumé
- 奶油 beurre：100g
- 轉化糖 sucre inverti：20g
- 香草精：3g essence de vanille
- 濃縮檸檬：1g purée de citron concentrée
- 小蘇打粉：6g bicarbonate de soude

糖衣 glace royale
- 蛋白 blancs d'œufs：20g
- 糖粉 sucre glace：300g
- 茴香酒（Ricard）：40g pastis（Ricard）
- 檸檬汁：2～3滴 jus de citron

製作麵團

1. 在鋼盆中放入所有材料，一面用手混合，一面讓麵粉吸水。
2. 整體混勻後，取出放到撒了防沾粉的工作台上揉成團（注意避免過度揉捏）。
3. 擀成厚1cm。
4. 用直徑8cm的圓形模型切割，中央再用直徑5cm的圓形模型切割成環狀。
5. 排放在烤盤上，用180℃的烤箱約烤30分鐘。
6. 置於網架上放涼。

製作糖衣

7. 在鋼盆中放入蛋白和糖粉，用木匙攪拌混合均勻。
8. 加茴香酒和檸檬汁混合。

完成

9. 在**8**中浸入**6**，讓它全部沾上糖衣。
10. 在烤盤放上網架，上面放上**9**。
11. 用180℃的烤箱約烤1分鐘讓它變乾。

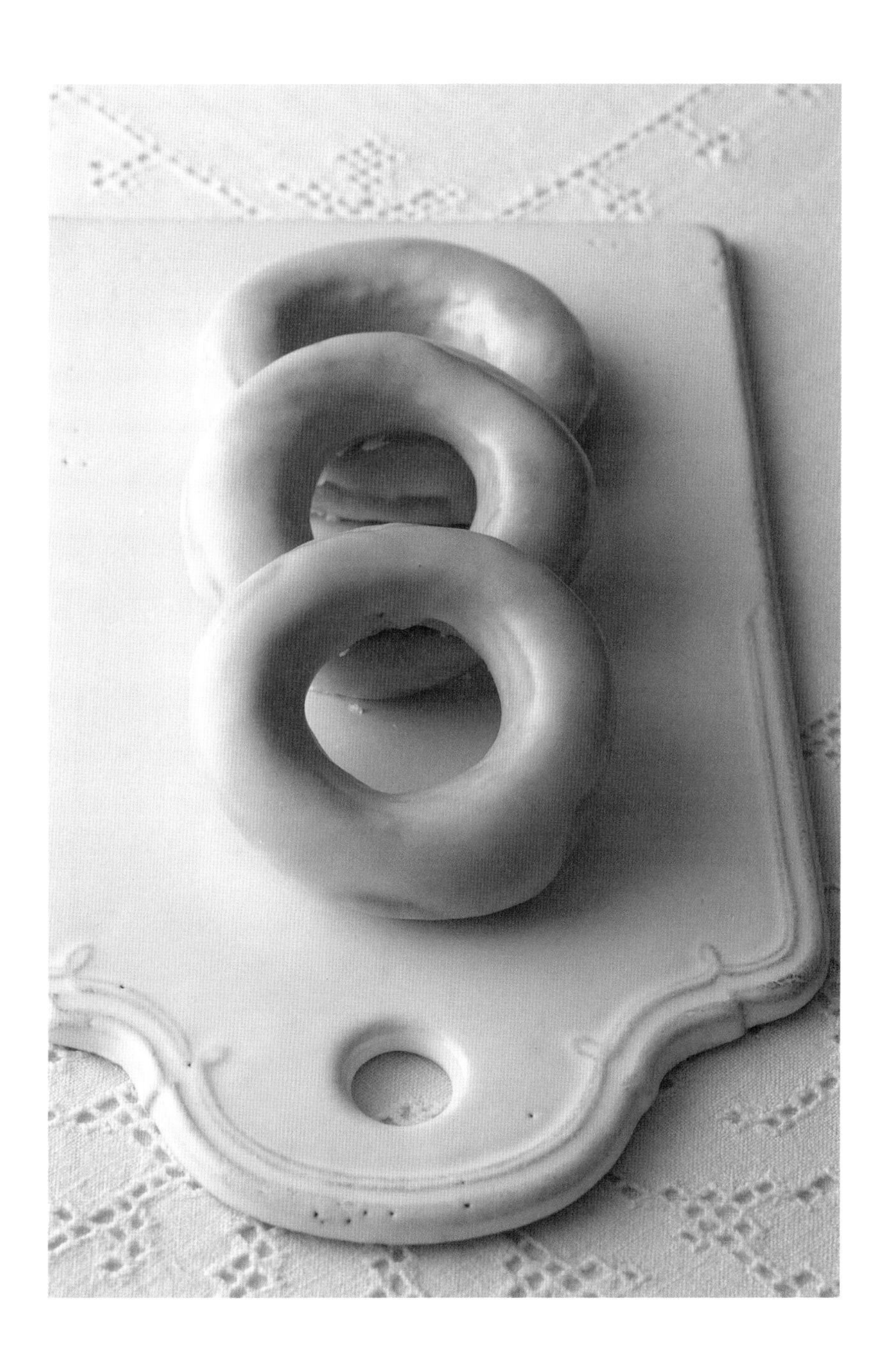

終於決意「走上這條路」，工作開始變得有趣，我也
透過和日本畫家們的交流，我從書籍裡獲得廣泛的知識

最初我購買了艾米爾・達蘭內 *(Emile Darenne)* 和艾
Pâtisserie Moderne)》*(1911)*。這本書通稱為《紅書》，地位
讀到書頁都脫落了，對我學習法國甜點的基礎，及製作
的《歷史、地理相關的甜點烘焙記事 *(Le Mémorial Historique*
甜點的記述與食譜，我讀得興味盎然。

之後我存錢去舊書店，有時店裡有賣三百法朗的書，
卡瑞蒙 *(Marie-Antonin Carême)*、吉爾・古菲 *(Jules Gouffé)* 及杜
天。美麗的插圖、過去廚藝大師的話語、甜點的歷史等

1970年發行，亨利・高特 *(Henri Gault)*、克里斯汀・
France)》，它雖然不是古書，但對於了解鄉土甜點大有
法國所有城市的特產，連歷史、趣聞軼事都有詳細的
我才能鎖定目標前往各城市尋找。

這本書中，不吝傳授即使我詢問巴黎甜點主廚也不得
的傳統甜點更加新穎、耀眼。我邊查字典，邊忘情閱讀
法國甜點應有的面貌、該如何製作等。而且，書中彙整
點的環境氛圍及歷史底蘊。我為何如此，因為鄉土甜點
些，就無法真正認識該甜點。那是在廚房無法學到的

買到書後，我立刻簽上日期。
喜悅油然而生。

入了法國的生活，是我到「邦斯*(Pons)*」工作的1969年。

對老食譜書也感到興趣。

爾・都瓦爾*(Emile Duval)*合著的《近代甜點概論*(Traité de la*

關於法國甜點的教科書，至今仍是甜點師傅熟知的書。我

成風格的甜點幫助很大。後來我又買了拉康*(Pierre Lacam)*著

éographique de la Pâtisserie)》*(1890)*。本書中也能看到有關地方

我當時薪水的三倍多。當我買到活躍於19世紀的安東尼・

瓦*(Urbain Dubois)*等大師著的珍貴書籍時，高興得簡直上了

讀得我目不轉睛、雀躍不已。而且，那份心情至今不變。

歐*(Christian Millau)*著的《法國美食指南*(Guide Gourmand de la*

南，書中從食材到料理、甜點、葡萄酒、起司等，網羅了

習。受益於這本書，我和鄉土甜點一下子親近不少，因此

的知識。比起眼前一陳不變的甜點，在我眼中，書中所寫

是讓我心馳神往孕育甜點的歷史與環境，讓我了解、領略

資訊，助我實際前往各地品嚐甜點風味，讓我真切感受甜

是在當地風土、歷史、文化及習俗下孕育而成。不了解這

驗，但對我來說，卻是重要的專業學習。

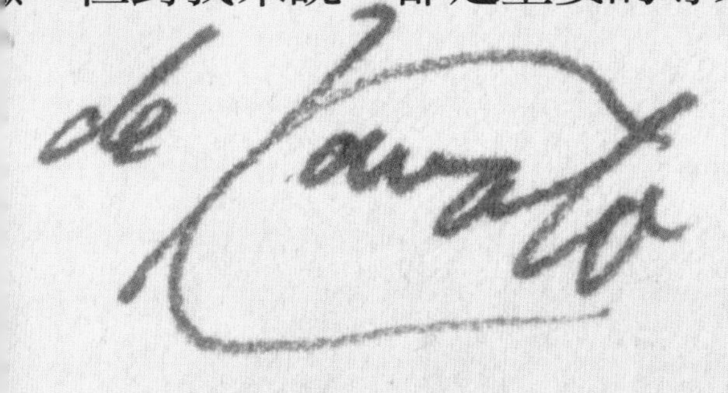

大型里歐麵包模型。
我製作庇里牛斯山形蛋糕（*p.194*）和布里麵包（*p.196*）時也有使用。

Basque
Gascogne
Guyenne

巴斯克、加斯科尼、吉耶納

Basque
巴斯克

越過西班牙的國境，來到擁有獨立民族與文化的巴斯克地方。白牆、紅、綠色百葉窗、火紅的辣椒、黑色貝雷帽、巴斯克語等，該區處處散發異國風情。舊石器時代起巴斯克人的祖先即世居該地，抵抗羅馬的統治。之後，又繼續和許多民族鬥爭與反抗，10世紀時，建立納瓦爾王國 *(Navarre)* 確立了基礎。16世紀時，其中一部分的法國・巴斯克中央部 *(Basse-Navarre)* 成為法王領土，西班牙・巴斯克則與卡斯提亞 *(Reino de Castilla)* 王國合併。然而，實際上該區在19世紀之前都維持自治狀態，至今民族意識依舊高漲，獨立運動盛行。法國・巴斯克東南部的舊省蘇爾 *(Soule)*，13世紀之前幾乎保持獨立，15世紀時才併入法國。西北部舊省拉普爾迪 *(Labourd)*，相當於與吉耶納聯合的地區。甜點方面許多是使用玉米粉的樸素點心，以及散發西班牙香味的獨特口味。西班牙去法需經過的此區，能看到許多最初傳入的巧克力甜點。山林間進行畜牧及包括果樹栽培的耕作，海岸地區有廣大的休閒娛樂地。

▸主要都市：拜雍（*Bayonne*、距巴黎666km） ▸氣候：為阿基坦型氣候，海岸部溫暖、濕潤。山間夏季涼爽、冬季嚴寒。 ▸水果：伊特薩蘇（*Itxassou*）的櫻桃、無花果、蜜李 ▸酒：巴斯克蘋果酒、伊薩拉（*Izarra*，使用香草、果實、蜂蜜和番紅花等釀製的利口酒） ▸起司：*Ossai-Iraty Brebis Pyrénées* ▸料理：什錦菜肉飯（*Riz à la Gachucha*，加入鹽漬豬肉、辣香腸、番茄、洋蔥、青椒和橄欖的菜肉飯）、蔬菜燉牛肉（*Hachua*，用洋蔥、青椒、和大蒜燉煮牛肉或仔牛肉）、馬鈴薯燉鮪魚（*Marmitako*，鮪魚加馬鈴薯、番茄、青椒和大蒜的燉煮料理）、海鮮湯（*Ttoro*，海鮮類燉煮的湯） ▸其他：庇里牛斯的蜂蜜、拜雍（*Boyonne*）的巧克力

Gascogne
加斯科尼

加斯科尼地區是從庇里牛斯山脈至雅馬邑丘陵及朗德平原的廣大地區。6世紀時，被視為巴斯克人祖先的Vascons人移住至此，成為該區名稱的由來。8世紀時成為加斯科尼公爵的領地被創建，11世紀時被普瓦捷・阿基坦公爵家合併。之後成為大小諸侯的領土，紛爭不斷，14世紀也成為和英國的百年戰爭的舞台。15世紀時納入法王領土。庇里牛斯山脈西部自然景觀豐富，畜牧業興盛。東北部的雅馬邑地區除產葡萄酒外，還釀造雅馬邑白蘭地酒，也用於甜點中。現在朗德省相當於朗德地區，以保迪亞 *(Baudia)* 為中心的西班牙國境地區為貝亞恩地區、上庇里牛斯省 *(Hautes-Pyrénées)* 相當於比戈爾 *(Bigorre)* 地區，熱爾省相當於雅馬邑地區。

▸主要都市：奧克（*Auch*、距巴黎596km） ▸氣候：庇里牛斯山脈一帶是山地氣候，夏季涼爽、冬季嚴寒，雪多。其他地區夏季炎熱、冬季略冷的阿基坦型氣候。 ▸水果：萊克圖爾（*Lectoure*）的哈蜜瓜、栗子 ▸酒：葡萄酒、雅馬邑白蘭地酒，加斯科尼福樂克甜酒（*Floc de Gascogne*，葡萄汁中混合雅馬邑白蘭地酒釀造的酒） ▸起司：庇里牛斯多姆（*Tomme de Pyrénées*） ▸料理：捲心菜濃湯（*Garbure*，蔬菜高湯、包心菜、油封鵝肉為材料的濃湯）、胡蘿蔔燉火雞肉（*Alicot*，火雞、鵝翅、鵝脖和胡蘿蔔、馬鈴薯一起燉煮）、鴨肝（*Foie Gras*）、牛肝蕈燉牛肉（*Daube de Cèpes*，加牛肝蕈的紅酒燉牛肉） ▸其他：玉米粉

Guyenne
吉耶納

在歷史上，吉耶納大多指與加斯科尼 *(Gascogne)* 地區合為一體的區域，但近年來是指法國西南部的加隆河以北的地區。因阿基坦公爵女兒與英國國王亨利二世 *(Henri II)* 再婚，12世紀時吉耶納成為英國的領土，然而日後英、法仍不斷爭奪，因此該地區頻繁改變所屬國。據說Guyenne這個名字是Aquitaine的訛音，自13世紀起開始被使用。最後，到了15世紀時，本區才成為法國的領地。現在的多爾多涅 *(Dordogne)* 省周邊也被稱為佩里戈爾 *(Périgord)* 地區，以出產鵝肝醬聞名。卡奧爾 *(Cahors)* 附近生產色澤深濃的紅葡萄酒也廣為人知，阿讓 *(Agen)* 產的黑李 (蜜李乾)，可說是該區甜點不可或缺的材料。

▸主要都市：佩里格（*Périgueux*、距巴黎427km） ▸氣候：雖為內陸，但受到海洋性的阿基坦型（*Aquitaine*）氣候影響。一般氣候溫和，但夏季炎熱，冬季長且寒冷。 ▸水果：栗子、草莓、核桃、杏仁、莫瓦薩克（*Moissac*）的莎斯拉種葡萄（*Chasselas*；白葡萄的一種）、哈蜜瓜、蜜李、克勞德皇后李、桃子、蘋果、梅子、洋梨、葡萄 ▸酒：葡萄酒、核桃利口酒、核桃葡萄酒、蜜李白蘭地 ▸起司：佩里戈爾．卡貝庫（*Cabécou du Périgord*）、霍卡曼都（*Rocamadour*） ▸料理：松露歐姆蛋捲（*Omelette aux Truffes*）、鵝肝醬（*Fois Gras*）、烤肉捲（*Enchaud*，燒烤加大蒜的豬肉捲）、鑲餡兔肉（*Lièvre à la Royale*，蒸煮填入餡料的野兔肉）、豬肉蔬菜湯（*Sobronade*，豬肉或鹽漬豬肉、白菜豆及蔬菜燉煮的湯） ▸其他：阿讓（*Agen*）的黑棗、核桃油

Gâteau Basque
巴斯克蛋糕

上面時常畫上巴斯克十字 *(Lauburu)* 再烘烤的巴斯克蛋糕，是巴斯克地區的代表性傳統甜點。現在常見的樣式，是在用奶油、砂糖、蛋和麵粉混合成沙布蕾麵團般的麵團中，填入卡士達醬再烘烤。但相傳過去一般是填入黑櫻桃果醬後烘烤。使用伊特薩蘇 *(Itxassou)* 特產的櫻桃製作之後，這個甜點也被稱為伊特薩蘇蛋糕 *(Gateau d'Itxassou)*。

它的起源可追溯至17世紀，當初是混合玉米粉和豬油的烘烤甜點。後來逐漸進化成使用水果，在拜雍 *(Bayonne)* 南東南方距離約15km的康博萊班 *(Cambo-les-Bains)*，販售的康博蛋糕 *(G âteau de Cambo)*，似乎和現在的巴斯克蛋糕有關。每年10月該城會舉行巴斯克蛋糕節，慶典活動熱鬧非凡。

雖說巴斯克蛋糕以奶油醬為主流，當然現在也有填入櫻桃果醬的口味，另外還有在奶油醬中加櫻桃的口味。但我個人比較偏好只填入奶油醬的巴斯克蛋糕。美味的重點是外皮酥脆、美味，與奶油醬融為一體。因外皮相當的厚，完成後若不美味就沒意義了。

直徑18×高4.5cm的寬口圓烤模，1個份

沙布蕾麵團 pâte sablée
- 奶油 beurre：200g
- 白砂糖：200g sucre semoule
- 蛋黃 jaunes d'œufs：60g
- 鹽 sel：1g
- 磨碎的檸檬皮：1個份 zestes de citrons râpés
- 低筋麵粉：300g farine ordinaire

卡士達醬 crème pâtissière
- 鮮奶 lait：250g
- 香草棒：1根 gousse de vanille
- 蛋黃 jaunes d'œufs：40g
- 白砂糖：50g sucre semoule
- 杏仁粉：30g amande en poudre
- 高筋麵粉：30g farine de gruau
- 奶油 beurre：10g

塗抹用蛋（全蛋）：適量 dorure（œufs entiers）Q.S.

製作沙布蕾麵團
1. 用攪拌機（槳狀攪拌器）以中低速攪拌奶油（室溫）。
2. 攪成乳脂狀後加白砂糖，一面偶爾轉為高速，一面混合至泛白為止。
3. 加蛋黃、鹽和磨碎的檸檬皮，以中低速充分混合。
4. 加低筋麵粉混合。
5. 看不見粉末後，取至撒了防沾粉的工作台上，用手掌稍微揉搓成團。
6. 裝入塑膠袋中壓平，放入冷藏庫4～5小時讓它鬆弛。

製作卡士達醬
7. 依照「基本」的「卡士達醬」的要領製作。但是，在步驟3時杏仁粉和高筋麵粉一起加入，在步驟7時煮沸後離火。

組裝、烘烤
8. 將6擀成厚1.2cm。
9. 切成比模型大兩圈的圓形，和比模型大一圈的圓形各1片。後者的麵團放入冷藏庫備用。
10. 在烤盤放上模型，鋪入9的前者麵皮，突出的麵皮不要切掉。
11. 擠花袋裝上口徑12mm的圓形擠花嘴，裝入7，無縫隙地擠入10中。
12. 用毛刷在麵皮邊緣塗上塗抹用蛋。
13. 蓋上9的後者麵皮，用擀麵棍輕輕碾壓、黏合。
14. 在上面滾動擀麵棍，切掉多餘的麵皮。
15. 用毛刷在上面塗上塗抹用蛋，稍微晾乾後再塗一次。
16. 在上面用刀背畫巴斯克十字（Lauburu）圖樣。
17. 用180℃的烤箱約烤45分鐘。
18. 置於網架上放涼，脫模。

Touron de Basque
巴斯克彩色果仁糖

在磨碎的杏仁與砂糖等混成的基材中，添加各種顏色與風味的巴斯克彩色果仁糖，是由西班牙傳入法國的糖果。它起源於砂糖、蜂蜜製成的糖糊中混入堅果的阿拉伯甜點，一般認為果仁糖 *(touron)* 一詞，是從拉丁語中「烘烤」之意的「torrere」這個字轉變而來。

雖然在巴斯克地區城裡的大街小巷都能看到這個甜點，但它的味道樸素、顏色太鮮麗，稱不上是誘人的甜點。然而我試吃後，手工杏仁糖(糖果用杏仁膏)散發出濃郁的杏仁香味，濕潤美味。這種甜點的外觀有的是各色果仁糖層層重疊，有的是呈螺旋狀捲包等，樣式五花八門。

便於製作的分量

手工杏仁糖
massepain confiserie
- 杏仁（無皮）:750g
  amandes émondées
- 糖粉 sucre glace:125g
- 白砂糖 sucre semoule:1kg
- 水飴 glucose:50g
- 轉化糖 sucre inverti:50g
- 水 eau:333g
- 蘭姆酒 rhum:50g
- 奶油 beurre:50g

分別使用以下材料
增加色素和風味

白 blanc
- 櫻桃白蘭地 kirsch:適量 Q.S.

黃 jaune
- 檸檬和萊姆
- 白蘭地:適量
  eau-de-vie de citron et citron vert Q.S.
- 檸檬醬:適量
  pâte de citron Q.S.
- 黃色色素:適量
  colorant jaune Q.S.

紅 rouge
- 覆盆子白蘭地:適量
  eau-de-vie de framboise Q.S.
- 覆盆子醬:適量
  pâte de framboise Q.S.

綠 vert
- 蘭姆酒 rhum:適量 Q.S.
- 開心果醬:適量
  pâte de pistache Q.S.

茶 noir
- 可可利口酒:適量
  crème de cacao Q.S.
- 可可奶油:適量
  beurre de cacao Q.S.

松子:適量
pignons de pin Q.S.

製作手工杏仁糖

1. 混合杏仁和糖粉用食物調理機攪打成粗的粉末狀，放入鋼盆中。
2. 在鍋裡放入白砂糖、水飴、轉化糖和水開火加熱，煮至118℃。
3. 在**1**中一面倒入**2**，一面用木匙混合。讓糖變白結晶化成鬆散的沙狀後，放入淺鋼盤中攤開放涼。
4. 在**3**中撒上蘭姆酒，一面撕碎用手揉軟的奶油，一面加入其中，用手如揉進般讓整體均勻融合。
5. 用滾軸碾壓一次成膏狀，再揉成團。
6. 分成5等分，分別依照配方表加入材料，用手揉勻增加顏色和風味。

完成

7. 5色直方體的果仁糖是分別取等量的**6**，擀成厚約8mm的同尺寸長方形。
8. 重疊貼合，切除邊端，切口切成4×4cm的棒狀。
9. 3色的圓形棒狀果仁糖是中央用紅色的**6**揉成直徑約2.5cm的細棒狀，周圍依序用擀薄的黃色的**6**和白色的**6**，以捲包海苔的要領捲包。
10. 撒上稍微烤過的松子，用瓦斯槍稍微烤出焦色。

Millasson
米亞松糕

直徑5cm・30個份

鮮奶 lait：1kg
全蛋 œufs：150g
蛋黃 jaunes d'œufs：20g
白砂糖：100g
sucre semoule
低筋麵粉 farine ordinaire：110g
橙花水：10g
eau de fleur d'oranger

奶油 beurre：適量 Q.S

提到米亞松糕 *(de Bigorre)*，一般是指用玉米粉製作的米亞 *(粥，millas)* 的一種。關於這個甜點，拉康 *(Pierre Lacam)* 在《歷史、地理相關的甜點烘焙記事 *(Mémorial Historique et Géographique de la Pâtisserie) (1890)*一書中介紹，米亞松糕是用麵粉製作的小型甜點。它是與西班牙國境相鄰的巴涅爾・德比戈爾 *(Bagnères-de-Bigorre)* 及巴涅爾・魯西永 *(Bagnères-de-Luchon)* 的特產，所以名稱也寫成巴涅爾米亞松 *(Millassons de Bagnères)*。

我以這個食譜為基礎，揉合當地吃過的記憶 *(我吃過許多用麵粉製作的米亞松和米亞)*，試著製作出這個麵粉製的米亞松糕。它入口即化般的柔細口感，以及柔和的風味魅力十足，能夠享受到與玉米粉風味截然不同的美味。

事先準備
＊直徑5×高4.5cm的中空圈模，用手在模型中厚塗奶油，排入鋪了矽膠烤盤墊的烤盤上備用。

1. 在鍋裡放入鮮奶，用小火加熱。
2. 在鋼盆中放入全蛋和蛋黃，加白砂糖用打蛋器充分攪拌混合。
3. 在**2**中加低筋麵粉，混合至看不見粉末為止。
4. 待**1**煮沸後，一面慢慢倒入**3**中，一面用打蛋器混合變細滑為止。
5. 加橙花水，混合至黏稠、細滑的狀態。
6. 擠花袋裝上口徑12mm的圓形擠花嘴，裝入麵糊，擠入模型中至七分滿。
7. 用180℃的烤箱約烤50分鐘。
8. 連矽膠烤盤墊置於網架上放涼。
9. 稍微放涼後取出，用小刀沿模型和蛋糕之間畫一圈，讓蛋糕脫模。

Broye du Béarn
貝亞恩玉米糕

貝亞恩玉米糕是貝亞恩地區以玉米粉製作的粥狀甜點。作為加斯科尼地區的甜點時，也被稱為克呂沙德玉米糕 *(Cruchade)*。在《美食家學會字典 *(Dictionnaire de l'Académie des Gastronomes)*》*(1962)* 中提到，它起源於朗格多克地區，屬於米亞 *(millas)* 類食品，是法國西南部常見的玉米粥 *(bouillie)* 的一種。

吃法上大多是放涼後分切再烘烤或油炸，口感如義大利料理中的波倫塔玉米粥 *(Polenta)* 般的口感，有鹹、甜兩種口味。它和麵粉做的不同，具有黏Q的口感，吃起來富趣味，我覺得和柔和的檸檬和橙花水的香味很對味。

約4×7cm・6個份

水 eau：500g
玉米粉：125g
farine de maïs
奶油 beurre：17g
橙花水：3g
eau de fleur d'oranger

奶油 beurre：適量 Q.S.
糖粉 sucre glace：適量 Q.S.
磨碎的檸檬皮：¼個份
zestes de citrons râpés

1. 在鍋裡煮沸水，加玉米粉，用木匙迅速混合至看不見粉末為止。
2. 加切丁的奶油混合，續加橙花水混合。
3. 在作業台上攤開棉布，上面放上還熱的**2**。
4. 摺疊棉布包夾玉米粉，擀成約16×14cm的長方形，直接放涼。
5. 拿掉布切掉邊端，約分切成4×7cm的長方形。
6. 在已加熱奶油的平底鍋中放入**5**，以小火加熱一面晃動鍋子，一面適度煎熟兩面。
7. 放在網架上放涼。
8. 撒上糖粉和磨碎的檸檬皮。

Galette Béarnaise
貝亞恩蛋糕

貝亞恩蛋糕是我到位於西班牙邊境、臨高聳的庇里牛斯山的貝亞恩地區旅行時，遇到的鄉土甜點。它是在薄麵皮間夾入蜜李，重疊多層後再烘烤。若把蜜李製成糊狀，烘烤時大概會從模型中溢出，因此我將蜜李剝成兩半後鋪入，所以能烤出漂亮的層次。酥脆、芳香的麵皮與黏稠的蜜棗融為一體的風味最具魅力，不時還能吃到砂糖顆粒的口感。上面撒上撕碎奶油烘烤出的深淺烤色，使蛋糕展現更豐富的風貌與口感。

直徑18×高2cm的圓形塔模・2個份

麵團 pâte
- 低筋麵粉：250g farine ordinaire
- 全蛋 œufs：50g
- 干邑白蘭地 cognac：3g
- 橙花水：6g eau de fleur d'oranger
- 鹽 sel：1.5g
- 奶油 beurre：150g

餡料 garniture
- 半乾蜜李（去籽）：250g pruneaux semi-confits
- 白砂糖：75g sucre semoule
- 水 eau：500g

白砂糖 sucre semoule：100g
奶油 beurre：40g

製作麵團

1. 在鋼盆中放入所有材料（奶油切丁），用手揉搓混合成團。
2. 裝入塑膠袋中，放入冷藏庫鬆弛1小時以上。

製作餡料

3. 在鍋裡放入所有材料用小火加熱，一面靜靜地煮沸，一面約煮20分鐘。
4. 用網篩撈起，瀝除湯汁。

組裝、烘烤

5. 將**2**擀成厚2mm。
6. 每個模型切割直徑18cm的圓形麵皮3片、直徑21cm的圓形麵皮1片。
7. 在模型中鋪入直徑21cm的圓形麵皮，放在烤盤上。
8. 將**4**的蜜李用手剝成兩半，鋪入模型中。
9. 蓋上1片直徑18cm的麵皮。
10. 重複步驟**8**～**9**共2次，形成層次。
11. 上面用擀麵棍滾壓，切除突出的麵皮。
12. 上面撒上白砂糖，平均放上撕碎的奶油。
13. 用180℃的烤箱約烤40分鐘。
14. 脫模，置於網架上放涼。

Pastis Gascon
加斯康蘋果酥餅

Pastis是法國西南部常見的甜點名稱。是像布里麵包(*p.196*)那樣的布里歐類甜點，不過說到加斯康風味(*Gascon*)，取決於當地特產的雅馬邑白蘭地風味的水果及薄餅皮。這種酥餅常用蘋果製作，根據不同的地區，有些地方也稱它為Croustade(*p.200*)。

能讓人享受獨特酥脆口感的極薄麵皮，是放在鋪了大塊布的工作台上，用手仔細壓製成像紙一樣薄。表面稍微晾乾後，切成數片圓麵皮，當地是塗抹上鵝油(現在大多塗抹融化奶油)。重疊麵皮，放上雅馬邑白蘭地風味的蘋果，再輕輕放上隨意弄皺的相同麵皮後烘烤即完成。雖然也可以使用現成的薄餅麵團，但手工麵皮的嚼感佳，更加美味。不過這樣作業效率不彰，有段時間本店沒做，但我在影片中看到當地主婦在家中廚房認真製作的身影，不服輸地又開始製作。

這個酥餅大概源自阿拉伯甜點，包括構造在內，加斯康蘋果酥餅都和奧地利的蘋果酥捲(*Apfelstrudel*)非常類似。或許歷史、文化上有所關聯吧。還是另有原因……因此，我不會停止探尋鄉土甜點。

直徑16.5×1.5cm的派盤・3個份

酥餅麵團 pâte à pastis

- A. 低筋麵粉：300g farine ordinaire
- 高筋麵粉：200g farine de gruau
- 蛋黃 jaunes d'œufs：50g
- 橄欖油：30g Huile d'olives
- 溫水 eau tiède：250g
- 鹽 sel：5g

餡料 garniture：使用其中的330g

- 蘋果 pommes：4個
- 奶油 beurre：適量 Q.S.
- 白砂糖：20～30g sucre semoule
- 雅馬邑白蘭地酒：適量 armagnac Q.S.

- 焦化奶油：15g beurre noisette
- 糖粉 sucre glace：適量 Q.S.

製作酥餅麵團

1. 在鋼盆中放入A，用手輕輕地混合。
2. 加入煮融鹽的40℃的溫水，用指尖混合至看不見粉末為止。
3. 取出放在撒了防沾粉的工作台上。一面不時撒上防沾粉，一面拉扯麵團、摔擊在工作台上，再如摺疊般轉圈揉合，讓它充分產生筋性。麵團反覆揉成團直到不沾黏工作台為止。
4. 用兩手一面旋轉麵團，一面用小指側面將麵團邊端向下壓入，使表面緊繃揉成圓球狀。
5. 裝入塑膠袋中鬆弛一晚。

製作餡料

6. 蘋果去皮和果核，橫向切半後分切6等分。
7. 在平底鍋中加熱奶油，放入**6**撒上白砂糖，輕輕地香煎一下。
8. 白砂糖稍微裹住蘋果後，撒上雅馬邑白蘭地酒進行酒燒作業。
9. 放入淺鋼盤中放涼。

組裝、烘烤

10. 在工作台鋪上大塊布，撒上防沾粉，放上**5**，用擀麵棍大致擀開。
11. 拉扯邊緣讓麵皮展開變薄。
12. 擴展至某程度後，用手掌如在上面滑行般，一面壓薄，一面讓它慢慢變大。
13. 若擴展成大約60×100cm大小，能透見下面後，勿產生皺紋平放在布上。
14. 用剪刀剪掉邊端厚的部分，直接晾乾約10分鐘。
15. 將派盤滑入**14**的下面，將麵皮切割成比派盤還大一圈的大小，再鋪入模型中。
16. 每個模型分別放入110g的**9**。
17. 將**14**的麵皮切成不規則形，不規則地輕輕放在**16**的上面。
18. 用180℃的烤箱約烤45分鐘，讓麵皮充分上色。
19. 趁熱用毛刷塗上焦化奶油，置於網架上放涼。
20. 脫模，撒上糖粉。

Gâteau Pyrénées
庇里牛斯蛋糕

庇里牛斯蛋糕這種串烤甜點，又稱為鐵釬蛋糕(*Gâteau à la broche*)。庇里牛斯山周邊地區，在婚禮或節慶時都會吃這種蛋糕。我到法國第3年的聖誕節，在巴黎(*Paris*)的「馥頌(*Fauchon*)」餐廳初次遇到這個甜點。每年依照慣例，該店都會在店頭放置大約2m長的庇里牛斯蛋糕，並加上聖誕裝飾，非常亮眼吸睛。那時我還不太了解這個甜點，某日，我從舊書店買到一本1780年發行的書，裡面看到杜柏瓦(*Urbain Dubois*，*1818~1901*)的鐵釬蛋糕(*Gâteau à la broche*)的插圖，「就是這個！」我欣喜不已。之後，我從高特和米羅(*Gault et Millau*)所著的《法國美食指南(*Guide Gourmand de la France*)》(*1970*)中得到資料，打算前往庇里牛斯山北麓的塔布(*Tarbes*)，實地去了解這個甜點。

法國修業結束去旅行時，我第一次造訪當地。不過很可惜當時並沒看到這個甜點，之後我回到日本。但我對這件事一直念念不忘，再次出發尋找已是開設「Au Bon Vieux Temps」好幾年後的事了。「這次也落空」，我逛了城裡所有的甜點店，都沒找到有誰知道哪家店有這甜點。我累極了，垂頭喪氣地坐在咖啡館裡。然而，擺在眼前的不正是我尋覓已久的庇里牛斯蛋糕嗎！我跑上前尋問店中的女店員，她表示烘烤蛋糕作為土產用的男師傅住在郊區。很幸運地，那位師傅的兒子前來迎接我，帶我到他們的工作室。

然而我只高興一下，師傅表示早晨3～8點進行烘烤作業，而且絕對謝絕參觀。儘管如此，我也不願放棄。左思右想後，決定先住進隔壁的旅館，明天早上再偷偷地去看。拂曉時分，農家倉庫般的工作室亮了一盞燈。我從門縫間偷看到師傅在暖爐中添柴火，一面轉動芯棒，一面烤著蛋糕。照亮黑暗熊熊燃燒的火焰、滴落的麵糊，以及庇里牛斯蛋糕粗獷的輪廓……那景象我至今難忘。

一面淋下流動的麵糊，一面以有變化的高溫柴火烘烤，蛋糕才能呈現漂亮的凹凸外觀。然而，這麼做不見得蛋糕就美味，我不停摸索嘗試後才開始銷售。最後，我覺得杜柏瓦的食譜製作出的最美味，因此直接使用這份食譜。混入蜜漬橙皮是我變化的口味。從口感濕潤細綿的蛋糕中，散發撲鼻的柳橙香，讓人百吃不厭。

直徑約20×高約60cm・1個份

蛋黃 jaunes d'œufs：580g
白砂糖：1162g sucre semoule
切碎的蜜漬橙皮：176g écorces d'oranges confites hachées
融化奶油：1056g beurre fondu
蛋白 blancs d'œufs：757g
鹽 sel：28g
高筋麵粉 farine de gruau：528g
低筋麵粉 farine ordinaire：528g
泡打粉：11g levure chimique

蛋白 blancs d'œufs：適量 Q.S.
覆面糖衣：適量 glace à l'eau Q.S.
（▸▸參照「基本」）

1. 在鋼盆中放入蛋黃和白砂糖，用打蛋器攪拌混合至泛白為止。
2. 混入切碎的蜜漬橙皮，加入融化奶油（室溫）用手混合。
3. 蛋白中加鹽，用攪拌機（鋼絲拌打器）以高速打發，配合**4**的完成時間，充分打發至尖角能豎起的發泡狀態。
4. 混合高筋麵粉、低筋麵粉和泡打粉，加入**2**中，用手如從底部向上舀取般混合到看不見粉末為止。
5. 將**3**分2次加入**4**中，用手如從底部向上舀取般混合到泛出光澤。
6. 在烘烤機的芯木上捲包鋁箔紙，用蛋白黏合。將芯木安裝到烘烤機的軸上，邊端也包上鋁箔紙，栓緊螺絲。
7. 啟動烘烤機，讓芯木旋轉，用碳火乾烤4～5分鐘，讓鋁箔紙密貼。
8. 在烘烤機前放置淺鋼盤，放入**5**的麵糊保溫備用。
9. 拉出**7**的芯木，一面回轉，一面從芯木的細端，舀取**8**澆淋。
10. 若麵糊不會滴落後，壓回烘烤機中，用碳火烤到整體上色為止。
11. 反覆進行**9**～**10**的作業約14次（2小時以上），直到淺鋼盤中的麵糊用完為止。
12. 從烘烤機上連軸木一起取下蛋糕，橫向放在專用台上鬆弛一晚。
13. 用毛刷塗上覆面糖衣，晾乾。仔細拔出軸和芯木。

Tourte des Pyrénées
庇里牛斯山形蛋糕

造訪塔爾布 *(Tarbes)* 或露德 *(Counies)* 等庇里牛斯山脈周邊的城市時，可見到烤得柔軟膨鬆的庇里牛斯山形蛋糕。基本上它是用等分量的4種材料製作的簡單奶油蛋糕，不過大茴香風味的利口酒及茴香酒的香味令人印象深刻。為了和標高3000m峰峰相連的庇里牛斯山脈相稱，蛋糕用有溝槽的模型，烘烤成巨大隆起的外觀也引人發噱。

口徑18×底直徑8.5×高8cm的布里歐麵包模型・2個份

奶油 beurre：200g
白砂糖：200g
sucre semoule
全蛋 œufs：250g
杏仁糖粉 T.P.T.：68g
低筋麵粉 farine ordinaire：333g
泡打粉：8g
levure chimique
大茴香酒（利卡得）：40g
anisette（Ricard）

澄清奶油：適量
beurre clarifié Q.S.
高筋麵粉：適量
farine de gruau Q.S.
糖粉 sucre glace：適量 Q.S.

事先準備
＊用毛刷在模型中塗上澄清奶油，撒上高筋麵粉備用。

1. 在鋼盆中放入奶油，用打蛋器混合成乳脂狀。
2. 加入白砂糖，充分混合至泛白為止。
3. 分3次加入打散的全蛋，每次加入都要用打蛋器充分混合至泛白為止。
4. 混合杏仁糖粉、低筋麵粉和泡打粉加入3中，用打蛋器慢慢攪拌混合。
5. 混合到看不見粉末後，加入大茴香酒混合。
6. 在模型中倒入5至1/3的高度，用木匙如將麵糊塗抹到側面般，讓麵糊密貼模型的邊角。
7. 用170℃的烤箱約烤1小時。
8. 脫模，置於網架上放涼。
9. 稍微放涼後取出，撒上糖粉。

Pastis Bourrit

布里麵包

也稱為朗德麵包 *(Pastis Landais)* 的布里麵包，是臨大西洋的朗德地區的特產甜點。它是大型的布里歐麵包，節慶或婚禮等也會製作，以橙花水、蘭姆酒增加香味。有的布里麵包好像會加入大茴香風味利口酒或茴香酒。外酥脆芳香，內黏韌彈牙。兩者口感的對比充滿趣味，讓人感覺很樸素。

口徑18×底直徑8.5×高8cm的布里歐模型．4個份

全蛋 œufs：200g
白砂糖：200g
sucre semoule
融化奶油：125g
beurre fondu
鮮奶 lait：100g
蘭姆酒 rhum：7g
橙花水：9g
eau de fleur d'oranger
香草精：10g
extrait de vanille
鹽 sel：5g
乾酵母：50g
levure sèche de boulanger
低筋麵粉 farine ordinaire：250g
高筋麵粉 farine de gruau：250g

沙拉油：適量
huile végétale Q.S.
塗抹用蛋（全蛋）：適量
dorure（œufs entiers）Q.S.

事先準備

＊用毛刷在模型中塗上沙拉油備用。

1. 在鋼盆中放入全蛋和白砂糖，用打蛋器混合。
2. 加入融化奶油、鮮奶、蘭姆酒、橙花水、香草精和鹽混合。
3. 加入乾酵母及已混合過篩的低筋麵粉和高筋麵粉，用手粗略地混合。
4. 取出放在工作台上，拿起麵團往工作台上摔擊，如摺疊般一面繞圈混合，一面讓麵團黏結。因水分多，所以剛開始麵團黏，不過隨著產生筋性，麵團便能揉成團，且不沾工作台。
5. 移入鋼盆中，在表面撒上防沾粉，用刮板將麵團邊端向下壓入使表面緊繃成團。
6. 蓋上保鮮膜，進行第一次發酵約3小時，讓它膨脹約2倍大。
7. 取至工作台上，揉壓麵團擠出空氣，分成4等分，用微彎的手掌如包覆般在工作台上旋轉揉圓。
8. 放入模型中，進行第二次發酵約2小時，讓它膨脹約2倍大。
9. 用毛刷在上面塗上塗抹用蛋，用剪刀在麵團上切十字切口。
10. 用180℃的烤箱約烤40分鐘。
11. 脫模，置於網架上放涼。

我到「Pons」工作後，又設定學習「冰淇淋」、「巧
我到「巴黎希爾頓(*Hilton de Paris*)」飯店擔任甜點主廚時
想推出所有我想表現的東西，以及身為領頭人的主廚，
會廳的點心與工作儘管很龐雜，但我絲毫不鬆懈，小
不顧一切地工作。正因如此，我想我才能決定帶著滿滿

我大約在巴黎生活了9年，工作之外的日子也很充實
假期間則到各地尋找鄉土甜點。我最早造訪洛林區的
市，美麗的街道和各式鄉土甜點被守護傳承了下來。尤
氣的售貨婦人，散發出守護傳統味道的那份執著與威嚴

父親去世時我沒法回國，我坐立難安、焦燥不已，
達，躺在飯店的床上時腳已動不了，腳底都磨到脫皮了
受父親的去世。

我每天的消遣娛樂也很充實。大約兩年的時間，我很
有時跑去賭博，也交法國女朋友，我和在巴黎修業的日
招待他們，我們一面喝著廉價葡萄酒，一面熱烈討論，
在我心中燃燒。

修業這件事，我覺得並非指只在廚房裡工作。秉持日
是想了解法國孕育出的甜點時，一定得實際體驗法國人
就某種角度來看有點不盡責，不過我覺得他們是富有
出道地的法國甜點的。我希望大家有完整體驗包括風險
還是時尚、藝術等什麼都行。我想徹底對法國著迷，融
法國生活，有件事無論如何都會去做，那就是環法旅行

我徒步抵達沙特爾，覺得完成了某件事。

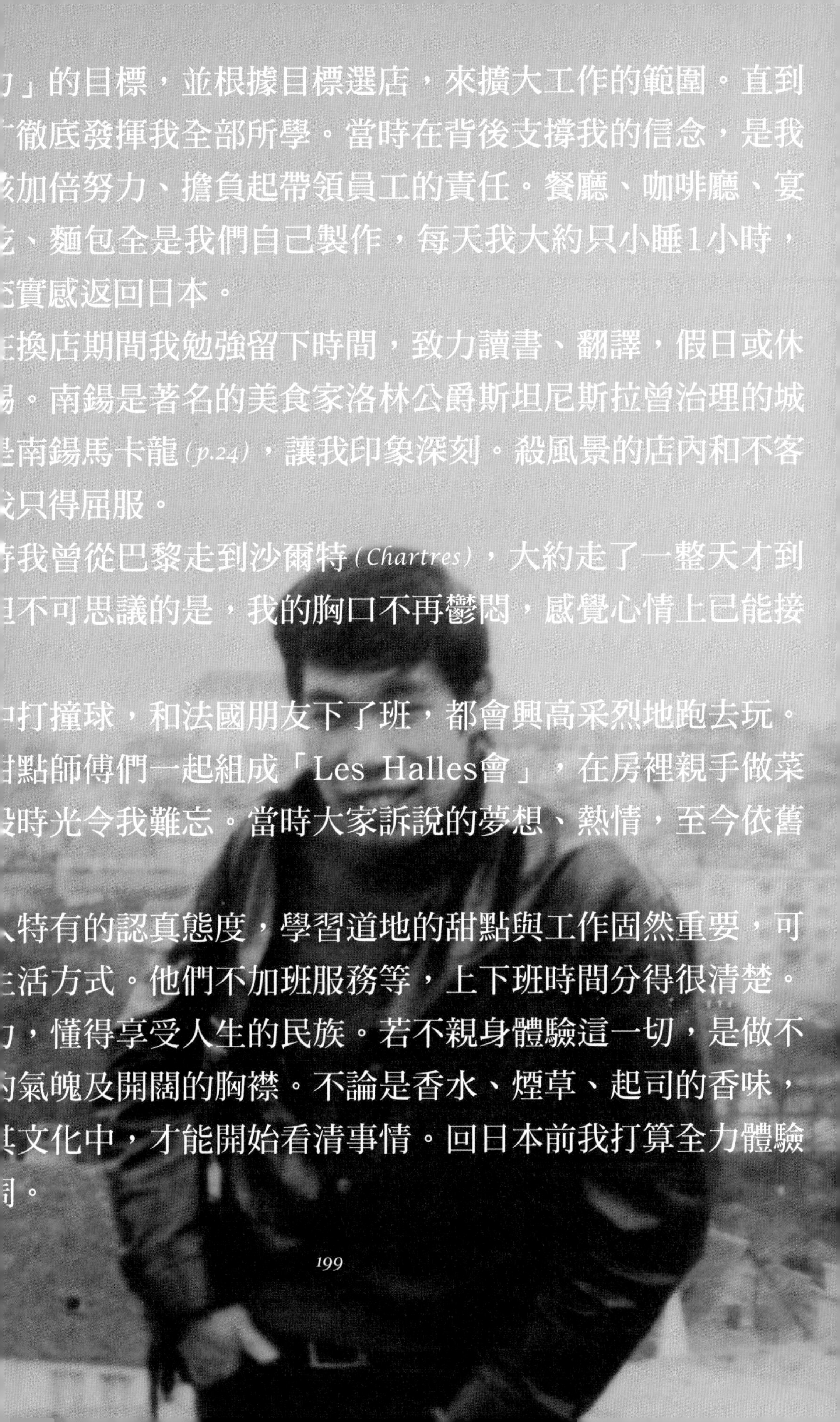

力」的目標，並根據目標選店，來擴大工作的範圍。直到
才徹底發揮我全部所學。當時在背後支撐我的信念，是我
該加倍努力、擔負起帶領員工的責任。餐廳、咖啡廳、宴
吃、麵包全是我們自己製作，每天我大約只小睡1小時，
充實感返回日本。

在換店期間我勉強留下時間，致力讀書、翻譯，假日或休
錫。南錫是著名的美食家洛林公爵斯坦尼斯拉曾治理的城
是南錫馬卡龍(*p.24*)，讓我印象深刻。殺風景的店內和不客
我只得屈服。

時我曾從巴黎走到沙爾特(*Chartres*)，大約走了一整天才到
但不可思議的是，我的胸口不再鬱悶，感覺心情上已能接

中打撞球，和法國朋友下了班，都會興高采烈地跑去玩。
甜點師傅們一起組成「Les Halles會」，在房裡親手做菜
段時光令我難忘。當時大家訴說的夢想、熱情，至今依舊

人特有的認真態度，學習道地的甜點與工作固然重要，可
生活方式。他們不加班服務等，上下班時間分得很清楚。
力，懂得享受人生的民族。若不親身體驗這一切，是做不
的氣魄及開闊的胸襟。不論是香水、煙草、起司的香味，
其文化中，才能開始看清事情。回日本前我打算全力體驗
間。

Croustade aux Pruneaux

蜜李酥餅

Croustade是指在擀薄的千層酥皮等麵皮中，包入蘋果、蜜李等水果，烘烤酥脆的甜點。這種甜點常見於法國西南部廣大區域，加斯康蘋果酥餅*(p.190)*也常被稱為Croustade Gascon。在我的印象中，記得上層麵皮覆蓋得鬆鬆的大多稱為Pastis；覆蓋得緊密扁平的稱為Croustade。

這個配方是用麵皮包住奶油後，只進行一次摺三折作業，所以麵皮和奶油未完全融合，形成不同口感的趣味。而且麵皮塗上蛋、撒上砂糖後才烘烤，吃起來香酥、爽脆，嚼感十足。裡面包入阿讓*(Agen)*名產，以雅馬邑白蘭地浸泡過的整顆蜜李，充分散發出法國西南部特有的芳香。

直徑22cm · 1個份

麵團 pâte

- 低筋麵粉：100g farine ordinaire
- 高筋麵粉：100g farine de gruau
- 全蛋 œufs：50g
- 鮮奶 lait：33g
- 鹽 sel：1g
- 白砂糖：15g sucre semoule
- 奶油 beurre：100g

餡料 garniture

- 半乾蜜李（去籽）：300g pruneaux semi-confits
- 水 eau：適量 Q.S.
- 雅馬邑白蘭地酒：7g armagnac

- 白砂糖：30g sucre semoule
- 奶油 beurre：25g
- 橙花水：6g eau de fleur d'oranger
- 雅馬邑白蘭地酒：2g armagnac
- 塗抹用蛋（全蛋）：適量 dorure (œufs entiers) Q.S.
- 白砂糖：10g sucre semoule

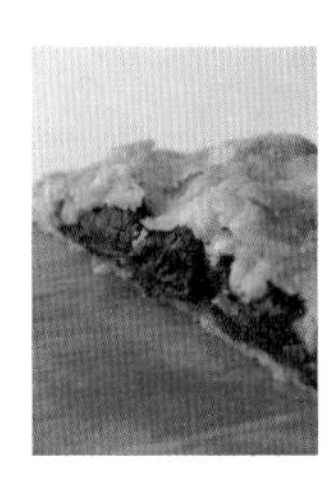

製作麵團

1. 混合低筋麵粉和高筋麵粉，在工作台上篩成山狀，將中央弄個凹洞。
2. 在**1**的凹洞中放入全蛋、鮮奶、鹽和白砂糖。一面慢慢撥入周圍的粉，一面用手混合整體。在工作台上邊按壓，邊充分揉捏。
3. 麵團不會沾黏工作台後，揉成球狀，用刀在麵團上切十字切口。
4. 裝入塑膠袋中，放入冷藏庫鬆弛1小時。
5. 取出放在撒了防沾粉的工作台上，從切口朝四方壓開，讓麵團展開成十字形，用擀麵棍輕輕擀開，中央保留些微高度備用。
6. 用擀麵棍敲打奶油後，擀成適當大小的正方形，放在**5**的中央。從四方向內摺疊麵團，一面包入奶油，一面讓它貼合。
7. 用擀麵棍敲打後，擀成厚約6mm的長方形，以「基本」的「千層酥皮」的要領摺三折，兩端用擀麵棍按壓讓它貼合。
8. 裝入塑膠袋中，放入冷藏庫鬆弛1小時。

製作餡料

9. 在鍋裡放入半乾蜜李，加入能蓋過材料的水開火加熱。
10. 煮沸，蜜李膨脹後離火。倒入網篩中瀝除水分。
11. 在鋼盆中放入**10**，加雅馬邑白蘭地酒用木匙混合，直接靜置約1小時。

完成

12. 將**8**的麵團分成2等分，分別配合直徑22cm的圓形模型擀開，切掉多餘的麵皮。
13. 將**12**的1片麵皮放在烤盤上，邊端約保留2cm，放上**11**的餡料。
14. 餡料上面撒上白砂糖30g，放上撕碎的奶油，再撒上橙花水和雅馬邑白蘭地酒。
15. 在邊緣用毛刷塗上塗抹用蛋。
16. 將**12**的另一片麵皮蓋在**15**的上面，邊緣用手指充分按壓貼合。
17. 放入冷藏庫鬆弛1小時。
18. 用毛刷塗上塗抹用蛋，撒上白砂糖10g。
19. 以220℃的烤箱約烤20分鐘。
20. 置於網架上放涼。

Chausson aux Pruneaux
蜜李香頌派

Chausson是以千層酥皮包覆蜜漬水果的半圓形甜點。主要是使用蘋果為餡料，不過在蜜李名產地阿讓*(Agen)*的話，主要是製作蜜李香頌派。

所謂的Pruneaux，是將李子乾燥或脫水，具較高保存性的李子乾。12世紀原產於西亞，透過十字軍從敘利亞帶到歐洲。據說阿讓附近的修道院修士，將大馬士革品種的李子和當地的李子嫁接，產生能適應氣候，散發纖細、豐富風味的新品種蜜李。從阿讓生產的蜜李開始，這種李子自加隆河經由波爾多*(Bordeaux)*運送至各地，從此聲名遠播。

如果去阿讓，不只有香頌派，當地幾乎所有甜點都使用蜜李。這就是典型的鄉土甜點。

約12×7cm的半圓形・8個份

千層酥皮麵團：約400g
pâte feuilletée
（摺三折・5次、▸▸參照「基本」）

餡料 garniture

白砂糖：100g
sucre semoule

水 eau：200g

半乾蜜李（去籽）：250g
pruneaux semi-confits

塗抹用蛋（全蛋）：適量
dorure（œufs entiers）Q.S.

波美度30°的糖漿：適量
sirop à 30° Baumé Q.S.
（▸▸參照「基本」）

製作餡料

1. 在鍋裡放入白砂糖和水開火加熱，煮沸後熄火，加半乾蜜李乾約醃漬2小時。
2. 用小火加熱，一面慢慢煮沸，一面約煮20分鐘直到煮軟。
3. 用絞肉機攪碎，放入淺盤中置於室溫放涼。

準備千層酥皮麵團

4. 將千層酥皮麵團擀成厚5mm。
5. 用直徑12cm的菊形模型切取。
6. 保留上下邊端，在中央用擀麵棍擀開，擀成長徑13～14cm的橢圓形（薄的部分厚2mm）。

組裝、烘烤

7. 在工作台上縱向放置橢圓形麵團。擠花袋裝上口徑12mm的圓形擠花嘴，裝入**3**，每個模型中央擠入20g。
8. 在麵團的前半邊端，用毛刷塗上塗抹用蛋。從後面朝前面對摺，用手指按壓邊端讓它充分貼合。
9. 翻面排放在烤盤上，放入冷藏庫約鬆弛1小時。
10. 用毛刷在上面塗上塗抹用蛋，用刀背畫出樹葉圖樣。
11. 用190℃的烤箱約烤40分鐘，直到充分上色為止。
12. 趁熱在上面用毛刷塗上波美度30°的糖漿。
13. 置於網架上放涼。

Rissole aux Pruneaux
油炸蜜李餡餅

Rissole這種甜點，是在塔皮、千層酥皮或布里歐麵團中包入餡料，對摺後，經過油炸或用烤箱烘烤的甜點或料理。在阿讓 *(Agen)* 周邊地區常製作的油炸蜜李餡餅，是在炸過的布里歐麵皮中，擠入蜜李和蜜漬蘋果攪碎混成的餡料。它原來好像只是油炸麵皮的簡單甜點，常利用剩餘的麵團製作。蜜李中混入蜜漬蘋果，味道相當棒。無裝飾的樸素油炸麵皮中，徹底鎖住那片土地的芳香。

約6×4cm・16個份

布里歐麵團 pâte à brioche
- 乾酵母：4g levure sèche de boulanger
- 鮮奶 lait：20g
- 白砂糖 sucre semoule：1g
- 低筋麵粉：63g farine ordinaire
- 高筋麵粉：62g farine de gruau
- 白砂糖 sucre semoule：7g
- 鹽 sel：4g
- 全蛋 œufs：75g
- 奶油 beurre：85g

餡料 garniture
- 半乾蜜李（去籽）：160g pruneaux semi-confits
- 蜜漬蘋果：40g compote de pommes

花生油：適量 huile d'arachide Q.S.
白砂糖：適量 sucre semoule Q.S.
糖粉 sucre glace：適量 Q.S.

製作布里歐麵團
1. 依照「基本」的「布里歐麵團」的「用手揉捏法」的要領製作。但是不加水，而是加鮮奶（人體體溫的溫度）取代溫水。

製作餡料
2. 用食物調理機將半乾蜜李和蜜漬蘋果攪成泥狀。

成形・完成
3. 揉壓出麵團的空氣，揉成圓棒狀後，分切成1個20g。
4. 用微彎的手掌如包覆般在工作台上旋轉揉圓，讓麵團表面變得平滑，再修整成半月形。
5. 用噴壺噴上水，蓋上保鮮膜，進行第二次發酵約1小時，讓它膨脹約2倍大。
6. 用加熱至170℃的花生油油炸**5**。中途翻面，整體上色後，放在網架上瀝除油分。
7. 稍微放涼後用刀橫向切切口，在裝上口徑8mm圓形擠花嘴的擠花袋中裝入**2**，每個約擠入15g。
8. 撒上白砂糖，輕輕撒上糖粉。

Flaugnarde aux Pruneaux
蜜李芙紐多

雖然法國許多地區都有製作芙紐多，不過佩里戈爾地方最常見的是加入當地特產蜜李的蜜李芙紐多。根據女廚師兼作家拉瑪濟勒 (*La Mazille, 1891~1984*) 的說法，在該地區所謂的Flaugnarde，好像也是描述容易被俏麗年輕女孩吸引的形容詞吧。這個甜點入口即溶，幾乎無法保持外形，猶如美味的蒸布丁 (*flan*) 般，因此有此稱呼。

在作法上我喜歡打發蛋奶餡，讓它呈現稍微輕盈的質感。我在佩里戈爾的中心城，也是以美食之都而聞名的佩里格 (*Périgueux*) 看到這個甜點時，大部分都是脫模後販售，不過，這次我試著裝在陶製模型中烘烤。我認為這樣更能享受布丁般的綿軟口感，以及融化般的味蕾感受。

19×13×高3.5cm的焗烤盤・4個份

餡料 garniture
- 蜜李乾（去籽）：24個 pruneaux
- 半蜜漬杏桃：8個 abricots semi-contits
- 無籽葡萄乾：200g raisins secs de Sultana
- 蘭姆酒 rhum：180g

蛋奶餡 appareil
- 全蛋 ceufs：150g
- 白砂糖：75g sucre semoule
- 鹽 sel：0.5g
- 低筋麵粉：75g farine ordinaire
- 鮮奶 lait：750g

奶油 beurre：20g

奶油 beurre：適量 Q.S.

事先準備
＊用手在模型中厚塗奶油備用。

製作餡料
1. 蜜李乾、半蜜漬杏桃切成1cm的小丁，放入鋼盆中。
2. 加無籽葡萄乾和蘭姆酒混合，醃漬3小時以上。

製作蛋奶餡
3. 在鋼盆中放入全蛋、白砂糖和鹽，用打蛋器攪打，讓它稍微產生筋性。
4. 一面加入低筋麵粉，一面輕輕地混合。
5. 倒入冰鮮奶混合。

組裝、烘烤
6. 瀝除**2**的湯汁，鋪入模型中。
7. 在模型中各倒入250g的**5**。
8. 用手撕碎奶油20g，各撒5g。
9. 放入220℃的烤箱中，約烤30分鐘至表面上色為止。
10. 置於網架上放涼。

AU BON VIEUX TEMPS

Cajasse de Sarlat
薩拉鬆餅

位於佩里戈爾西南部的薩拉(*Sarlat*,正式名為*Sarlat-la-Canéda*),中世紀時是個繁華的城市。四周環繞城牆,以聖薩爾多教堂(*Cathédrale St-Sacerdos*)為首要建築的17世紀街道,現在也美麗地保留了下來。

薩拉鬆餅和可麗餅(*p.262*)類似,都是這個城的特產名點。除了加入蘭姆酒香以模型烘烤外,也有像這裡介紹的加水果烘烤的口味。一般是烤好後放涼才吃。它比可麗餅的口感更紮實,吃起來豐盈、Q黏。塔皮的焦香味,混雜著焦糖化蘋果的甜味和酸味,和同類甜點的克拉芙緹(*p.150*)及芙紐多(*p.136*、*p.206*)各具風味,能讓人感到飽足。

20.5×20.5×高2.5cm的方形模型,1個份

餡料 garniture
- 蘋果 pommes:2個
- 奶油 beurre:34g
- 白砂糖:34g sucre semoule

蛋奶餡 appareil
- 全蛋 œufs:100g
- 白砂糖:30g sucre semoule
- 低筋麵粉:60g farine ordinaire
- 蘭姆酒 rhum:7g
- 融化奶油:10g beurre fondu
- 鮮奶 lait:334g

澄清奶油:適量 beurre clarifié Q.S.
高筋麵粉:適量 Q.S. farine de gruau

事先準備
* 用毛刷在模型中塗上澄清奶油,撒上高筋麵粉備用。

製作餡料
1. 蘋果去皮和果核,切成2cm方塊。
2. 平底鍋裡加熱奶油,放入**1**輕輕拌炒。
3. 撒入白砂糖煎炒成焦糖色。
4. 放入淺鋼盤中放涼。

製作蛋奶餡
5. 在鋼盆中放入全蛋,用打蛋器打散,加白砂糖充分混合。
6. 加低筋麵粉混拌至看不見粉末為止。
7. 依序加入蘭姆酒、融化奶油和鮮奶,每次加入都要充分混合。

組裝、烘烤
8. 在模型中倒入500g的**7**。
9. 平均撒上**4**。
10. 以210～220℃的烤箱約烤40分鐘。
11. 置於網架上放涼,脫模。

Millassou
米亞斯塔

米亞斯塔和貝亞恩玉米糕 *(p.187)* 一樣，也是法國西南部可見到的粥 *(bouillie)* 狀食品之一，屬於玉米粥 *(Millas)* 類甜點。Millas這個名字是從意指玉米的maïs或millet衍生而來，它原本是在玉米粉中混入豬油等製成厚味的糊，放涼分切後，再烘烤或油炸。現在有鹹和甜不同口味，不過這語尾拉長音的Millassou好像專指甜點而言。

除了用玉米粉製作的之外，在當地也有用麵粉製作的米亞斯塔，我在這裡介紹的是後者。這道甜點入口後，讓人感受到彈牙的口感，有點像是柔軟的外郎糕，味道非常樸素。我覺得它能讓人享受到粥狀甜點特有的美味。

直徑18×高4cm的寬口窄底烤模．3個份

- 鮮奶 lait : 500g
- 奶油 beurre : 30g
- 鹽 sel : 2g
- 全蛋 œufs : 250g
- 白砂糖 : 250g sucre semoule
- 低筋麵粉 farine ordinaire : 100g
- 香草糖 sucre vanille : 2g
- 蘭姆酒 rhum : 20g

奶油 beurre : 適量 Q.S.

事先準備

＊用手在模型中塗上奶油備用。

1. 在鍋裡放入鮮奶、奶油和鹽，一面用打蛋器混合，一面煮沸。
2. 在鋼盆中加入全蛋，用打蛋器打散，加白砂糖，充分混拌至整體稍微泛白為止。
3. 在2中加低筋麵粉、香草糖和蘭姆酒，用木匙混拌到看不見粉末為止。
4. 在3中一面倒入1，一面混合。
5. 在模型中每個倒入370g。
6. 用180℃的烤箱約烤50分鐘直到上色。
7. 置於網架上放涼，脫模。

Millassou au Potiron
南瓜米亞斯塔

除了原味米亞斯塔 (*p.210*) 外，根據不同的地區，有的也會以南瓜來製作。雖然還不至於入口即化，不過南瓜特有的豐潤口感吃起來饒富趣味，它和蘭姆酒也很對味。好像也有用雅馬邑白蘭地酒、檸檬皮或橙花水等來增加香味的作法。

直徑15×高7cm的
海綿蛋糕模型（附底）．3個份

南瓜（淨重）：500g
potiron

鮮奶 lait：110g

奶油 beurre：100g

低筋麵粉 farine ordinaire：200g

白砂糖：200g
sucre semoule

香草糖：0.5g
sucre vanille

蘭姆酒 rhum：20g

全蛋 œufs：200g

澄清奶油：適量
beurre clarifié Q.S.

高筋麵粉：適量
farine de gruau Q.S.

白砂糖：適量
sucre semoule Q.S.

事先準備

＊用毛刷在模型中塗上澄清奶油，撒上高筋麵粉備用。

1. 南瓜去除種子與瓜囊，去皮切成適當的大小放入鍋中。
2. 加鮮奶以中火加熱，南瓜大致吸收鮮奶後，用水煮至變軟。
3. 以網篩過濾，放入鋼盆中。加入混成乳脂狀的柔軟奶油，用木匙混合。
4. 加低筋麵粉混合至看不見粉末後，加白砂糖和香草糖混合。
5. 加蘭姆酒和打散的全蛋，混合變細滑為止。
6. 在模型中各倒入390g。
7. 用180℃的烤箱表面烤乾後，暫時從烤箱中取出。
8. 用刀在上面畫十字切口，撒上白砂糖。
9. 再用180℃的烤箱約烤30分鐘。
10. 置於網架上放涼，脫模。

每次使用後不清洗，
只經仔細擦拭，
已持續使用20多年的
銅製可露麗模型。

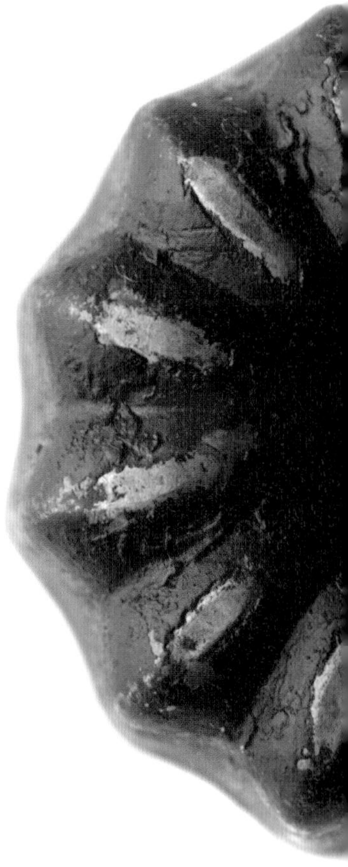

Bordelais
Poitou-Charente
Berry
Orléanais
Touraine
Anjou

波爾多、普瓦圖-夏朗德
貝里、奧爾良、杜爾、安茹

Bordelais
波爾多

波爾多起源於西元前3世紀喀爾特人所建的城市布迪加拉 *(Burdigala)*。從羅馬時代開始，它就成為葡萄酒的一大產地，輸往各國。後來成為阿基坦王國的首都，12世紀時，阿基坦公爵女兒和後來的英國國王亨利二世 *(Henri II)* 再婚，在英國的統治下該地繁榮發展。15世紀時因百年戰爭又成為法國領土，18世紀時，因三角貿易重新發展。該區作為美食地而聞名，周邊也被稱為Bordelais（波爾多地區）。甜點大多為小型種類，也有杏仁派裝飾檸檬風味蛋白霜的檸檬杏仁派 *(Fanchonnette)*。

▶主要都市：波爾多（*Bordeaux*、距巴黎500km） ▶氣候：穩定的阿基坦型氣候。夏季氣溫升高。 ▶水果：草莓、醋栗、李子、蜜李、克勞德皇后李 ▶酒：葡萄酒、茴香酒（*Anisette*）、波爾多白蘭地、麗葉酒（*Lillet*、白葡萄利口酒） ▶料理：白酒蝸牛（*Escargots de Cauderan*，白葡萄酒煮蝸牛和生火腿）、烤豬肚（*Tricandilles*）、烤鯡魚佐綠醬（*Alose Grillée à la Sauce Verte*）

Poitou-Charente
普瓦圖・夏朗德

普瓦圖地區是由北方的普瓦圖和南方的夏朗德構成的區域。擁有許多湖沼的前者，6世紀時為法蘭克王國的領地，歷經普瓦提伯爵、阿基坦公爵的統治，至15世紀反覆成為英國和法國的領土。後者由聖東日 *(Saintonge)*、歐尼斯 *(Aunis)*、昂古穆瓦 *(Angoumois)* 這三個舊區構成，同樣歷經成為英國的領土，至14世紀時才合併為法國領土。變化多端的地形和溫暖的氣候，使該區擁有豐富多彩的食材，品質優良的奶油也聞名於世。甜點方面大多數使用水果，也能見到美爾威油炸餅 *(Merveille)*、水果塔 *(Grimolle*，加水果用烤箱烘烤的塔*)*。

▶主要都市：普瓦提（*Poitiers*、距巴黎295km）、拉羅歇爾（*La Rochelle*、距巴黎399km） ▶氣候：典型的西岸海洋性氣候，溫暖。 ▶水果：哈蜜瓜、蘋果（*Reinette Clochard*種）、櫻桃、核桃、桃子、栗子、聖東日的油桃（*Brugnon*，桃子的一種）、聖波爾謝爾（*Saint-Porchaire*）的蘋果、莎斯拉（*Chassela*白葡萄的一種） ▶酒：干邑白蘭地、夏朗德比諾甜酒（*Pineau des Charentes*，葡萄汁中加干邑白蘭地）、尼奧爾（*Niort*）的歐白芷根利口酒、卡摩科酒（*Kamok*，咖啡利口酒） ▶起司：卡耶博特（*Caillebotte*）、普瓦圖地區的沙比舒山羊起司（*Chabichou du Poitou*） ▶料理：紅酒燉豬雜（*Sauce de Pire*，紅葡萄酒和辛香料燉煮豬肺和肝）、夏德里魚湯（*Chaudrée*，白葡萄酒煮多種魚類的夏朗德風味馬賽魚湯） ▶其他：艾許（*Échiré*）等的奶油、尼奧爾（*Niort*）的蜜漬歐白芷根、核桃油、番紅花、雷島（*Île de Ré*）的海鹽

Berry
貝里

貝里地區在8～9世紀的加洛林王朝 *(Carolingiens)* 時代為伯爵領土，14世紀中葉成為公爵領地，1601年統一成為法王的領土。該區位於巴黎盆地南緣和中央高原 *(Massif Central*、中央山地*)* 的交接點。田園風景遼闊，盛行栽種小麥、果樹和畜牧業。甜點方面常見水果類甜點，還有南瓜派 *(Citrouillat)*、厚可麗餅 *(Sanciau)*、大麥飴 *(Sucre d'orge)* 等。

▶主要都市：布爾日（*Bourges*，距巴黎198km） ▶氣候：一般氣候溫和，濕潤期和寒冷乾燥期交互出現。 ▶水果：櫻桃、核桃、洋梨、蘋果（*belle fille du Berry*種）、聖馬丁・歐克西尼（*Saint-Martin-d'Auxigny*）的蘋果、榛果 ▶酒：勒布朗（*Le Blanc*）的櫻桃白蘭地 ▶起司：瓦朗塞（*Valençay*）、普利尼聖皮埃爾（*Pouligny-Saint-Pierre*）、夏維諾（*Crottin de Chavignol*）、聖蘇歇爾山羊起司（*Selles-sur-Cher*） ▶料理：燉牛羊肉鍋（*Pot-au-Feu Berriaud*，羊肩肉、牛肉、仔牛脛肉等的燉煮料理）、燉仔羊肉（*Gigot de Sept Heures*） ▶其他：核桃油、蜂蜜

Orléanais
奧爾良

以奧爾良*(Orléans)*為中心，隨羅瓦河流域展開的奧爾良地區，8～9世紀時，在加洛林王朝的統治下，成為公爵的領地，屢受奧爾良家族管轄。因居交通要衝，自古以來經歷許多戰爭與侵略，百年戰爭時聖女貞德*(Jeanne d'Arc)*解放了被孤立的奧爾良。17世紀時合併成為法王的領土，不過之後又成為激戰的舞台。農業、畜牧、養蜂業興盛，水果也很豐富。奧爾良*(Orléans)*的柑橘醬*(Cotignac*，溫桲製的柑橘醬*)*也很著名。

▸主要都市：奧爾良（*Orléans*，距巴黎111km） ▸氣候：一般氣候溫和，濕潤期和寒冷乾燥期交互出現。 ▸水果：榲桲、草莓、蜜李、醋栗、黑醋栗、覆盆子、克勞德皇后李 ▸酒：奧利韋（*Olivet*）的洋梨白蘭地 ▸起司：奧利韋（*Olivet*）、皮蒂維耶歐佛旺（*Pithiviers au Foin*） ▸料理：香波風味蒸鯉魚（*Carpe à la Chambord*，紅葡萄酒蒸過的鑲餡鯉魚，佐魚肉、魚白、螯蝦和松露）、雲雀派（*Pate d'Alouettes*） ▸其他：加蒂奈（*Gâtinais*）的蜂蜜

Touraine
杜爾

有「法國庭園*(Le Jardin de France)*」之稱的杜爾地區，廣布羅瓦河與丘陵，是個風光明媚的地方。墨洛溫朝代*(Mérovingiens)*時成為伯爵領地，一直持續至10世紀。之後成為安茹伯爵和布盧瓦*(Blois)*伯爵的爭奪地，13世紀時與法王領地合併。作為諸王喜愛之地，杜爾有時也是文化、政治的中心，16世紀時建立了許多壯麗城堡和城寨。是食材豐富的美食地，該地有許多以土司和布里歐麵團為主體的甜點，許多都組合水果。杜爾果醬堅果蛋糕*(Nougat de Tours*，填入蜜漬水果和果仁糖的塔*)*也很著名。

▸主要都市：杜爾（*Tours*，距巴黎205km） ▸氣候：全年氣候溫和，降水量較少。 ▸水果：草莓、哈蜜瓜、洋梨（*Williams*種和*Passe-Crassane*種）、蘋果（小皇后〔*Reinette*〕種和*Golden*種）、莎斯拉種葡萄（*Chassela*、白葡萄的一種）、李子（克勞德皇后李等） ▸酒：葡萄酒 ▸起司：杜爾聖莫爾（*Sante-Maure de Touraine*） ▸料理：葡萄酒煮席琳黑雞（*Geline à la Lochoise*、里昂（*Rillons*，豬油燉鹽漬豬肉） ▸其他：羅勒、里瓦雷內（*Rivarennes*）的洋梨乾（*Poire Tapée*，烤乾的洋梨）

Anjou
安茹

羅瓦爾河流經的安茹地區，擁有豐富的自然環境。9世紀時成為伯爵領土，對周邊的管轄擴大。12世紀時英國國王亨利二世*(Henri II)*從此處誕生，安茹雖成為英國領土，但13世紀時法王奪回該地。之後成為安茹公爵的領土，15世紀最後又再併為法王領土。西部盛行畜牧業，能見到籬笆和樹林圍成的農牧地的田園風光*(Bocage)*。東部興盛栽種果樹和種植蔬菜，甜點有水果塔、油炸餅*(Bottereau*、油炸甜點*)*、馬卡龍和糖果。

▸主要都市：昂杰（*Angers*，距巴黎265km） ▸氣候：溫暖的氣候。 ▸水果：黑醋栗、草莓、覆盆子、洋梨（*Doyenne du Comice*種）、蘋果（*Reinnette du Mans*種）、克勞德皇后李、黃李 ▸酒：葡萄酒、君度橙酒（*Cointreau*，柳橙利口酒）、櫻桃酒（*Guignolet*、櫻桃白蘭地）、白薄荷酒（*Menthe-Pastille*、薄荷利口酒）、甜味葡萄酒 ▸料理：安茹風味燉小牛肉（*Cul de Veau à l'Angevine*，用白葡萄酒、高湯燉煮仔牛上腿肉，佐白醬煮洋蔥泥和羊肚蕈）、白醬燴梭魚（*Brochet ar Beurre Blanc*） ▸其他：蘋果餅（*Pomme Tapée*，烤乾壓扁的蘋果）

Macaron de Saint-Emillion
聖艾美隆馬卡龍

直徑約5cm・約23片份

A.杏仁粉：175g
amande en poudre
白砂糖：75g
sucre semoule
蜂蜜 miel：3g
白葡萄酒 vin blanc：23g
蛋白 blancs d'œufs：30g

白葡萄酒 vin blanc：23g
糖粉 sucre glace：75g
蛋白 blancs d'œufs：30g

糖粉 sucre glace：適量 Q.S.

聖愛美隆（*Saint-Emillion*）是位於葡萄田環繞的山丘上的小城鎮，當地生產的葡萄酒，即使在波爾多葡萄酒中也算名釀，因而聞名於世。當地至今依然保留中世紀的特色風貌，石造建築物與複雜砌造的鋪石小巷等，讓造訪當地的葡萄酒愛好者與遊客大飽眼福。該城的名稱，相傳源自8世紀時在該地掘洞窟過著隱居生活的聖艾美隆（*Saint-Emillion*）修士。

我一面眺望酒窖與咖啡館，一面逛著迷宮般的小巷，吸引我目光的是，襯著烘焙紙直接裝盒販售的樸素聖艾美隆馬卡龍。據說它是17世紀（一說是18世紀）時，吳甦樂會（*Ursula*）的修女們製作，是該村自豪的傳統甜點。法國革命爆發，被驅離修道院的修女們，將食譜交給村裡的一戶民家，因此才能跨越時空至今仍被慎重製作。

除了材料中加入甜葡萄酒外，這個甜點的特色是一面加熱，一面製作麵糊，完成後外酥內軟。剛開始先行加熱，使麵糊質感變紮實，馬卡龍烤好後才不會塌軟變大。入口咀嚼，隨著杏仁苦味撲鼻而來的是葡萄酒香。馬卡龍表面裂紋的質樸風貌也饒富魅力。

1. 在鍋裡放入A，用木匙充分混合。
2. 一面混合，一面用小火約加熱5分鐘。
3. 趁熱加白葡萄酒23g混合，直接放涼。
4. 在3中加入糖粉和蛋白，用木匙混合變細滑為止。
5. 擠花袋裝上口徑12mm的圓形擠花嘴，裝入麵糊，在鋪了烘焙紙的烤盤上，擠成直徑約4cm的圓形。
6. 撒上糖粉。
7. 用180℃的烤箱約烤20分鐘。
8. 連烘焙紙一起置於網架上放涼。

Cannelé de Bordeaux
波爾多可露麗

可露麗是用有縱溝的模型，烘烤成焦褐色的小甜點。關於它如何誕生至今不明，不過，有一說是源自16世紀時修女們製作的棒狀小甜點。據說這份食譜消失了一段時間，1830年時，以現在的面貌重新問世。此外，另一個較普遍的說法是，過去修道院釀造葡萄酒，會以蛋白消除沉澱物，剩下的蛋黃便拿來製作可露麗。

我與可露麗初次相遇，讓我深受衝擊。當時我對巴黎一直因循舊習的甜點狀態感到失望，因此離開巴黎，前往波爾多 *(Bordeaux)* 附近的葡萄莊園打工摘葡萄。某假日，不知何事我到相鄰的利布爾納 *(Libourne)* 城，偶然間，我走到一家名叫「洛佩 *(Lopéz)*」的甜點店前。暫時避開甜點的我，決定暫且進去瞧瞧，當我推開店門，映入眼簾的是堆積如山的可露麗。「什麼，竟然有這麼焦黑的甜點！」那烏黑的顏色雖然讓我感到猶豫，不過我還是試著吃吃看，外表烤得焦脆，內裡卻恰好相反豐盈柔軟，入口後，香草和蘭姆酒的香味瞬間瀰漫開來。美味得令我驚奇，讓我震撼不已。「我還有很多該學的東西啊！」我再次回到甜點世界，目標鎖定鄉土甜點，這件往事令我終身難忘。

無論如何我想認識這個甜點，回到巴黎 *(Paris)* 後，我又去了「洛佩」好幾次，想打聽點情報。但別說是材料或作法，連模型等資訊該店一概拒絕透露。當時，他們還固執地守護著可露麗，絕不傳予外人，認為只能傳承給當地人。那時，我在巴黎當然沒有朋友，古文獻裡雖然有記載可露麗要使用蜜蠟及模型的形狀，不過卻沒有配方。我完全無計可施，只能獨自在心中揣摩自己的作法，想像烤成豐潤粥狀的可露麗的樣子，反覆不斷在模型中試作。

最後我終於買到模型，那已是數十年後的事了。皮耶・艾曼 *(Pierre Hermé)* 在巴黎的「馥頌 *(Fauchon)*」餐廳販售可露麗後，它才開始廣為人知。當我在巴黎的烹調用品專賣店「得意路朗 *(Dehillerin)*」找到可露麗的銅製模型時，那份喜悅難以言喻。之後我經歷無數次失敗，終於完成這個波爾多可露麗。製作的重點是鮮奶煮沸後靜置一晚，混合蛋、砂糖和麵粉後，再靜置一晚。這樣作業能使麵糊穩定，烤出漂亮的成品。傳統作法是在模型中塗抹蜜蠟，不過我對殘留的黏滑感總有反感，因此我是塗抹奶油和蜂蜜。

口徑5.5×高5cm的
可露麗模型・12個份

低溫殺菌鮮奶：500g
lait pasteurisé

香草棒：½根
gousse de vanille

低筋麵粉 farine ordinaire：70g

高筋麵粉 farine de gruau：55g

白砂糖：250g
sucre semoule

蛋黃：45g
jaunes d'œufs

全蛋 œufs：25g

蘭姆酒 rhum：43g

焦化奶油：25g
beuure noisette

奶油 beurre：適量 Q.S.

蜂蜜 miel：適量 Q.S.

事先準備

＊用手指在模型中薄塗上乳脂狀奶油，上面再薄塗蜂蜜備用。

1. 在鍋裡放入鮮奶和切開的香草棒，開火加熱煮沸。
2. 倒入鋼盆中讓它稍微變涼，蓋上保鮮膜放入冷藏庫靜置一晚。
3. 在別的鋼盆中放入低筋麵粉、高筋麵粉和白砂糖，用打蛋器充分混合。
4. 將中央弄個凹洞，倒入**1**靜靜混合整體。
5. 混合蛋黃和全蛋充分打散，加入**4**中同樣地混合。
6. 依序加入蘭姆酒、焦化奶油（室溫），每次加入都要充分混合。
7. 將**6**過濾到別的鋼盆中。用橡皮刮刀刮入香草種子，豆莢也放入其中。
8. 麵糊上密貼著保鮮膜，放入冷藏庫靜置一晚。
9. 在烤盤上排放模型。剔除**8**的香草莢，倒入模型中至八～九分滿。
10. 以上火230℃、下火240℃的烤箱約烤30分鐘，上火改為200℃、下火240℃再烤30分鐘。
11. 放在烤盤上直接放涼，稍微涼了後脫模。

Crème au Cognac
干邑烤布蕾

干邑 *(Cognac)* 是臨朗德河的夏朗德省城市。這個城附近釀造的干邑白蘭地，以優質白蘭地蜚聲國際。或許是它一直以來被屈居波爾多葡萄酒的盛名之下，因此不得不開始蒸餾葡萄酒。然而，葡萄酒用夏朗德型單式蒸餾器蒸餾2次後，再以利慕贊產橡木桶釀造熟成的酒香，散發濃郁稀有的圓潤、高雅風味。

該城特產的干邑烤布蕾同樣也有用干邑白蘭地。單純只用酒調味的甜點也很稀少罕見。一般的烤布丁 *(Pot de Crème)*，是在小容器中倒入蛋、鮮奶、砂糖為基材的蛋奶餡，烘烤成布丁，不過干邑烤布蕾是一面加熱蛋奶餡，一面打發，所以口感不同。輕盈、滑潤、柔細，融口性如奶油醬般滑嫩順喉。打發好的蛋奶餡先放涼，再加入干邑白蘭地烘烤，所以能保留濃郁的高雅芳香，讓人同時享受入口即化的豐盈口感。當地的小餐館也常將它當作餐後甜點，雖然干邑白蘭地的味道有點濃，不過這個配方中我已稍微減少酒的分量。

直徑6×高4cm的
小烤模型・16個份

鮮奶 lait：370g
鮮奶油（乳脂肪成分48%）：127g
crème fraîche 48% MG
全蛋 œufs：100g
蛋黃 jaunes d'œufs：80g
白砂糖：125g
sucre semoule
干邑白蘭地 cognac：13.5g

奶油 beurre：適量 Q.S.

事先準備
＊用毛刷在模型中薄塗上乳脂狀奶油。

1. 在鍋裡放入鮮奶和鮮奶油，以大火加熱煮沸，再放涼至人體體溫的程度。
2. 在鋼盆中放入全蛋、蛋黃和白砂糖，用打蛋器充分混合至泛白為止。
3. 在**2**中倒入**1**混合，再倒回**1**的鍋裡。以稍大的中火加熱，用打蛋器一面打發，一面加熱。
4. 攪打到產生大泡沫，黏稠如糊般離火，直接放涼。
5. 加入干邑白蘭地，用打蛋器混合。
6. 在淺鋼盤中排入小烤模，每個倒入蛋糊八分滿（1個約40g）。
7. 在**6**的淺鋼盤中倒入深1cm約30℃的溫水。
8. 連淺鋼盤一起放入180℃的烤箱中，約烤30分鐘，直到表面用手觸摸不會黏手為止。

Tartelette aux Amandes et au Chocolat
巧克力杏仁塔

過去曾為昂古穆瓦 *(Angoumois)* 省的省都，現為夏朗德省省都的安古蘭 *(Angoulême)*，位於臨夏朗德河的山丘上，且城外環繞著城牆。該城的歷史可溯自羅馬時代之前，在舊市街的中心，建有正面飾以浮雕，外觀壯麗，羅馬 *(Romanesque)* 樣式的聖彼得大教堂 *(Saint Pierre Cathedral)*。因位居連結巴黎 *(Paris)* 與波爾多 *(Bordeaux)* 的交通要衝，發展出各式各樣的工業。

該城的特產是安古蘭塔 *(Tartelette d'Angoulême)*，又稱Tarte d'Angoulême，或是巧克力杏仁塔 *(Tartelette aux Amandes e au Chocolat)*。作法是將杏仁和巧克力風味的餡料倒入塔台中，以烤箱烘烤。裡面當然有加酒，使用的是當地特產干邑白蘭地。我在介紹地方甜點的書中找到配方後試做，成品相當美味。因為撒上糖粉後才烘烤，所以餡料烤得有點軟，具有類似傳統巧克力蛋糕的淡淡苦味。和芳香的沙布蕾塔皮非常對味。

直徑7×高1cm的小型塔模（菊型）．30個份

沙布蕾麵團 pâte sablée
：約使用以下之中的300g

- 低筋麵粉：250g farine ordinaire
- 奶油 beurre：125g
- 鹽 sel：2g
- 白砂糖：125g sucre semoule
- 全蛋 œufs：50g

餡料 garniture

- 全蛋 œufs：225g
- 白砂糖：188g sucre semoule
- 杏仁粉：225g amande en poudre
- 可可粉：150g cacao en poudre
- 干邑白蘭地 cognac：22.5g
- 融化奶油：75g beurre fondu

糖粉 sucre glace：適量 Q.S.

製作沙布蕾麵團

1. 將低筋麵粉篩在工作台上，放上用手揉軟的奶油，一面撒粉，一面用指尖揉拌混合成鬆散的沙狀。
2. 將中央弄個凹洞，加鹽和白砂糖，再加輕輕打發的全蛋，用手一面慢慢撥入周圍的粉，一面用手揉捏混合成團。
3. 用手掌稍微揉搓般揉成球狀，裝入塑膠袋中放入冷藏庫鬆弛1小時以上。
4. 擀成厚2.5mm，切成直徑8cm的圓形。
5. 保持邊緣麵皮略微鬆弛的狀態鋪入模型中。
6. 鬆弛的麵皮用手指往上捏讓它豎起。用派剪斜向細剪出繩紋圖樣。

製作餡料

7. 在鋼盆中放入全蛋和白砂糖，用打蛋器充分混合。
8. 在 **7** 中加杏仁粉和可可粉加入，迅速粗略地混合，加干邑白蘭地混合。
9. 加入融化奶油（40～50℃）混合。

完成

10. 擠花袋裝上口徑10mm的圓形擠花嘴，裝入 **9**，呈螺旋狀擠入 **6** 中。
11. 撒上大量的糖粉，用180℃的烤箱約烤30分鐘。
12. 脫模，置於網架上放涼。

直徑18×高2cm的圓形塔模．2個份

派皮 pâte brisée
- 水 eau：200g
- 鹽 sel：1g
- 白砂糖：15g sucre semoule
- 低筋麵粉：250g farine ordinaire
- 奶油 beurre：125g

蜜漬洋梨 compote de poires
- 洋梨 poires：2個
- 波美度20°的糖漿：適量 sirop à 20° Baumé Q.S.

卡士達醬 crème pâtissière
- 鮮奶 lait：500g
- 香草棒：1根 gousse de vanille
- 全蛋 œufs：100g
- 白砂糖：75g sucre semoule
- 高筋麵粉 farine de gruau：60g
- 奶油 beurre：20g

杏桃果醬：適量 confiture d'abricots Q.S.

蜜漬洋梨糖漿：適量 sirop de compote de poires Q.S.

干邑白蘭地 cognac：適量 Q.S.

Flan de Poire Charentais

夏朗德洋梨塔

Flan de Poire Charentais就是夏朗德風味的洋梨塔。作法是在塔皮中填入卡士達醬，再放上蜜漬洋梨烘烤。儘管塔的風味很樸素，不過洋梨汁使奶油醬變得更水潤，給人柔細的感覺，與巴梨布丁 *(p.316)* 相較，讓人享受不一樣的美味。它最重要的關鍵風味，是塗在上面加入干邑白蘭地的杏桃果醬。當地特產優質白蘭地的芳香與杏桃的酸甜滋味，蘊釀出夏朗德地方的特有風味。

製作派皮

1. 依照「基本」的「酥塔皮」以相同的要領製作，但不加蛋黃。
2. 擀成厚2mm。
3. 切割成比使用模型還大一圈的圓形，每個模型切1片，蓋上保鮮膜，放入冷藏庫鬆弛1小時。
4. 鋪入模型中，放入冷藏庫鬆弛1小時以上。
5. 用手指按壓派皮側面讓它和模型密貼，切除突出的派皮。
6. 放在烤盤上，在內側鋪入烘焙紙，放入重石，以180℃約烤30分鐘。
7. 拿掉烘焙紙和重石，用180℃的烤箱約烤5分鐘。
8. 置於網架上放涼。

製作蜜漬洋梨

9. 洋梨去皮和果核，縱切4等分。
10. 放入在鍋裡，加入能蓋過材料的波美度20°的糖漿，以小火加熱。
11. 煮到用竹籤能迅速刺穿的柔軟度，放入淺鋼盤中，浸漬糖漿直接放涼。

製作卡士達醬

12. 依照「基本」的「卡士達醬」以相同的要領製作。但是，加入全蛋取代蛋黃。

完成

13. **12**趁熱，倒入**8**中至2/3的高度。
14. 在**11**的背面斜向切切口，在**13**中呈放射狀一個模型平均排放4片。
15. 將剩餘的**12**倒滿模型。
16. 以180℃的烤箱約烤40分鐘。
17. 置於網架上讓它稍微變涼。
18. 在杏桃果醬中加入適量的**11**的糖漿和干邑白蘭地煮沸，稀釋成容易塗抹的硬度。
19. 用毛刷將**18**塗在**17**的上面。

Tourteau Fromager (Fromagé)
黑色脆皮起司蛋糕

早就超過「適度」烤色，焦黑到讓人吃驚的黑色脆皮起司塔，是流傳於普瓦圖和旺代 *(Vendée)* 地區的羊乳起司蛋糕。它是法國甜點中相當罕見，一般所謂的起司蛋糕的一種。還有加入歐白芷根或干邑白蘭地等各式變化口味。雖然在兩個地區的許多城市都能見到這個甜點，不過，在《法國美食百科全書 *(Larousse Gastronomique)*》*(1996)* 一書中寫道，它的發源地是普瓦圖地區的呂西尼昂 *(Lusignan)*。不過那裡的甜點店或麵包店找不著這個甜點，幾乎都在起司專賣店或超市裡才有售。

提心吊膽地咬下蛋糕後，能吃到以高溫烤得表面焦黑的酥脆口感，當然有些微的苦味。不過，和裡面濕潤、細柔，味道溫和的蛋奶餡組合，卻形成意想不到的圓潤協調滋味。黑色表皮的苦味，宛如突顯番薯甜味的烤番薯皮的香味。

味道的重點特色是，蛋奶餡中使用當地的新鮮羊乳起司。山羊乳特有的酸味和淡淡的香味，能讓人感受到其他甜點沒有的美味。塔皮鋪入邊緣開展的淺圓頂形模型中烘烤後，和蛋奶餡的鹹味與香味也非常對味。為了烤出表面平滑無裂痕的酥塔皮，塔皮鋪在模型裡直接放入冷藏庫鬆弛一晚後，再切掉多餘的部分。這樣能避免塔皮烘烤後大幅縮小，蛋奶餡的表面也不會緊繃龜裂。烘烤途中暫時從烤箱中取出蛋糕，插入小刀讓塔皮和模型分離，也能有效防止塔皮縮小。

直徑14×高5cm的圓頂形模型 · 4個份

酥塔皮 Pâte à foncer
- 全蛋 œufs：50g
- 蛋黃 jaunes d'œufs：20g
- 水 eau：80g
- 鹽 sel：10g
- 白砂糖：20g sucre semoule
- 低筋麵粉：500g farine ordinaire
- 奶油 beurre：300g

蛋奶餡 appareil
- 羊乳起司（新鮮型）：292g fromage de chèvre
- 白砂糖：180g sucre semoule
- 蛋黃 jaunes d'œufs：180g
- 低筋麵粉：22g farine ordinaire
- 高筋麵粉 farine de gruau：67g
- 蛋白 blancs d'œufs：270g
- 鹽 sel：4.5g
- 白砂糖：112g sucre semoule
- 檸檬汁 jus de citron：6.7g

奶油 beurre：適量 Q.S.

事先準備
* 用手指在模型中薄塗上奶油備用。

製作酥塔皮
1. 依照「基本」的「酥塔皮」以相同的要領製作。但是，全蛋和蛋黃一起放入。
2. 分切麵團，一個模型50g，擀成厚1.5mm的圓形。蓋上保鮮膜，放入冷藏庫鬆弛1小時以上。
3. 鋪入模型中。
4. 將 **2** 剩餘的麵團揉成球狀，撒上防沾粉拿來按壓模型內側，讓塔皮與模型密貼。不要切掉突出的塔皮，直接放入冷藏庫鬆弛一天。

製作蛋奶餡
5. 在鋼盆中放入羊乳起司和白砂糖180g，用木匙充分混合變細滑為止。
6. 加蛋黃充分混合，加低筋麵粉和高筋麵粉充分混合。
7. 在蛋白中加鹽，以攪拌機（鋼絲拌打器）用高速打發。一面慢慢加入白砂糖112g，一面充分打發至尖角能豎起的硬度。
8. 在 **7** 中加檸檬汁用木匙混合。
9. 在 **6** 中一面分2次加入 **8**，一面充分混合到泛出光澤。

完成
10. 取出 **4**，用手指按壓塔皮側面讓它和模型密貼，用抹刀切掉突出的塔皮。
11. 將 **9** 分成4等分，倒入 **10** 中。
12. 用220℃的烤箱約烤15～20分鐘，直到上色膨起。
13. 暫時從烤箱取出，用刀插入模型和塔皮間的溝槽使兩者分離。
14. 再放入200℃的烤箱中烤20～25分鐘，取出置於網架上放涼，脫模。

Broyé du Poitou
普瓦圖碎餅

普瓦圖碎餅是普瓦圖地區製作的一種餅類甜點。在法語中，Broyé是「弄碎」的意思，傳說此名的由來，是因烤好的餅要先用拳頭敲碎，大家再分配食用。

餅裡使用大量夏朗德產的優質奶油，除了具有豐厚的風味外，還有餅乾般的口感。不過，因為麵團是填入模型中烤成厚的圓盤狀，所以不能烤得太乾，吃起來外表酥鬆的同時，裡面還要有點黏稠。有的碎餅裡會混入普瓦圖區尼奧爾*(Nior)*的名產蜜漬歐白芷根（以砂糖醃漬繖形科洋當歸的莖），來增加獨特的風味，也非常美味。

直徑18×高2cm的菊形塔模（活動式底部）．3個份

奶油 beurre：500g
白砂糖 sucre semoule：500g
鹽 sel：1g
全蛋 œufs：100g
蘭姆酒 rhum：27g
低筋麵粉 farine ordinaire：1kg

奶油 beurre：適量 Q.S.
塗抹用蛋（蛋黃+咖啡香精「Trablit」）：適量
dorure（jaunes d'œufs＋extrait de café「Trablit」）Q.S.

事先準備
＊用手在模型中薄塗奶油備用。

1. 用手揉軟奶油，放在工作台上。
2. 加入白砂糖、鹽、全蛋和蘭姆酒，用手揉搓混合。
3. 分數次加入低筋麵粉，每次加入都要用手充分混合。混合到大致會黏在手上的柔軟狀態即可。
4. 一個模型放入650g的**3**，用手壓平。
5. 上面用毛刷薄塗上塗抹用蛋，乾了之後再塗一次塗抹用蛋。
6. 上面用星星形切模按壓出花樣。
7. 用180℃的烤箱約烤45分鐘。
8. 脫模，置於網架上放涼。

Macaron de Montmollion
蒙莫里永馬卡龍

法國有許多著名的馬卡龍，位於普瓦提 *(Poitiers)* 東南方50km的蒙莫里永 *(Montmollion)* 的名產蒙莫里永馬卡龍，味道最濃郁。相傳該城17世紀時已建立，周圍環繞豐富的自然環境，至今仍保有中世紀的風貌。據說至19世紀，蒙莫里永馬卡龍才成為該城的特產開始廣為人知。在拉康 *(Pierre Lacam)* 所著的《歷史、地理相關的甜點烘焙記事 *(Le Mémorial Historique et Géographique de la Pâtisserie)*』*(1890)* 一書中，曾介紹這個馬卡龍。

它的材料只有杏仁、蛋白和砂糖。特色是麵糊裝入安裝星形擠花嘴的擠花機中，擠製成皇冠狀後烘烤，當地是直接放在烘焙紙上在店頭販售。在各式馬卡龍中，它的麵糊算是非常硬，所以當地不是裝在擠花袋中擠製，而是使用如火箭筒 *(Bazooka)* 般的特製擠製機。烤好後食用，裡面柔軟芳香，散發溫和的杏仁甜味。

直徑6cm・45個份

杏仁（無皮）
amandes émondées : 250g

白砂糖 : 750g
sucre semoule

蛋白 : 150g
blancs d'œufs

阿拉伯膠（粉）：適量
gomme arabique en poudre Q.S.
※用等量的水融解

1. 將杏仁和白砂糖混合，用滾軸約碾壓3次成粗粉末狀。
2. 在鋼盆中放入 **1** 和蛋白，用木匙充分混合。
3. 擠花袋裝上口徑10mm的星形擠花嘴，裝入杏仁糊，在鋪上捲筒紙的烤盤上擠成直徑約6cm環狀，直接靜置24小時讓表面變乾。
4. 用180℃的烤箱中約30分鐘。
5. 連紙一起放在網架上，趁熱用毛刷塗上保溫成50～60℃的阿拉伯膠。

Massepains d'Issoudun
伊蘇敦杏仁蛋白餅

Massepains是指以杏仁、砂糖和蛋白為基材製作的小型甜點。據傳最初是伊蘇敦 *(Issoudun)* 的吳甦樂會 *(Ursula)* 修女 *(les Ursulines)* 製作。法國革命後的1790年，修女們在城裡開設甜點店，開始販賣這個甜點。相傳，19世紀時送至俄羅斯皇宮和梵蒂岡，拿破崙三世 *(Napoléon III)* 和羅馬教皇庇護九世 *(Pie IX)* 都很喜愛。小說家奧諾雷．德．巴爾札克 *(Honoré de Balzac)* 以該城作為舞台所寫的《攪水女人 *(La Rabouilleuse)*》中，稱這個甜點為「法國甜點中最偉大的創意之一」。

甜點製成各種形狀，通常會淋上糖衣烤乾，但這裡的蛋白餅我是參考在書裡看到的作法，先直接烘烤，最後才撒上糖粉。表面烤成漂亮的色澤，裡面略微黏牙，隨著每次咀嚼散發極致的杏仁風味與芳香。

直徑約2.5cm
喜歡的切模．290個份

杏仁（無皮）：750g
amandes émondées

蛋白：100g
blancsd'œufs

白砂糖：350g
sucre semoule

水 eau：120g

糖粉 sucre glace：適量 Q.S.

---

1. 在鋼盆中放入杏仁，加入蛋白用木匙混合。
2. 用滾軸碾壓3～4次，成為杏仁膏般的膏狀，放入大鍋中。
3. 在別的鍋裡放入白砂糖和水熬煮至118℃。
4. 在**2**中加入**3**用木匙充分攪拌混合。
5. 用中火加熱**4**，用木匙一面混合，一面煮2～3分鐘，煮到杏仁熱透，水分充分蒸發變得泛白為止。
6. 取出放到大理石台上，趁熱蓋上矽膠烤盤墊用擀麵棍擀成厚1cm。
7. 用喜歡的切模切取。
8. 排放在鋪了矽膠烤盤墊的烤盤上，讓它乾燥24小時。
9. 重疊2片烤盤，放入190℃的烤箱約烤15分鐘。
10. 置於網架上放涼，稍涼後輕輕撒上糖粉。

Tarte Tatins
反烤蘋果塔

直徑18×高4cm的
寬口圓烤模・2個份

餡料 garniture

白砂糖：150g
sucre semoule

奶油 beurre：20g

蘋果 pommes：11～12個

白砂糖：350g
sucre semoule

千層酥皮麵團：350g
pâte feuilletée
（摺三折・8次，▸▸參照「基本」）

反烤蘋果塔是20世紀初，在奧爾良南方索羅林 *(Sologne)* 地區的拉莫特博夫龍 *(Lametta-Beuvron)* 開設飯店的達丁姐妹 *(Stéphanie et Caroline Tatin)* 設計的甜點。現在依然營業的「達丁飯店 *(Hôtel Tatin)*」，據說某天，姐姐史蒂芬妮忙到顧不了甜點，慌忙中只把蘋果盛入模型中，就放入烤箱烘烤。烤好後，當然不是塔也非烤蘋果，只烤出焦糖色蘋果。已沒有時間重做的她看著蘋果，索性蓋上擀好的塔皮再放回烤箱。烤好後取出蓋上盤子，小心翻轉後倒出一看變成漂亮的蘋果塔，製作得相當成功，客人也很滿意！相傳這就是反烤蘋果塔誕生的始末。

不過事實上，相傳像這樣倒扣翻面的蘋果或洋梨塔，是索羅林地區自古流傳的甜點。換句話說，達丁姐妹並非創始人，她們的名字和這則趣聞一起讓這個塔成為眾所周知的當地特產，這麼說好像比較正確。

在蘋果上方蓋上千層酥皮再烘烤或許比較正統，不過那麼做的話，酥皮烤不乾口感較黏稠厚重，我不喜歡。因此，模型裡我先只放蘋果，一面讓它的味道濃縮，一面慢慢烤成焦黃色。趁蘋果變涼期間，千層酥皮另外烤成較深的顏色，將兩者合體後再脫模。蘋果中含有的果膠完全凝縮果實的美味，和千層酥皮的芳香融為一體，能讓人充分享受濃郁的調和美味。

製作餡料

1. 在銅鍋裡放入白砂糖150g，以大火加熱，用打蛋器一面混合，一面煮成深褐色的焦糖，熄火。
2. 用打蛋器一面混合，一面利用餘溫再續煮，顏色變成適度的焦色後，薄薄地倒入寬口圓烤模中放涼。
3. 奶油撕小塊撒入**2**中。
4. 蘋果去皮和果核，縱切成4等分（大的縱切6等分）的月牙形。
5. 將**3**放在烤盤上，在模型中呈放射狀放入**4**，撒上白砂糖350g的半量。
6. 在**5**的上面再無間隙地滿滿放上**4**，撒上剩餘的白砂糖。
7. 用180℃的烤箱約烤1小時，讓水分蒸發成傾斜模型邊端還剩少許湯汁的程度。
8. 置於網架上讓它稍微變涼，放入冷凍庫冷凍。

準備千層酥皮麵團

9. 千層酥皮麵團擀成厚2.5mm戳洞。
10. 蓋上保鮮膜，放入冷凍庫20～30分鐘凍縮。
11. 切成直徑18cm的圓形。
12. 蓋上保鮮膜，放入冷藏庫鬆弛1小時。
13. 用180℃的烤箱約烤30分鐘。
14. 置於網架上放涼。

組裝・完成

15. 在**8**蓋上**14**。
16. 用200℃的烤箱約烤5分鐘。
17. 用急速冷凍機急速冷卻。
18. 完全涼了之後，模型底部用火加熱，倒扣在工作台上脫模。
19. 放入冷凍庫，冷凍至釋出的果膠凝固為止。

Pralines de Montargie
蒙達爾日果仁糖

約4220g

糖漿（*A*）sirop（*A*）
- 水 eau : 50g
- 水飴 glucose : 180g
- 阿拉伯膠（粉）: 100g gomme arabique en poudre
- 波美度30°的糖漿 : 100g sirop à 30° Baumé（▸▸ 參照「基本」）

糖漿（*B*）sirop（*B*）
- 白砂糖 : 1.8kg sucre semoule
- 水 eau : 900g
- 水飴 glucose : 400g
- 可可膏 : 350g pâte de cacao

杏仁（連皮，烤過）: 1.4kg amandes brutes grillées

嚼感酥脆、芳香讓人越吃越上癮的果仁糖，誕生於17世紀。傳說是由服侍路易十三 *(Louis XIII)* 和十四 *(Louis XIV)* 的普萊西．普拉蘭 *(Plessis-Praslin)* 公爵塞薩爾．舒瓦瑟爾 *(Cesar de Choiseul, 1598~1675)* 的廚師拉薩紐 *(Lassagne)* 所發明。據說創作的靈感來自學徒用杏仁沾取剩餘的焦糖食用。

這種果仁糖在巴黎 *(Paris)* 皇宮也深獲好評，被視為富機智的普萊西．普拉蘭公爵在外交、政治上成功的後盾。貴婦人們也熱愛果仁糖，被問及甜點名感到苦惱的公爵，於是委託她們命名，有人提出「Praline」這個名稱，據說當時留下這則趣聞。而Praline這個字，在法語中是Praslin的女性形。之後，拉薩紐隱居在奧爾良 *(Orléans)* 東方70km處的城市蒙達爾日 *(Montargie)*，果仁糖變成這個城市的名產。

這個甜點的製作要訣是，多次裹覆糖漿，一面混拌，一面讓它結晶化，進行沙狀搓揉 *(sablage)* 作業。要裹多厚的糖衣才恰當，經過反覆試作，終於導出分別淋6次糖衣和混拌最佳，確立我自己的手法。我覺得果仁糖凸凹的外觀非常富魅力。在法國，一般是使用鼓狀的機器一面加熱，一面轉動進行沙狀搓揉作業，從前在巴黎，阿拉伯人的攤販會一面製作，一面販售。很可惜的是如今已被禁止，不過街角那股濃郁誘人的香味，已深深烙印在我的記憶中。

製作糖漿(*A*)

1. 在鋼盆中放入水和水飴，底部直接用火稍微加熱。
2. 水飴融化後加阿拉伯膠（粉）混合。
3. 加波美度30°的糖漿（依不同季節多少調節用量）混合，隔水加熱完全融化備用。

製作糖漿(*B*)

4. 在鍋裡放入白砂糖、水和水飴開火加熱。
5. 煮沸讓白砂糖和水飴完全融解後，分成375g×4杯和750g×2杯，分別放入鍋中。可可膏也以同樣的比率分別加入混合。

完成

6. 將杏仁放入已加熱的銅鋼盆中。
7. 將1杯**5**的375g糖漿（*B*）開火加熱，加熱至120℃，倒在杏仁上面。
8. 用木匙從盆底充分混合讓杏仁裹上糖漿，糖漿泛白、糖化變得鬆散即可。用粗目網篩稍微過濾，落下的糖衣放在別的鋼盆中備用（第1次）。杏仁倒回銅鋼盆中。
9. 重複進行2次步驟**7**～**8**（第2～3次），再使用750g的糖漿（*B*），重複進行2次步驟**7**～**8**的作業（第4～5次）。
10. 過篩落下的糖衣也和杏仁一起放入銅鋼盆中。
11. 加入**3**的糖漿（*A*），用木匙從盆底充分混合，讓杏仁裹上糖漿。
12. 分別放入6片烤盤中，手塗沙拉油（分量外）將杏仁一粒粒分開。
13. 放入40℃的發酵機（保溫．乾燥庫）中乾燥一晚。

Pithiviers
皇冠杏仁派

直徑15×高約6cm・3個份

千層酥皮麵團：1180g
pâte feuilletée
（摺三折・5次▸▸ 參照「基本」）

杏仁奶油醬：540g
crème d'amandes
（▸▸ 參照「基本」）

塗抹用蛋（全蛋）：適量
dorure（œufs entiers）Q.S.

波美度30°的糖漿：適量
sirop à 30° Baumé Q.S.
（▸▸ 參照「基本」）

皇冠杏仁派這種傳統甜點，起源於巴黎南方約90km的奧爾良地區的小城皮蒂維耶 *(Pithiviers)*。因該城位於交通、貿易的要衝，羅馬商人們引進杏仁後，好像和當地樸素的餅類結合，因而產生了這個特產甜點。它有兩種類型，一是烤好的杏仁風味派，覆以白色翻糖，裝飾蜜漬水果的翻糖皇冠杏仁派 *(Pithiviers Fondant)*，它也稱為糖霜皇冠杏仁派 *(Pithiviers Glacé)*。另一種是在千層酥皮間夾入杏仁奶油醬再烘烤的皇冠杏仁千層派 *(Pithiviers Feuilleté)*。

前者先誕生，後者是17～18世紀千層酥皮發明後才有，不過現在後者更廣為人知。對我來說，也是比較熟悉後者。它具有簡單構成才有的難度，也是講究素材和工作品質的甜點。千層酥皮的摺疊、杏仁風味的好壞、派皮和奶油醬的平衡、美麗的花樣和烤色等等，需要深入研究，連M.O.F. *(Meilleur Ouvrier de France*，法國最佳工藝師*)* 也將它當作審核的項目。製作的重點是刀子需斜向切派皮，重疊2片時表面積大的面需朝外。在此狀態下，用小刀在側面畫條紋花樣後，烤好時千層酥皮才能筆直不扭曲地隆起。

準備千層酥皮麵團

1. 將千層酥皮麵團擀成厚4mm。
2. 蓋上保鮮膜，放入冷凍庫20～30分鐘凍縮。
3. 1個模型切割直徑15cm的圓形2片。切割時，將直徑15cm的酥餅（Vol-au-vent）模型放在麵皮上，刀刃斜向下刀，切口斜向切割。

組裝、烘烤

4. 將1片**3**，表面積大的面朝下放在工作台上。
5. 在**4**的中央分別放上180g杏仁奶油醬，邊緣保留約2cm，用抹刀抹成扁平圓形。
6. 用毛刷在邊緣塗上塗抹用蛋，蓋上剩下的麵皮，讓表面積大的面朝上，輕輕按壓邊緣讓它貼合。
7. 在放入奶油醬的部分，一面用直徑12cm的酥餅模型在上面轉一圈，一面如同要留下圓形痕跡般用力按壓，讓麵皮充分黏貼。
8. 用食指一面按壓上面的麵皮邊緣，一面用刀背在重疊麵皮的側面斜向畫出條紋花樣。
9. 放在冷藏庫鬆弛約1小時，讓麵皮和奶油醬凍縮變硬。
10. 放在烤盤上，用毛刷在上面塗上塗抹用蛋。
11. 保留邊緣從中心朝周圍如畫弧線般，用刀背畫上放射狀的條紋花樣。
12. 用180℃的烤箱約烤1小時15分鐘，再用240℃的烤箱烤1～2分鐘，讓它充分上色。
13. 趁熱用毛刷塗上波美度30°的糖漿。
14. 晾乾後置於網架上放涼。

Pruneaux Farcis
鑲餡蜜李

蜜李乾中包入蜜煮杏桃與蘋果(或葡萄乾)餡的鑲餡蜜李，是杜爾地區的中心都市杜爾(*Tours*)的名產。15世紀時曾作為法國首都的這個城市，自古以來即為商業、政治中心，及交通要衝而蓬勃發展。因作為小說家巴爾札克(*Honoré de Balzac*)的誕生地，和4世紀的主教聖馬丁(*Saint Martin*)的長眠朝聖地而廣為人知。

提到蜜李(蜜李乾)的產地，雖然法國西南部的阿讓(*Agen*)最著名，不過杜爾周邊過去栽培許多蜜李，也製作鑲餡蜜李。蜜李的產量過去可從羅瓦河輸出，但第一次世界大戰後衰退，據說至今僅產出少量。鑲餡蜜李誕生的時期和詳細原委，很可惜至今不明。但是，它那渾圓可愛的外形和果實豐富的美味，隨著凝望流經城市的羅瓦河，也鮮明地銘刻在我心中。

32個份

餡料 garniture
- 杏桃果肉(冷凍)：250g
  pulpe d'abricots congelés
- 蘋果果肉(冷凍)：125g
  pulpe de pommes congelées
- 白砂糖：320g
- 果膠 pectine：5g
- 柑曼怡橙酒：20g
  Grand Marnier

半乾蜜李(去籽)：32個
pruneaux semi-confits

糖漿 sirop
- 白砂糖：600g
  sucre semoule
- 水 eau：200g

製作餡料
1. 在鍋裡放入一大把冷凍的切碎杏桃、蘋果果肉，和混合好的白砂糖和果膠，以中火加熱，一面用木匙混合，一面煮至105℃。
2. 加入柑曼怡橙酒做酒燒烹調。
3. 倒入淺鋼盤中，緊貼蓋上保鮮膜放涼。

組裝
4. 擠花袋裝上口徑6mm的圓形擠花嘴，裝入**3**，在剔除種子的半乾蜜李孔中1個擠入15g。保持間距放在網架上。

製作糖漿
5. 在鍋裡放入白砂糖和水加熱煮沸。
6. 將**5**離火，用打蛋器如讓糖漿黏附到鍋邊般攪拌。溫度下降，糖漿稍微糖化、變白濁後停止攪拌。

完成
7. 用湯匙舀取**6**淋到**4**上。
8. 放入180℃的烤箱中約烘乾20秒，以呈現光澤。

Duchesse Praliné
女伯爵果仁糖

約4×2.5cm・287個份

傳統果仁糖 praliné classique

- 杏仁（連皮，烤過）：1kg
  amandes brutes grillées
- 白砂糖 sucre semoule：1kg
- 水 eau：250g
- 牛奶巧克力：100g
  （可可成分35%）
  couverture au lait 35% de cacao
- 黑巧克力：100g
  （可可成分61%）
  couverture noir 61% de cacao
- 可可奶油：100g
  beurrede cacao

糖衣 glace royale

- 阿拉伯膠（粉）：20g
  gomme arabique en poudre
  ※用水40g融解
- 乾燥蛋白：60g
  blancs d'œufs en poudre
- 糖粉 sucre glace：1250g
- 水 eau：300g
- 紅色色素：適量
  colorant rouge Q.S.
  ※用伏特加酒調勻

女伯爵果仁糖是杜爾 *(Tours)* 周邊常見的甜點之一。我清楚記得杜爾的「薩姆森 *(Samson)*」甜點店，將它裝在袋裡當作特產販售。這家店還在擁有古城的朗熱 *(Langeais)* 開設分店「拉伯雷的故居 *(La Maison de Rabelais)*」。我被灰泥牆的沉靜風格深深吸引，大概去過10次以上吧。我對他們認真製作甜點感到欽佩，到茶點沙龍 *(Salon de the)* 喝茶時，一定會買女伯爵果仁糖享用。

它美味的關鍵在於糖衣和果仁糖間絕妙的平衡。徹底變乾的鬆脆糖衣，不會太硬的果仁糖，都能在舌尖融化的恰到好處。在各式果仁糖中，我想用比例1：1的砂糖和杏仁製作的傳統口味最美味。日本比法國的濕度高，要讓糖衣變乾很辛苦，我在廚房的一隅設計室溫25°C、濕度40%的乾燥室之後，要做這個甜點就容易多了。希望能讓顧客享受到柔軟易碎的輕柔口感，以及果仁糖散發的豐盈濃郁美味。

事先準備

＊配合***1***的完成時間烘烤杏仁備用。

製作傳統果仁糖

1. 在銅鋼盆中放入白砂糖和水，以大火加熱至118℃。
2. 杏仁趁熱加入***1***中，用木匙從盆底充分混合。
3. 裹上的糖漿泛白、糖化變得鬆散後，將杏仁散放在烤盤上讓它稍微變涼。
4. 將***3***再放入銅鋼盆中，用大火加熱。一面用木匙混合，一面慢慢讓糖化的砂糖融化，邊混拌，邊讓它焦糖化。
5. 杏仁整體都裹上變成深褐色的焦糖後，散放在烤盤上完全放涼。
6. 放入食物調理機中攪碎，放入鋼盆中。
7. 混合牛奶巧克力、黑巧克力和可可奶油，隔水加熱煮融，加入***6***中混合，直接放涼讓它凝固。
8. 用滾軸碾壓7～8次，讓它變成細滑的膏狀。
9. 擠花袋裝上口徑10mm的圓形擠花嘴，趁***8***柔軟裝入其中，在鋪了矽膠烤盤墊的烤盤上，擠成1個14g的橢圓形，直接讓它凝固。

製作糖衣

10. 在食物調理機中放入保溫成50～60℃的阿拉伯膠、乾燥蛋白、糖粉和水，攪拌成黏稠、細滑的狀態。
11. 放入攪拌缸中，加入紅色色素。
12. 用攪拌機（鋼絲拌打器）以高速攪打舀起的果仁糖，打發成能流下的細滑緞帶狀。

完成

13. 將***12***隔水加熱，一面保持流動性，一面將***9***放在巧克力叉上，浸入糖衣中。
14. 讓多餘的糖衣滴落，上下翻面放在矽膠烤盤墊上。
15. 放在室溫25℃、濕度40%的乾燥室約半天，晾乾表面。
16. 將***13***剩餘的糖衣放入擠花袋中，如畫「8」字般擠在***15***的上面。
17. 放在室溫25℃、濕度40%的乾燥室約半天，讓它充分變乾。

Crémet d'Anjou
安茹白起司蛋糕

受到過去華麗宮廷文化的影響，15世紀以來，安茹地區的中心城昂杰*(Angers)*發展成學園都市。出身於這個城的「美食王」科濃斯基*(Curnonsky，1872～1956)*，讚譽安茹白起司蛋糕為「眾神的盛筵*(un régal des dieux)*」，顧名思義它是安茹地區的特產。從前是在鮮奶油中加入打發的蛋白製作，不過現在一般是使用白黴起司。若在當地尋找這個甜點，比起到甜點店，它幾乎都在乳製品專賣店*(crémerie)*、起司專賣店*(fromagerie)*或餐廳販售，銷售時會佐配上香堤鮮奶油。簡單混合白黴起司柔和酸味和奶油醬的濃醇奶味，隨著兩者交織出的纖細協調風味心也暖和了起來。

約9×7cm的心形模型，約12個份

重乳脂鮮奶油：375g
crème double

白黴起司：125g
fromage blanc

蛋白 blancs d'œufs：60g

香堤鮮奶油：適量
crème chantilly O.S.
(▸▸參照「基本」)

事先準備
＊在模型中鋪入紗布，排放在網架上備用。

1. 在鋼盆中放入重乳脂鮮奶油和白黴起司，用打蛋器充分混合。
2. 在鋼盆中放入蛋白，用打蛋器充分打發至尖角能豎起的狀態。
3. 將**2**分2次加入**1**中，用打蛋器充分混合。
4. 擠花袋裝上口徑12mm的圓形擠花嘴，裝入**3**，擠入模型中。
5. 用紗布包住表面，放入冷藏庫一晚冰涼。
6. 拿掉紗布，配上香堤鮮奶油即可上桌。

回國之前，我實際展開環遊法國一周的旅行。難得的
一台飛雅特中古敞篷車。儘管如此，但因為我沒有駕照
當作旅費，一起從巴黎出發。

果然，在旅程中車子發生好幾次故障，我們一面修理
地，心情再也沒有比那時更爽了。我們根據亨利．高
食指南(*Guide Gourmand de la France*)》(1970)書中的資料，鎖
近大多有觀光旅遊服務中心(也有很多城市沒有)，大部分也能

我們希望儘量多遊歷一些城市，所以都住在便宜的青
腹。但令我們震驚的是，文獻中提到的甜點大約有八
度，常讓我們感到很氣餒。因此，當我們遇到還存在的
「我當學徒時經常製作」，並且特地為我們製作重現甜

旅行結束，我們發現最多的鄉土甜點是甜心糖等手工
甜點」也頗有意思。米亞斯塔(*p.210*)、克拉芙緹(*p.150*)
點。從變化成麵包、海綿蛋糕等「烘烤類甜點」之前
食用粉類」的法國甜點原點。

另外，讓我留下深刻印象的是，法國不管多蕭條的城
時購買甜點與家人共享，這是法國人的習慣，也是傳統
與宗教有很深的關連。而且還讓我實際感受到，傳承歷
的鄉土與持續喜愛它們的人們的重要性，這也是很大的

因為有了這趟前後2個月、長達2萬km的環法之旅，
時光」之意)。在本店內，除了冷藏類甜點、冰淇淋和巧克
我的願望是，希望享受這些甜點的人，能夠感受到我曾

行還是找狀況好的交通工具較佳，首先我用200法朗買了
行以由友人擔任司機，我負責嚮導，兩人各出100萬日圓

一面展開旅行。不過，打開車頂奔馳在6～7月的法國大
Henri Gault)和克里斯汀．米羅(*Christian Millau*)著的《法國美
想去的城市，抵達該城後先去教會。這樣做是因為教會附
的甜點店
旅社，除了品嚐甜點外，有時自己煮飯，有時買三明治裹
已不復見。即使四處詢訪，情況依舊，店家冷漠輕蔑的態
或甜點時，那份喜悅非言語所能形容。曾有店家感懷表示
等，我們相當感激。
甚，不過各地都有，以水或鮮奶融解粉類再加熱的「粥狀
可麗餅(*p.262*)、布丁(*p.126*、*p.226*、*p.282*、*p.316*)等都屬於這類甜
「粥」這種非常原始的烹調法中，我覺得能夠看到「如何

都有教會和甜點店。週日家族一起去參加教會彌撒，回家
這趟旅行讓我領略到甜點如何根植於法國人民的生活中，
的店家擁有自豪與尊嚴感；被傳承的甜點，具有孕育它們
護。
才能建立今天的「Au Bon Vieux Temps」(在法語中是「懷念的
卜，還有許多外觀樸素的法國各地鄉土甜點及節慶甜點。
驗的法國芳香與鄉土世代傳承的傳統。

駕著敞篷車，
奔馳在法國的鄉間路上。

Bretagne Normandie

布列塔尼、諾曼地

鐵製可麗餅專用的平底鍋，
充分預熱後使用。

Bretagne
布列塔尼

突出於大西洋法國西部的布列塔尼半島，在法國中也是具有非常強烈風格的地方之一。5世紀時因盎格魯撒克遜人和蘇格蘭人入侵，被趕至英國南部的喀爾特人移居至此，因此當地喀爾特文化繁盛發展。他們將那裡命名為小不列顛尼亞(*Britannia*)，這也是布列塔尼名稱的由來。9世紀中葉該區成立布列塔尼公國，14世紀發生布列塔尼繼承戰爭等，該區一面反覆發生統治權之爭，一面維持獨立性。15世紀時公爵女兒布列塔尼安妮(*Anne de Bretagne*)迫不得已嫁給法王查理八世(*Charles VIII*)，1532年該區併入法蘭西王國。然而，之後仍保有某程度的自治權，17世紀末時設置地方長官。至今仍不斷有獨立運動，語言(布列塔尼語)、文化、風俗習慣等都沿襲傳統。適合夏季涼爽氣候的蕎麥生產量大，沿岸地區善用溫暖氣候，以草莓為主進行露天栽培。在內陸地區，酪農業、蘋果等的栽培也很興盛。以可麗餅為首，具獨立性的甜點舉世聞名，甜點中常使用有鹽奶油。

▸主要都市：雷恩（*Rennes*、距巴黎308km）、南特（*Nantes*、距巴黎343km） ▸氣候：西岸海洋性氣候。夏季涼爽乾燥，冬季受暖流的影響沒那麼寒冷，濕度高、風大。 ▸水果：普盧加斯泰勒（*Plougastel*）的草莓、魯東（*Roudon*）等的栗子、阿莫里克（*Armorique*）的蘋果（*Reinette*種）、哈密瓜 ▸酒：布列塔尼蘋果酒、蜂蜜酒（*Hyrdomel*）、蘋果白蘭地（*Lambig*、以蘋果酒釀造的水果白蘭地） ▸起司：聖母修道院起司（*Abbaye de la Joie Notre-Dame*） ▸料理：蕎麥粉燉肉蔬菜湯（*Kig Ha Farz*，如菜肉濃湯般用蔬菜高湯燉煮蕎麥麵和豬肉的料理）、布列塔尼魚湯（*Cotriade*，馬賽魚湯般的布列塔尼版魚湯）、康卡爾生蠔（*Huîfres de Cancale*）、蓋梅內香腸（*Andouille de Guémené*）、蕎麥粉濃湯（*Soupe de Sarrasin*，從前也加入鹽漬豬肉和堅果）、蕎麥餅（*Galette*，蕎麥麵粉製的可麗餅） ▸其他：奶油（特別是有鹽奶油）、脫脂優酪乳（*Lait Ribot*、發酵脫脂乳）、給宏德（*Guérande*）的海鹽

Normandie

諾曼地

位於法國西北部，臨英吉利海峽的廣大諾曼地地區，9世紀時維京人(諾曼第人)從北歐入侵，10世紀時在此建立諾曼地公國。1066年征服英格蘭等地，自豪擁有強大的勢力。12世紀時，歷經安茹伯爵(=英格蘭的金雀花王朝〔*Plantagenet dynasty*〕的亨利二世，*Henri II d'Angleterre*)的統治，1204年合併為法王的領土後，保有各種特權。百年戰爭時成為主要戰場，暫時受英國管轄，最終16世紀初又回歸法國。第二次世界大戰時聯軍從諾曼地登陸，因成為戰爭舞台而舉世聞名。與這樣爭亂歷史相反的是，現在廣大的諾曼地的景象極為平和。沿海具有港都和廣大的休閒地，牛群吃草的牧草地和蘋果園等寧靜的田園風景，在內陸連綿開展。甜點方面大量使用優質乳品和蘋果，大部分的城市都有特產甜點。蘋果釀製的水果酒、蘋果酒和蘋果白蘭地都是重要特產。

▸主要都市：盧昂（*Rouen*、距巴黎458km）、康城（*Caen*、距巴黎202km） ▸氣候：受西岸海洋性氣候的影響大，雨量多。夏季稍涼，冬季比較溫暖。 ▸水果：迪克萊爾（*Duclair*）的櫻桃、洋梨（路易斯·朋·達布蘭許（音譯）種）、蘋果（*calville rouge*種）、醋栗、克勞德皇后李 ▸酒：蘋果白蘭地、奧日（*Pay d'Auge*）及佩德拜耶（*Pay de Braye*）的蘋果酒、班尼狄克汀（*Bénédictine*，白蘭地為基酒，使用香草和藥草的利口酒）、蘋果酒（*Pommeau*，蘋果汁中混入蘋果白蘭地的釀造酒） ▸起司：卡門貝爾（*Camembert*）、利瓦羅（*Livarot*）、努夏德魯（*Neufchâtel*）、帕威德傑（*pavé d'Auge*）、蓬萊韋克（*Pont-l'Evéque*）、小瑞士（*Petit-Suisse*） ▸料理：康城白酒燉牛肚（*Tripes à la Mode de Caen*，香味蔬菜、蘋果酒、蘋果白蘭地燉牛肚料理）、威爾香腸（*Andouille de Vire*）、烤諾曼地仔羊腿（*Gigot de Pré-Salé Rôti à la Normande*）、迪耶波魚湯（*Marmite Dieppoise*，用各式魚、貽貝、干貝和白葡萄酒煮的湯品），烤盧昂窒息鴨（*Canard au Sang à la Rouennaise*）、諾曼地風味黑血腸（*Boudin Noir à la Normande*，蘋果佐配黑血腸料理） ▸其他：依思尼（*Isigny*）的奶油和奶油醬

Sablé Nantais
南特酥餅

直徑7cm的菊形模型．41片份

低筋麵粉 farine ordinaire：400g
高筋麵粉 farine de gruau：200g
杏仁糖粉 T.P.T.：400g
奶油 beurre：440g
鮮奶 lait：40g
蛋黃 jaunes d'œufs：40g

塗抹用蛋：適量
（全蛋＋咖啡香精「Trablit」）
dorure（œufs entiers＋extrait de café「Trablit」）Q.S.

或許很多人都知道，南特（*Nante*）是創作《環遊世界80天（*La Tour du Monde en Quatre Vingts Tours*）》等，著名的小說家儒勒．凡爾納（*Jules Gabriel Verne*）出生的故鄉，不過對我來說，它是香頌歌手芭芭拉（*Barbara*）的城市。被她歌聲吸引成為熱情粉絲的我，去她住的南特欣賞過好幾次音樂會。記得結束後，我一面沉醉於音樂，浸淫在她的餘音裡，一面漫步在富風情的鋪石路的商店街與廣場，那段回憶令我難忘。

現在，南特被併入羅瓦爾河下游省（*Pays de la Loire*）中，追溯其歷史，10世紀時作為布列塔尼公國的首都孕育出宮廷文化，之後，作為布列塔尼的中心區完成發展建設。16世紀時併入法國後，在羅瓦爾河口擴展成大型港都，因砂糖、黑奴的三角貿易而繁盛，在1941年之前都屬於布列塔尼地區。因此，在歷史、文化上南特都具有濃厚的布列塔尼色彩，要求與布列塔尼再合併的運動至今仍持續進行中。

提到這個城市的特產，就想到在菊形餅乾上畫上格子圖樣烘烤成的南特酥餅。它脆硬的嚼感吃起來很樸素，散發混合奶油與杏仁的豐富香味。我覺得它是特別能讓人感受到布列塔尼風情的酥餅（小餅乾）。我本身對這個甜點具有特別的感情，愛稱呼它為Galette Basse-Bretagne（下布列塔尼酥餅），這個名稱源自包含南特的布列塔尼半島西部的古稱「低地布列塔尼（*basse-Bretagne*）」。

1. 將低筋麵粉、高筋麵粉和杏仁糖粉混合，在工作台上篩成山狀。
2. 用擀麵棍將奶油敲成黏稠狀，和**1**混合，整體混拌成鬆散的沙狀。
3. 將**2**堆成山狀，中央弄個凹洞，在凹洞中倒入鮮奶和蛋黃。
4. 一面用手慢慢地撥入周邊的粉，一面如捏握般混合整體。
5. 麵團揉成團後，取至工作台上揉圓。
6. 裝入塑膠袋中壓平，放在冷藏庫鬆弛1小時以上。
7. 將麵團放到撒了防沾粉在工作台上，擀成8mm厚。
8. 用菊形模型切取。
9. 排放在烤盤上，上面用毛刷塗上塗抹用蛋。
10. 稍微變乾後，再塗一次塗抹用蛋，趁尚未乾用叉子畫出條紋圖樣。
11. 用180℃的烤箱約烤25分鐘。
12. 置於網架上放涼。

Pain Complet
全麥麵包

顧名思義，Pain Complet是外形類似全麥麵包的甜點。一般是用千層酥皮包裹杏仁奶油醬烘烤而成。我在巴黎工作時，也製作過那樣的甜點，但是和我一起在「喬治五世 *(George V)*」飯店工作，出身於布列塔尼的廚師表示，在布列塔尼一般是採取別的作法。而且他還製作給我看，那種全麥麵包是在手指餅乾蛋糕體中填入奶油餡。之後，我造訪了他曾經工作過，位於南特 *(Nante)* 好像名叫「聖米歇爾蛋糕 *(Michel)*」的甜點店，店裡陳售的全麥麵包確實是那種外形。

那樣的全麥麵包構成很簡單，在擠製成山形烘烤好、挖空底部的手指餅乾蛋糕體中，只擠入堅果風味奶油餡。手指餅乾的輕盈口感和蛋的風味令我懷念。製作重點是充分打發蛋白。不用電動打蛋器打發蛋白，放在銅盆裡用打蛋器打發，才能完成極細緻不易扁塌的蛋白霜。

直徑15×高約5cm・4個份

手指餅乾蛋糕體
biscuit à la cuillère

蛋黃 jaunes d'œufs：200g
白砂糖：100g
sucre semoule
蛋白 blancs d'œufs：360g
白砂糖：120g
sucre semoule
低筋麵粉：200g
farine ordinaire
玉米粉：34g
fécule de maïs

堅果奶油餡
crème au beurre praliné
（1個模型約使用100g）

白砂糖：200g
sucre semoule
水 eau：68g
蛋白 blancs d'œufs：100g
奶油 beurre：300g
堅果醬 praliné：125g

糖粉 sucre glace：適量 Q.S.

製作手指餅乾蛋糕體

1. 在鋼盆中放入蛋黃和白砂糖，用打蛋器充分混拌至泛白為止。
2. 在別的鋼盆中放入蛋白，一面分數次加入白砂糖，一面用打蛋器充分打發至尖角能豎起的狀態，製作泛出光澤、質地細綿的蛋白霜。
3. 在**1**中加入**2**的1/3量，用木匙混合。
4. 加入混合好的低筋麵粉和玉米粉，如切割般大幅度混拌。
5. 加入剩餘的**2**混合均勻。
6. 擠花袋裝上口徑12mm的圓形擠花嘴，裝入**5**，在鋪了矽膠烤盤墊的烤盤上，呈螺旋狀擠成直徑15cm的圓形。
7. 在**6**的上面，重疊擠上**5**，而每次擠都小一圈，成為直徑15cm的圓頂形。
8. 整體撒上糖粉。
9. 用180℃的烤箱約烤20多分鐘。
10. 置於網架上放涼。

製作堅果奶油餡

11. 在鍋裡放入白砂糖和水開大火加熱。
12. **11**煮沸後，用攪拌機（鋼絲拌打器）以高速開始打發蛋白。
13. 當**11**變成122℃後，攪拌機轉為低速加入**12**中，再轉回高速。
14. 放涼至人體體溫的程度，蛋白霜變得細綿、有光澤後，關掉攪拌機，加入切碎的稍硬奶油。
15. 攪拌機以中速混拌直到乳化變細滑。
16. 從攪拌機取下加入堅果醬，用木匙混勻。

完成

17. 用刀從**10**的底部呈圓錐狀挖空，挖出的部分切成2片。
18. 將**17**翻面，擠花袋裝上口徑12mm的圓形擠花嘴，裝入**16**，擠入其中。
19. 蓋上1片**17**挖出的部分（上部）。
20. 再擠入**16**。
21. 以**17**的挖空部分（下部）當作蓋子。
22. 翻面後放在網架上，整體撒上糖粉。

Galette Bretonne
布列塔尼酥餅

用沙布蕾麵團或千層酥皮烤成扁平圓形的甜點稱為 *(Galette)*。它被認為是歷史最悠久的麵團製烘焙類甜點，據說最早源自新石器時代在熱石上煎烤粥狀穀物的食品。說到布列塔尼的「Galette」，會立刻讓人想到兩種甜點。一是蕎麥可麗餅，另一種是這裡介紹的含大量奶油的小型布列塔尼酥餅。

加入與麵粉同等分量奶油的豪華配方，烘烤時若不套上中空圈模，柔軟的麵團會塌軟變形。混合方式也要用心謹慎，這樣才有最鬆脆的口感，一咬即碎，在口中慢慢散發鹹味。當地大多採用布列塔尼地區特產的有鹽奶油，我在日本找不到喜歡的產品，所以在無鹽奶油中加鹽來製作。還加入少量蘭姆酒，使酥餅散發更濃郁的風味。

如同當地是被趕出英國的喀爾特人定居的土地，這個甜點也揉合了英國人喜歡的比士吉 *(biscuit)* 風格，另有說法是其原形為奶油酥餅 *(Shortbread)*。

直徑5.5cm・43片份

奶油 beurre：250g
糖粉 sucre glace：150g
鹽 sel：2.5g
蛋黃 jaunes d'œufs：60g
蘭姆酒 rhum：23g
低筋麵粉 farine ordinaire：250g

澄清奶油：適量
beurre clarifié Q.S.

塗抹用蛋：適量
（蛋黃+咖啡香精「Trablit」）
dorure（jaunes d'œufs＋extrait de café「Trablit」）Q.S.

事先準備

＊用毛刷在直徑5.5cm的中空圈模型內側塗上澄清奶油備用。

1. 用攪拌機（槳狀攪拌器）以低速將奶油攪打成柔軟的乳脂狀。
2. 加入糖粉和鹽，以低速攪拌混合讓它含有空氣。
3. 蛋黃分3～4次加入混合。
4. 加蘭姆酒混合。
5. 加低筋麵粉混合至看不見粉末後，從攪拌機上取下。
6. 揉成團裝入塑膠袋中，壓平放入冷藏庫鬆弛1小時。
7. 取出放在撒了防沾粉的工作台上，擀成厚5mm。
8. 蓋上保鮮膜，放入冷凍庫冷凍直到變硬。
9. 取出放在撒了防沾粉的工作台上，用中空圈模切取直徑5cm的圓形。
10. 排放在鋪了矽膠烤盤墊的烤盤上，上面用毛刷塗上塗抹用蛋，稍微晾乾再塗一次。
11. 上面用叉子畫上格子圖樣。
12. 為避免蛋沾黏，套上直徑5.5cm的中空圈模。
13. 用160℃的烤箱約烤20分鐘讓整體充分上色。
14. 脫模，置於網架上放涼。

Gâteau Breton
布列塔尼蛋糕

直徑18×高2.5cm的菊形中空圈模（活動式底部）· 3個份

全蛋 œufs : 200g
白砂糖 sucre semoule : 300g
鹽 sel : 10g
低筋麵粉 farine ordinaire : 500g
奶油 beurre : 300g
切丁的綜合水果（葡萄乾、柳橙、檸檬、鳳梨、櫻桃）的蜜漬水果 : 150g
fruits confits

澄清奶油 : 適量
beurre clarifiéy Q.S.
高筋麵粉 : 適量
farine de gruau Q.S.
塗抹用蛋（蛋黃）: 適量
dorure（jaunes d'œufs）Q.S.

布列塔尼蛋糕是狀似厚烤大餅乾的圓形甜點，也是布列塔尼地區的代表性甜點之一。和布列塔尼酥餅 *(p.256)* 一樣，都使用大量當地特產的有鹽奶油和蛋製成。這裡介紹的是在無鹽奶油中加鹽來製作。傳統的作法是在模型中盛入麵團，表面塗上蛋汁，畫上菱形條紋圖樣後烘烤。

因為麵團上塗了蛋再烤，完成後表面光亮、芳香，一口咬下蛋糕立即散碎，口感略微濕潤。異於餅乾和海綿蛋糕的獨特口感新鮮有趣。除了單用麵團烤成的樸素口味外，還有混入蜜漬水果，或夾入餡料的口味。

根據布列塔尼甜點職人聯合會 *(Fédération des Pâtissiers de Bretagne)* 表示，關於現代版布列塔尼蛋糕的最古老記述，出現在拉康 *(Pierre Lacam)* 所著的《法國與外國的新甜點、冰品職人 *(Nouveau Pâtissiers-Glacier Français et Étranger)*》*(1865)* 一書中。書中描述布列塔尼蛋糕是厚的海綿蛋糕，好像以秤重方式販售。

事先準備
* 用毛刷在模型中塗上澄清奶油，撒上高筋麵粉備用。

1. 在鋼盆中放入全蛋、白砂糖和鹽，稍微打發，用打蛋器充分混合至泛白為止。
2. 加低筋麵粉，用木匙如切割般大幅度混合。
3. 在別的鋼盆中加奶油，用打蛋器混拌成柔軟的乳脂狀。
4. 在**2**中加入**3**，用橡皮刮刀混合。
5. 加入綜合蜜漬水果混合。
6. 裝入塑膠袋中壓平，放入冷藏庫鬆弛1小時。
7. 分割成一個模型500g，用手大致揉成團。
8. 放入模型中，為避免有縫隙，一面用手按壓，一面鋪入麵皮。
9. 上面用擀麵棍碾壓，切掉多餘的麵皮。
10. 用毛刷在上面塗上塗抹用蛋，趁未乾用叉子畫上條紋花樣。
11. 用180℃的烤箱約烤1小時。
12. 脫模，置於網架上放涼。

Far Breton
布列塔尼布丁蛋糕

布列塔尼地區用麵粉或蕎麥粉製作的粥稱為Far。就像以前該區加入肉類料理中，用蕎麥粉製作的鹹粥。現在，大家熟悉作為茶點的布列塔尼布丁蛋糕，是在鮮奶、麵粉、砂糖和蛋製成的粥中，加入蜜李烘製成的甜點。據說，過去在宗教祭典或家族喜慶等日子食用。現在即使店裡有售，但大部分仍以家庭製作為主。

布丁蛋糕中含有許多水分和油脂，口感富彈性，和芙紐多 *(p.136、p.206)* 大致是相同的甜點，不過它的特色是加入蘭姆酒。作法是在模型中先厚塗奶油，撒上白砂糖備用，蛋奶餡上也撒上撕碎的奶油，表面烘烤成焦糖化的香酥口感。蛋糕烤好後裡面像粥一樣膨鬆柔軟，和充分烤焦的外側形成絕妙的對比。我選用厚肉的阿讓 *(Agen)* 產蜜李，以蘭姆酒醃漬讓它滲入酒香。

直徑18×高4cm的寬口圓烤模．1個份

蛋奶餡 appareil
- 全蛋 œufs：70g
- 白砂糖：50g sucre semoule
- 鹽 sel：3g
- 低筋麵粉：70g farine ordinaire
- 鮮奶 lait：155g
- 鮮奶油：155g（乳脂肪成分48%） crème fraîche 48% MG

餡料 garniture
- 醃漬過蘭姆酒的蜜李乾（去籽）：8個 pruneaux mannés au rhum

奶油 beurre：20g

奶油 beurre：約20g
白砂糖：適量 sucre semoule Q.S.

事先準備

＊用手指在模型中厚塗奶油約20g，全部沾上白砂糖備用。

製作蛋奶餡

1. 在鋼盆中放入全蛋，用打蛋器打散。
2. 加白砂糖和鹽輕輕地攪拌混合。
3. 加低筋麵粉粗略混合。
4. 分2次加入混合好的鮮奶和鮮奶油，每次加入都要粗略地混合。
5. 過濾後放入別的鋼盆中，緊貼蓋上保鮮膜，放入冷藏庫鬆弛一晚。

組裝、烘烤

6. 將模型放在烤盤上，放入8個浸漬蘭姆酒的蜜李乾。
7. 將**5**倒入模型中至九分滿（約500g）。
8. 撒上撕成大約1cm小丁的奶油20g。
9. 用180℃的烤箱約烤1小時。途中，若麵皮溢出，用抹刀或手將它壓進去。用手按壓若有彈力即OK。
10. 脫模，翻面後放在網架上，放涼。

Crêpe
可麗餅

在法國各地有各式各樣所謂的「粥狀甜點」*(p.136)*，但我覺得像可麗餅這樣，極薄又Q韌，具存在感的甜點絕無僅有。在麵粉或蕎麥粉中加入鮮奶、鹽和砂糖混成麵糊，倒入平底鍋或鐵板上煎烤，和主要以蕎麥粉製成的餅 *(galette)* 有所區分。

在餐廳作為甜點供應時，例如橙香火焰可麗餅 *(Crêpe Suzette)* 等，是Q韌彈牙，多奶油的豪華配方，不過我比較喜歡庶民風味的可麗餅。在當地，甜點店將烤好的可麗餅疊在店頭販賣，超市則是裝在盒子裡販售，但毫無疑問的還是剛烤好的比較美味。

不限於布列塔尼地區，法國家庭每年2月2日的聖燭節 *(chandeleur*，主的奉獻節日*)* 及狂歡節 *(carnaval*，謝肉節*)* 的最後一天，都會製作可麗餅。煎製時，依照傳統會單手握著硬幣，用另一隻手將平底鍋的可麗餅翻面，藉此來占卜運氣。它或許可說是最早打破鄉土甜點的框架，全法國都很熟悉的國民美味之一。

直徑30cm・約10片份

低筋麵粉 farine ordinaire：250g
白砂糖：60g sucre semoule
鹽 sel：1g
鮮奶 lait：600g
全蛋 œufs：50g
水 eau：61g
焦化奶油：75g beurre noisette
肉桂（粉）：0.5g cannelle en poudre
蘭姆酒 rhum：9g
水 eau：105g

澄清奶油：適量 beurre clarifié Q.S.
白砂糖：適量 sucre semoule Q.S.
有鹽奶油：適量 beurre salé Q.S.
糖粉 sucre glace：適量 Q.S.

---

1. 在鋼盆中放入低筋麵粉、白砂糖和鹽。加入混合好的鮮奶、打散的全蛋和水61g，用打蛋器混合。
2. 在1中加入稍微加熱的焦化奶油，用打蛋器混合。
3. 加肉桂和蘭姆酒混合。
4. 用濾網過濾，讓它鬆弛約2小時。
5. 為了稀釋到有適度的流動性，一面約加水105g，一面用打蛋器混合調整硬度。
6. 在可麗餅鍋中放入澄清奶油以大火加熱，用廚房紙巾薄塗開來。第一片待可麗餅鍋徹底加熱至冒煙後再放入烘烤。第二片以後，一面保持可麗餅鍋的溫度，一面在每次均塗上奶油烘烤。
7. 調整成稍大的中火，用湯杓粗略混合5後，舀取倒入可麗餅鍋的中央（約135g）。
8. 立刻用可麗餅烘烤用的抹桿旋轉抹平。
9. 若邊端可用指頭捏起，背面有蕾絲狀的烤色後，直接捏起翻面。
10. 再烤1～2分鐘，拿起放在工作台上。
11. 整體撒上白砂糖，摺4折放在盤子上。
12. 佐配有鹽奶油，撒上糖粉。

Caramel au Beurre Salé
布列塔尼牛奶糖

使用大量該區特產的有鹽奶油製作的布列塔尼牛奶糖，是能讓人充分感受布列塔尼風味的甜點之一。走在該城街頭，可看到所有土產店裡都在賣這種牛奶糖。牛奶糖有各式各樣的配方和作法，大致區分為堅硬的硬牛奶糖 (*caramel dur*)，以及黏軟的軟牛奶糖 (*caramel mou*)。在布列塔尼見到的主要是後者。包著玻璃紙販售，有各式的風味，例如加入堅果、水果風味或巧克力味等。

它柔軟到放在室溫中一下子就軟化變形，入口後，焦糖的厚味、奶油的風味及鹹味，會慢慢在口中豐盈地擴散開來。製作的重點是一開始好好地把砂糖和水飴熬煮成深色的焦糖。

3×3×厚1.3cm・35個份

白砂糖：250g
sucre semoule

水飴 glucose：25g

鮮奶油（乳脂肪成分48%）：112g
crème fraîche 48% MG

轉化糖 sucre inverti：10g

有鹽奶油 beurre salé：100g

可可奶油：12g
beurre de cacao

沙拉油：適量
huile végétale Q.S.

事先準備

* 在矽膠烤盤墊上用3根厚13mm的基準桿圍出15×21cm的長方形備用。

1. 在銅鍋裡放入白砂糖和水飴，以大火加熱，一面用打蛋器混合，一面加熱成深褐色的焦糖，熄火。
2. 用打蛋器一面混合，一面利用餘溫煮得更焦。
3. 和2同時進行，在別的鍋裡放入鮮奶油和轉化糖煮沸。
4. 在2中加入撕碎的有鹽奶油，用打蛋器充分混合。
5. 在4中加入3混合。再用大火加熱，一面用打蛋器混合，一面熬煮至115℃。
6. 用湯匙舀取少量5浸入冰水中，確認若能凝結成大團塊，混入可可奶油使其融解。
7. 倒入基準桿中鬆弛一晚。
8. 從縫隙間插入小刀拿掉基準桿。
9. 放到薄塗沙拉油的大理石上，用刀切成3×3cm。

约6×2.5cm・約50個份

低筋麵粉 farine ordinaire：150g
蕎麥麵粉 farine de sarrazin：15g
白砂糖：150g
sucre semoule
全蛋 œufs：150g
香草油：2～3滴
huile de vanille
鮮奶 lait：約75g

Crêpe Dentelle de Quimper
坎佩爾蕾絲可麗餅

位於法國西北端，菲尼斯泰爾省 *(Finistère)* 的中心都市坎佩爾 *(Quimper)*，是5世紀時來到布列塔尼地區的喀爾特人最初建立的城市。因處於斯爾泰河和奧代河交匯處，所以在布列塔尼語中，該城名稱有「河川匯流點」之意。。

蕾絲可麗餅與質樸、溫潤的坎佩爾瓷器並列為該城的名產，它是薄烤可麗餅捲製成的烘焙類甜點。特色是具有酥脆輕盈的嚼感，其中，「樂緹 *(Gavottes)*」這家公司的產品最廣為人知。

這個甜點誕生於1886年。相傳是住在坎佩爾一位名叫卡黛兒・科爾尼克 *(Katell Cornic)* 的女性所設計。她傳授給開設「美味 *(Les Délicieuses)*」餐廳的唐基夫人 *(Madame Tanguy)*，經過她的改良，變成將麵糊倒在傾斜的烤盤上，以瓦斯煎烤而成。

順帶一提，Dentelle這個字在法語中是「蕾絲」之意。與其名相稱的纖細口感，散發絕頂的魅力。

1. 在鋼盆中放入已混合過篩的低筋麵粉、蕎麥麵粉、白砂糖、打散的全蛋和香草油，用打蛋器混合成黏稠厚重的液態狀。
2. 一面檢視硬度，一面慢慢加鮮奶，混合稀釋成會滴落的狀態。
3. 用220℃的烤箱預熱烤盤（24×36cm）。
4. 取出3的烤盤，在邊端大約倒入1大杯的麵糊，讓它滴流約10cm寬，立刻用可麗餅抹桿抹成長約20cm，大約能透見烤盤的薄度。
5. 放入220℃的烤箱中約烤2分鐘。
6. 整體烤成黃褐色後從烤箱中取出，立刻用刀切成約6cm寬的帶狀，用手指捏起麵糊邊端從烤盤上撕起。翻面，趁熱捲纏在寬約2cm的抹刀刀刃上。
7. 輕輕放在烘焙紙上放涼。

Kouign-Amann
焦糖奶油餅

在布列塔尼語中，Kouign Amann是「奶油的甜點」的意思。位於布列塔尼最西端杜瓦納內灣裡的杜瓦納內(*Douarnenez*)，是沙丁魚漁獲量與加工興盛的港都，一般認為焦糖奶油餅是誕生於該城的鄉土甜點。相傳是1860年頃，由該城的伊夫雷內(*Yves René Scordia*)麵包師所設計。關於誕生的過程有諸多說法，一說是因當時布列塔尼麵粉少、奶油豐富，因而產生此配方，另一說是為了不浪費做失敗的麵包麵團，因此摺入奶油和砂糖而成。

特別是在甜點店，許多人會以如牛角麵包般的麵團來製作，不過我覺得用麵包麵團製作嚼感較Q韌，和表面的酥脆部分能產生對比口感，吃起來更富趣味。麵團中散發出濃郁的奶油風味，混入其中的砂糖形成沙沙的顆粒口感，而鹹味更加突顯整體的風味。

直徑18×高4cm的寬口窄底烤模・2個份

乾酵母：6g
levure sèche de boulanger
白砂糖 sucre semoule：1g
溫水 eau tiède：30g
高筋麵粉 farine de gruau：130g
低筋麵粉 farine ordinaire：60g
鹽之花 fleur de sel：4g
白砂糖 sucre semoule：19g
奶油 beurre：20g
冷水 eau froide：60g
奶油 beurre：100g
白砂糖：130g
sucre semoule

奶油 beurre：適量 Q.S.

---

1. 在鋼盆中放入乾酵母、白砂糖1g，倒入溫水，進行預備發酵作業20～30分鐘直到冒泡。
2. 在攪拌缸中放入高筋麵粉、低筋麵粉、鹽之花、白砂糖19g、奶油20g（常溫）、冷水和***1***。用攪拌機（勾狀拌打器）以中速攪拌，一面讓麵團黏結，一面攪成團後停止。
3. 將***2***倒入鋼盆中，表面撒上防沾粉，用刮板將麵團邊端向下壓入使表面緊繃成團。
4. 蓋上保鮮膜，約發酵25分鐘讓它稍微膨脹。
5. 揉壓麵團擠出空氣，取出放在工作台上，用刀畫十字切口。從切口朝四方壓開，讓麵團展開成十字形，用擀麵棍輕輕擀開，中央保留些微高度。
6. 用擀麵棍敲打冰奶油100g，修整成10×10cm的四方形，放在***5***的中央。以千層酥皮麵團（p.340）的要領，從四方向內摺疊麵團，一面包入奶油，一面讓它貼合。
7. 用擀麵棍敲打後，擀成大約20×60cm的長方形。將白砂糖130g中的20g撒在整體上。
8. 將麵團摺三折，邊端用擀麵棍按壓貼合，裝入塑膠袋中，放入冷凍庫鬆弛20～30分鐘。
9. 重複進行一次步驟***7***～***8***的作業。
10. 再重複進行一次步驟***7***～***8***的作業，但麵團是摺兩折。
11. 擀成30×15cm的大小，切半（15×15cm2片）。
12. 在模型中用手指薄塗適量奶油，將白砂糖130g中剩餘的適量撒滿模型中。
13. 在***11***的四邊往中央翻摺，放入***12***中，撒上***12***的剩餘白砂糖。
14. 放入220℃的烤箱中約烤30分鐘。裡面烤透，但上面的砂糖仍未融時從烤箱中取出。
15. 立刻翻面脫模，置於網架上放涼。

Gâteau Brestois

布雷斯特蛋糕

布雷斯特 *(Brest)* 大致是位於布列塔尼半島西端的港灣都市。自羅馬時代起即設置港口，17世紀以後整建為軍港要塞。因此，該城在第二次世界大戰中受到毀滅性的損害，不過現在已完全復興，成為具重要功能的商業港。許多喜愛甜點的人，大概都從巴黎．布雷斯特泡芙 *(p.322)* 得知其名。

這個城的特產是質地紮實的烘焙甜點布雷斯特蛋糕，它也被稱為「Brestois」，加入杏仁粉、檸檬香精、柳橙利口酒的麵糊，用小布里歐模型或寬口窄底烤模來烘製。不論哪種都會包入或在表面塗上杏桃果醬，並貼上杏仁片。

極細緻豐盈的口感，以及杏仁和蛋的圓潤、柔和的風味，與熱內亞麵包 *(Pain de Gênes)* 類似。蛋糕與杏桃果醬的酸味完美平衡，由於耐保存，所以能慢慢享用。

17×17cm（底15×15cm）的四角形模型（附底）．2個份

蛋黃 jaunes d'œufs：100g
杏仁糖粉 T.P.T.：170g
蜜漬橙皮：25g
écorces d'oranges confites
君度橙酒 Cointreau：20g
檸檬香精：5～6滴
essence de citron
低筋麵粉 farine ordinaire：85g
蛋白：150g
blancs d'œufs
白砂糖：45g
sucre semoule
融化奶油 beurre fondu：25g

澄清奶油：適量
beurre clarifié Q.S.
杏仁片：適量
amandes effilées Q.S.
杏桃果醬：適量
confiture d'abricots Q.S.

事先準備

＊用毛刷在模型中塗上澄清奶油，全部貼滿杏仁片。

1. 在攪拌缸中放入蛋黃和杏仁糖粉，用攪拌機（鋼絲拌打器）以中速攪拌。
2. 整體混勻後，加切碎的蜜漬橙皮、君度橙酒和檸檬香精，約打發20分鐘至黏稠厚重的狀態。
3. 加低筋麵粉用木匙混合。
4. 蛋白中加白砂糖，用攪拌機（鋼絲拌打器）充分打發至尖角能豎起的狀態。
5. 在3中分2～3次加入4，用橡皮刮刀混合。
6. 混合至八成均勻時，加融化奶油（室溫）混合均勻。
7. 一個模型中分別倒入300g。
8. 用170℃的烤箱約烤45分鐘。
9. 翻面放在網架上，脫模。
10. 趁熱，用毛刷塗上加熱過的杏桃果醬。

Craquelin de Saint-Malo
聖馬洛庫拉克林酥餅

約15×7cm・10個份

乾酵母：5g
levure sèche de boulanger
溫水 eau tiède：50g
低筋麵粉 farine ordinaire：62g
低筋麵粉 farine ordinaire：250g
奶油 beurre：125g
鹽 sel：1g
水 eau：60g

聖馬洛 *(Saint-Malo)* 位於布列塔尼北部翡翠 *(Smeralda)* 海岸，是建於12世紀的外環城牆的小港都。16世紀時，被稱為科爾賽爾 *(corsaire)* 的海盜及武裝民船 *(法王認定的海賊船)* 頻繁在此活動，17世紀末成為法國首屈一指的港都繁榮發展。第二次世界大戰時雖然城市大半被破壞，不過所有歷史建築物至今大致都已復元，成為受歡迎的休閒娛樂地之一。

說到該城的特產甜點，就是口感輕盈鬆脆，風格獨具的聖馬洛庫拉克林酥餅。屬於麵包麵團用熱水燙過再烘烤的埃松德鬆糕 *(echaudé)* 的一種，通常佐配果醬、奶油、起司等，作為早餐或茶點食用。在當地採袋裝販售，咖啡館也有售。據說它的起源可追溯至中世紀，確實是非常樸素的甜點。

庫拉克林酥餅不只在聖馬洛，從布列塔尼到諾曼地地區的北岸地區、北法國、旺代省、弗朗什・康地地區等都有製作。它的形狀和作法五花八門，有屬於埃松德鬆糕類、海綿蛋糕類，或使用與不用發酵麵團的，以及加糖或不加糖的等，種類繁多。

1. 在鋼盆中放入乾酵母、溫水和低筋麵粉62g，用木匙混合。發酵約2小時，讓它膨脹約2倍大。
2. 在工作台上將低筋麵粉250g篩成山狀，加入用手揉軟的奶油（室溫）和鹽，用手弄散混拌成鬆散的沙狀。
3. 在2的中央弄個凹洞，倒入水，一面用手慢慢地撥入周邊的粉，一面混合整體，用手掌揉捏，混合到麵團有彈性，不會沾黏工作台即可。
4. 在3中加入1混合，拉扯麵團，在工作台上如敲打般混合，以產生筋性。
5. 分割成每塊50g，用微彎的手掌如包覆般在工作台上旋轉揉圓，讓麵團表面變平滑。
6. 擀成長徑15×短徑7cm的橢圓形。
7. 用快煮沸的水煮6約2～3分鐘。
8. 用湯杓撈起已浮起的6，用抹布擦乾水分。
9. 排放在烤盤上，用220℃的烤箱約烤15～20分鐘至整體上色為止。
10. 置於網架上放涼。

Pâte à Tartiner au Caramel Salé
鹹焦糖抹醬

便於製作的分量

白砂糖：400g
sucre semoule

水飴 glucose：400g

鮮奶油（乳脂肪成分48%）：600g
crème fraîche 48% MG

香草棒：½根
gousse de vanille

奶油 beurre：200g

鹽之花：8g
fleur de sel

Pâte à Tartiner是指早餐、午茶時，塗抹在麵包、比士吉或薄餅上的抹醬。有堅果、巧克力等各式口味，在布列塔尼最常見的仍是有鹽奶油焦糖風味的鹹焦糖抹醬。基本上，它的作法非常簡單，用鮮奶油或奶油混合焦糖即成。隨著黏稠抹醬在口中融化，湧現濃郁豪華的乳香焦糖味，讓人感受幸福的氛圍。

如各位所知，鹽有在地底結晶形成的岩鹽，以及從海水中提煉的海鹽。布列塔尼的鹽當然是後者，尤其是給宏德 *(Guérande)* 產的海鹽，和普羅旺斯地區的卡馬格 *(Canargue)* 產的海鹽同享盛名。其中，在鹽田裡最先浮至濃海水表面的結晶鹽，稱為鹽之花 *(fleur de sel)*，被視為鹽中的高級品。我在這裡也是使用給宏德產的鹽之花。它的鹹味與眾不同，圓潤鮮美，讓人意猶未盡。

1. 在銅鍋裡放入白砂糖和水飴，以大火加熱，一面用打蛋器混合，一面加熱。
2. 和**1**同時，在別的鍋裡放入鮮奶油和剖開的香草豆莢及種子，煮沸。
3. 將**1**煮成深褐色的焦糖後，熄火，加入**2**，用打蛋器充分混合。
4. 放涼至35℃。
5. 加奶油（室溫）混合，再加鹽之花混合。

Sablé Normand
諾曼地餅乾

Sablé *(沙布蕾)* 是指加入豐富奶油、口感佳的餅乾。若做不出能在口中卡嚓、卡嚓碎裂的酥脆嚼感，就稱不上是Sablé。因此，第一步先將麵粉、奶油和砂糖充分混成Sablé (在法語中，*Sablé* 是「撒了沙」的意思) 狀。若混合少量時，用雙手輕柔包覆搓揉混合，讓粉和油脂融合成細碎的顆粒狀。

根據法語辭典中記載，Sablé這個名稱源自安茹北方曼恩 *(Maine)* 地區的城市薩布雷・薩特市 *(Sablé-sur-Sarthe)* 。不過，它被認為發祥於19世紀以前的諾曼地區，從該地區的利雪 *(Lisieux)* 、特魯維 *(Trouville)* 、康城 *(Caen)* 、烏爾加特 *(Houlgate)* 等地擴展到全法國。

諾曼地餅乾以依思尼 *(Isugny)* 產的最具代表性，使用大量諾曼地特產的優質奶油，以及當地廣泛栽種的小麥粉製作，屬於傳統的餅乾。它以白砂糖製作，和用糖粉的餅乾比起來，顯得較不光滑、細柔，不過我反倒比較喜歡它樸實無華的風味。

直徑6cm的菊形模型・27個份

低筋麵粉 farine ordinaire：150g
奶油 beurre：100g
白砂糖：75g sucre semoule
蛋黃 jaunes d'œufs：40g

1. 在鋼盆中放入低筋麵粉，加入用手揉軟的奶油（室溫）和白砂糖，用指尖如抓捏般混合整體。
2. 混合至某程度後，用手如搓揉般混合成鬆散的沙狀。
3. 將中央弄個凹洞，加入蛋黃，用手充分搓揉混合。
4. 取出放在工作台上，整體揉成團。
5. 裝入塑膠袋中，放入冷藏庫鬆弛1小時以上。
6. 擀成厚4mm，用菊形模型切取排放在烤盤上。
7. 用叉尖在中央壓出圖樣。
8. 用180℃的烤箱約烤12分鐘。
9. 置於網架上放涼。

Bourdelot
布爾德羅蘋果酥

布爾德羅蘋果酥是用千層酥皮或塔皮包住整顆蘋果，以烤箱烤製的甜點。是蘋果的名產地諾曼地才吃得到的美味。蘋果先挖除果核，填入砂糖、肉桂和奶油，用麵皮包好後烘烤，蘋果燜烤後提引出美味，保留清新的酸甜味與口感的同時，味道也變得更濃郁。根據不同的蘋果形狀與烘烤狀況，會呈現各種自然形狀也十分有趣。蘋果最好選用也用來釀造諾曼地特產的蘋果發泡酒及蘋果酒*(cidre)*，特色是具有怡人酸味的reinette品種，不過在日本可以用紅玉替代。布爾德羅蘋果酥可以涼了之後食用，不過我覺得還是趁熱吃較美味。

諾曼地地區還有用麵皮同樣包住整顆洋梨烘烤，名為多庸香梨酥*(douillon)*的甜點。我在法國修業時，不只在諾曼地看到兩者，在巴黎的麵包店或甜點店也常見到，令我印象深刻。

直徑約11cm・4個份

千層酥皮麵團：約300g
pâte feuilletée
（摺三折・6次，▸▸參照「基本」）

餡料 garniture
- 蘋果 pommes：4個
- 白砂糖：20g
  sucre semoule
- 紅糖 cassonade：20g
- 肉桂（粉）：20g
  cannelle en poudre
- 奶油 beurre：20g

塗抹用蛋（全蛋）：適量
dorure（œufs entiers）O.S.

準備千層酥皮麵團

1. 千層酥皮麵團擀成厚2mm，放入冷凍庫20～30分鐘凍縮。
2. 切成約20×20cm的正方形，放入冷藏庫鬆弛1小時。

製作餡料

3. 保留蘋果上的梗，從下面刺入去核器剔除果核。
4. 混合白砂糖、紅糖和肉桂，填入**3**的孔中，壓入奶油作為蓋子。
5. 排放在烤盤上，用250℃的烤箱約烤5分鐘至稍微烤乾的狀態。
6. 直接放涼。

組裝、烘烤

7. 將**2**放在工作台上，在中央放上**6**。捏起麵團的邊角包住蘋果。
8. 切掉多餘的麵團，最後用手指捏緊麵團收口，排放在烤盤上。
9. 將**8**切下的麵團薄薄地擀開，用葉片模型切取，剩餘的切成繩狀作為莖。
10. 用毛刷在**8**塗上塗抹用蛋，仔細黏貼**9**做裝飾。
11. 也用毛刷在**10**的葉片和莖的表面塗上塗抹用蛋，用抹刀背在葉上畫出葉脈圖樣。
12. 用200℃的烤箱約烤1小時。
13. 置於網架上放涼。

直徑14×高8cm的
夏洛蒂模型・2個份

變硬麵包（吐司等）的
白色部分：250g
mie de pain rassise

白砂糖：225g
sucre semoule

蘋果 pommes：1kg

焦化奶油：50g
beurre noisette

奶油 beurre：50g

Gâteau du Verger Normand
諾曼地蘋果蛋糕

所謂的Verger，在法語中是「果樹園」的意思。諾曼地蘋果蛋糕是將剩餘的麵包弄碎成麵包粉，和蘋果層疊烘烤成的家常甜點。根據不同的麵包粉形成獨特的彈性，與柔軟蘋果的對比口感別具一格。由此可以窺見法國人不暴殄食物的合理作法，是味道樸素的一道甜點。

事先準備

＊用手在模型中塗上奶油50g備用。

1. 將變硬的麵包裡肉放入發酵機（保溫庫、保管庫）中一晚，直到變得乾脆。
2. 用手捏碎 *1*，成為粗的麵包粉狀。
3. 在鋼盆中放入 *2*，撒上白砂糖混合。
4. 蘋果去皮和果核，縱切16等分。
5. 在模型底部鋪入6～7片的 *4*。
6. 滿滿地撒上1/4量的 *3*。
7. 再重複3次步驟 *5*～*6*。
8. 用180℃的烤箱約烤2個半小時，烤到邊緣和底部都變成焦糖色。
9. 烤好後，立刻在表面淋上焦化奶油。
10. 置於網架上放涼，脫模。

Pomme au Four
焦糖烤蘋果

說到諾曼地的景色，最先浮現在我眼前的是，初夏時節一整片盛開白花的蘋果林。附近有許多乳牛正悠閒地吃草，「多麼恬靜的景色啊」，記得當時我看得入迷。

當地的許多甜點也都是用特產的蘋果製作。其中，最簡單的大概就是焦糖烤蘋果吧。諾曼地地區的烤蘋果，是挖空蘋果的果核部分，裡面填入蜜漬蘋果再烘烤，也時常在蜜漬蘋果中混入杏桃果醬。製作的蘋果，最好選用酸甜味鮮明的reinette品種，不過，在日本建議可選用紅玉品種。

蜜漬水果和果醬的水果甜味與酸甜的蘋果混合，醞釀出天然討喜的風味。

直徑8cm．6個份

蘋果 pommes：6個

餡料 garniture
- 蜜漬蘋果：200g
  compote de pomme
  （▸▸ 參照「基本」）
- 杏桃果醬：100g
  confiture d'abncots
  （▸▸ 參照「基本」）

蜂蜜 miel：50g
焦化奶油：25g
beurre noisette

1. 蘋果連皮直接用刀橫向切下蒂的部分（從上約1/5左右），作為蓋子。下面用法國製刨刀（econome）挖掉裡面的果核。
2. 混合蜜漬蘋果和杏桃果醬，用湯匙填入*1*挖空的洞裡。
3. 蓋上在*1*中切下的蒂的部分，用手在蘋果表面塗上蜂蜜。
4. 用毛刷在*3*的整體表面塗上稍微變涼的焦化奶油。
5. 排放在烤盤上，用200℃的烤箱約烤30分鐘。
6. 直接放涼。

Sablé de Caen
康城餅乾

半徑5cm的扇形・40片份

水煮蛋的蛋黃：60g
Jaunes d'œufs durs
低筋麵粉 farine ordinaire：250g
糖粉 sucre glace：125g
奶油 beurre：250g
鹽 sel：1g
肉桂（粉）：2g
cannelle en poudre

塗抹用蛋（全蛋）：適量
dorure（œufs entiers）Q.S.

現在的卡爾瓦多斯省 *(Calvados)* 的省都康城 *(Caen)*，當初是由諾曼地公爵，也是英格蘭王的威廉一世 *(Guillaume I，英語名William I)*，於11世紀建造的城市發展而成。第二次世界大戰時該城幾乎被破壞殆盡，但是又被迅速重建。躲掉戰爭的破壞，現在仍保留往日繁華的男子修道院及布爾日大教堂 *(Cathédrale Saint-Étienne de Bourges)*，雄偉莊嚴的建築美麗耀眼。

提到這個城市的特產，最著名的就是康城燉牛肚 *(Tripes à la mode de Caen)* 這道燉煮料理，甜點部分則不可忘了康城餅乾。在五花八門的餅乾中，只有這種甜點，才有取白煮蛋的蛋黃過濾後混入麵糊中。酥脆輕盈的口感最富魅力，隨著餅乾在口中碎裂，加了大量奶油的香味也豐盈地瀰漫開來。在當地餅乾用袋包裝，到處堆積如山地販售。它好像有專用的三角切模，但這次我是用菊形圓切模來替代，切取後再分切成4塊。

1. 水煮蛋的蛋黃用細目網篩過濾。
2. 在鋼盆中放入低筋麵粉、糖粉、奶油（常溫）、1、鹽和肉桂，用指尖如抓捏般混合粉類和奶油。
3. 混合至某程度後，用手如搓揉般混合。
4. 取出至工作台上，整體揉成團。
5. 裝入塑膠袋中壓平，放入冷藏庫鬆弛1小時。
6. 擀成厚5mm，用直徑10cm的菊花形模型切取，用刀分切成4等分。
7. 排放在烤盤上，用毛刷塗上塗抹用蛋，用口徑9mm的圓形擠花嘴印出圖樣。
8. 用180℃的烤箱約烤20分鐘。
9. 置於網架上放涼。

Flan de Rouen
盧昂塔

諾曼地地區的中心都市盧昂。自羅馬時代起一直是港都，後來因成為諾曼地公國的首都而繁榮，1431年因聖女貞德 *(Jeanne d'Arc)* 在此地被處以火刑而聞名。盧昂街上矗立著莫內 *(Claude Monet)* 曾畫過30多幅作品的莊嚴巴黎聖母院，以及聖馬可魯教堂 *(L'église Saint-Maclou)* 等，保留了許多哥德樣式建築，讓人感受到歷史的厚度。我在法國生活的最後期造訪該城時，一面漫步街頭，一面瀏覽聖母院周邊的許多老精品店，非常地愜意。

盧昂塔是冠以該城名字的甜點之一。作法是在模型中鋪入塔皮，倒入蛋奶餡，與特產蘋果一起烘烤，一如諾曼地甜點的特有風格。它和我熟悉的富彈性的巴黎 *(Paris)* 的塔 *(p.316)* 不同，口感輕軟如布丁一般。融合蘋果酸甜味的柔和滋味，沁入心脾。

直徑18cm、高2cm的圓形塔模．3個份

酥塔皮：315g
pâte à foncer
（▸▸參照「基本」）

蛋奶餡 appareil
- 低筋麵粉：20g
  farine ordinaire
- 白砂糖：150g
  sucre semoule
- 全蛋 œufs：50g
- 蛋黃 jaunes d'œufs：40g
- 鮮奶 lait：500g

餡料 garniture
- 蘋果 pommes：2又¼個

準備酥塔皮

1. 酥塔皮擀成厚2mm，放入冷凍庫20～30分鐘凍縮。
2. 切割成比模型還大一圈的圓形，1個模型切1片，放入冷藏庫鬆弛1小時以上。
3. 鋪入模型中，放入冷藏庫鬆弛1小時以上。
4. 用手指按壓塔皮側面，讓它和模型貼合，用抹刀切掉突出的塔皮。

製作蛋奶餡

5. 在鋼盆中放入低筋麵粉和白砂糖，用打蛋器充分混合。
6. 加入混合打散的全蛋和蛋黃（兩者均常溫），用打蛋器混合。
7. 一面倒入鮮奶（常溫），一面用打蛋器混合。

準備餡料

8. 蘋果去皮和果核，縱切16等分。

組裝、烘烤

9. 將**4**放在烤盤上，呈放射狀排放上**8**，中央放置1片。
10. 在模型中倒滿**7**。
11. 用180℃的烤箱約烤1小時，烤到蛋奶餡如布丁般能稍微彈Q晃動的狀態。

Mirliton de Rouen
盧昂米爾立頓塔

直徑6、高1cm的
小型塔模・30個份

千層酥皮麵團：約300g
pâte feuilletée
（摺三折・8次、▸▸ 參照「基本」）

蛋奶餡 appareil
- 全蛋 œufs：200g
- 白砂糖：100g
sucre semoule
- 杏仁糖粉 T.P.T.：200g
- 重乳脂鮮奶油：40g
crème double
- 橙花水：3～4滴
eau de fleur d'oranger

糖粉 sucre glace：適量 Q.S.

名稱發音也很可愛的Mirliton，是在千層酥皮中填入杏仁奶油醬烘烤成的小型塔。其他城裡也可見到這種甜點，但盧昂 *(Rouen)* 的塔特別有名，在巴黎 *(Paris)* 是填入杏桃果醬、尼斯 *(Nice)* 是加入核桃製作。其中，也有像亞眠 *(Amiens)* 的亞眠米爾立頓塔 *(p.294)* 那樣，呈現獨特樸素風味的塔。

盧昂米爾立頓塔的特色是，倒入加鮮奶油 *(這裡是用重乳脂鮮奶油)* 的杏仁奶油醬製作的蛋奶餡再烘烤。特點是烤得口感輕盈，盧昂的所有甜點店都有販售。我個人最喜歡亞眠米爾立頓塔，不過盧昂塔的輕盈感我也不討厭。也有上面不撒糖粉直接烘烤的口味，但我比較喜歡撒上糖粉烤得比較柔軟、溫和的口感。

準備千層酥皮麵團
1. 將千層酥皮麵團擀成厚2mm，戳洞。
2. 用直徑7cm的菊形切模切取，鋪入模型中。
3. 放入冷藏庫鬆弛1小時。

製作蛋奶餡
4. 在鋼盆中放入全蛋和白砂糖，用打蛋器徹底打散混合，勿打發。
5. 混合杏仁糖粉，接著，加入重乳脂鮮奶油和橙花水混合。

組裝、烘烤
6. 用湯匙舀取15g的**5**，分別放入**3**中。
7. 輕輕撒上糖粉，直接靜置一下讓糖粉變濕（讓它吸收水分）。
8. 再次撒上足量的糖粉。
9. 用180℃的烤箱約烤35分鐘。
10. 脫模，置於網架上放涼。

Terrinée
烤米布丁

直徑12×高6cm的
小烤模・3個份

鮮奶 lait：1kg
米 riz：63g
白砂糖 sucre semoule：63g
肉桂（粉）：1g
cannelle en poudre

烤米布丁又稱為Teurgoule，是在米中加入鮮奶和砂糖燉煮的甜點。在陶製容器中放入材料，用烤箱以低溫長時間（有的標示5～7小時）烘烤。完成後，布丁表面形成金黃色薄膜，封住煮成黏稠的米，米裡飽含鮮奶、砂糖和肉桂的香味，味道甜美。日本的米較具黏性，所以或許使用外國產的米較佳。

它可以涼了之後再吃，不過當地大多會趁熱，佐配稱為法魯（*fallue*）的細長布里歐麵包，和Cidre蘋果發泡酒一起享用。樸素濃厚的風味，讓人充分感受到家的溫暖。

1. 煮沸鮮奶讓它稍微變涼，放入冷藏庫充分冷卻。
2. 鋼盆中放入米（不洗）、白砂糖和肉桂，用木匙混合，倒入1混合
3. 倒入至模型的一半高度（各約290g），排放在烤盤上。
4. 放入130℃的烤箱約烤6小時。
5. 置於網架上放涼。

Picardie
Artois
Flandre
Île-de-France

碧卡地、阿爾圖瓦、
法蘭德、巴黎大區

大約25年前，我在里爾購得，
質地厚重的鑄鐵鬆餅機。

Picardie

碧卡地

碧卡地地區屬於巴黎盆地北緣的區域。5世紀時成為法蘭克王國墨洛溫朝代*(Mérovingiens)*的根據地，建立修道院、進行開墾。12世紀以後，從法蘭德地區引進毛織工業而長足發展。百年戰爭時，歷經英王、法王和勃艮地公爵的爭奪，15世紀成為勃艮地的領土，勃艮地公爵查理*(Charles de Valois-Bourgogne)*死後，併入法蘭西王國。在17世紀之前屢受西班牙入侵，第一、第二次世界大戰時都成為戰爭的舞台。這裡土地肥沃，盛行農業，生產小麥、大麥、甜菜等，有許多甜點都使用豐富的奶油、蛋和砂糖，還有自古傳承的甜點。甜點中也使用從甜菜提煉的特產粗糖初階糖*(Vergeiose)*。

▸主要都市：亞眠（*Amiens*、距巴黎116km） ▸氣候：雖然是夏季涼爽、冬季沒那麼寒冷的西岸海洋性氣候，不過隨著越內陸，越受到夏季炎熱、冬季寒冷的大陸性氣候的影響。 ▸水果：諾亞恩（*Noyon*）的紅果（*fruits rouges*）、蘋果、洋梨 ▸酒：啤酒、蒂耶拉許（*Thiérache*）的蘋果酒、蘋果白蘭地、洋梨酒（*Poiré*、洋梨的發泡酒） ▸起司：馬魯瓦耶（*Maroulles*）、洛樂（*Rollot*） ▸料理：碧卡地火腿蘑菇捲餅（*Ficelle Picarde*，用可麗餅捲包火腿、白醬，淋上白醬和起司後烘烤），亞眠的鴨肉醬（*Pâé de Canard d'Amiens*）、洋蔥燉豬腿肉（*Caghuse*，豬小腿肉用洋蔥覆蓋以烤箱烘烤的料理） ▸其他：甜菜糖

Artois

阿爾圖瓦

位於阿爾圖瓦台地的阿爾圖瓦地區，5世紀以後，成為法蘭德地區的一部分，1180年成為法王領地。之後歷經阿爾圖瓦伯爵領土、勃艮地伯爵領土，15世紀之後，受哈布斯堡*(Habsburg)*家族管轄，成為西班牙的領土。這裡歷經許多戰爭和侵略，17世紀時再割讓給法國。這裡仍是兩次世界大戰的戰場，該區擁有豐富的食材，盛行大規模農業栽培，以小麥為首，包括穀物、甜菜等。還有阿拉斯*(Arras)*的焦糖*(Caramel)*、貝爾克*(Berck)*的西克糖*(Chique)*等糖果。

▸主要都市：阿拉斯（*Arras*、距巴黎163km） ▸氣候：雖然是夏季涼爽、冬季沒那麼寒冷的西岸海洋性氣候，但因緯度高，所以基本上氣候寒涼。 ▸酒：啤酒 ▸料理：燜煮鯡魚排（*Filet de Hareng Braisé*）、燻鯡魚（*Gendarme*，燻製鹽漬鯡魚） ▸其他：菊苣飲料（*Chicorée*，可替代咖啡飲用的菊苣根粉）

Flandre
法蘭德

法蘭德地區位於法國的最北端。9世紀時成為法蘭德伯爵領地，以毛織業為中心，商業、貿易、城市蓬勃發展。但14世紀時，法蘭西王國、英國及市民階層相互爭奪權力，1369年納入勃艮地公國。歷經哈布斯堡 *(Habsburg)* 家族統治，17世紀時北邊割讓給荷蘭，南邊割讓給法國。之後，歷經波折，1830年比利時獨立。該區被分割成比利時的東西法蘭德斯省和法國的諾爾省，直至今日。飲食也和比利時的法蘭德斯省類似，金屬、化學工業發達，不過法蘭德的代表性農作小麥、大麥、甜菜等農業及畜牧業也很興盛。以初階糖 *(Vergeiose)* 等製作的甜點和糖果豐富多彩，也有許多與特產奶油及啤酒酵母相關的發酵甜點。

▸主要都市：里爾（*Lille*、距巴黎204km） ▸氣候：雖然是夏季涼爽、冬季沒那麼寒冷的西岸海洋性氣候，但因緯度高，所以基本上氣候寒涼。 ▸水果：蘋果 ▸酒：啤酒、杜松子酒（*Genièvre*，穀物和杜松子為基材的琴酒原形的酒） ▸起司：里爾球（*Boule de Lille*，也稱為米莫萊特起司（*Mimolette Française*）、馬魯瓦耶（*Maroulles*）、貝爾格（*Bergues*）、阿維尼布雷特（*Boulette d'Avesnes*） ▸料理：啤酒濃湯（*Soupe à la Bière*）、法蘭德風味紫包心菜沙拉（*Chou Rouge à la Flamande*）、牛尾蔬菜濃湯（*Hochepot*，使用牛尾的法蘭德風味蔬菜濃湯）、啤酒燉牛肉（*Carbonade de Bœuf*，以啤酒燜煮牛肉） ▸其他：菊苣飲料（*Chicorée*，可替代咖啡飲用的菊苣根粉）、初階糖（*Vergeiose*）

Île-de-France
巴黎大區

在法語中，意味「法國之島」的巴黎大區，是擁有巴黎的法蘭西王國的發祥地。其名稱的由來源自塞那河及其支流環繞。987年修哥卡佩 *(Hugues Capet)* 即位為法王，建立法國最初的卡佩王朝 *(Dynastie des Capétiens)*。該區廣布平野、森林、丘陵和台地，當地人善用肥沃的土壤與穩定的氣候，很早便開始發展農業，藉著河流貿易盛行，同時也支持了王權的發展。12世紀時，以巴黎 *(Paris)* 為首都確立了地位。至16世紀形成強大的政府，為了居住與狩獵，在各地廣建王室城堡、貴族城旅和大教堂。在法國革命王權終止後，仍為政治、文化的中心繼續發展。服侍王侯貴族的廚師們，確立了法國料理的基礎，以首都之利廣納國內外多樣化料理和烹調法，綻放出絕無僅有、舉世聞名的精緻美食文化。同樣地，甜點也跳脫鄉土甜點的窠臼，具有許多極負盛譽的高雅法國古典甜點。普羅旺 *(Provins)* 的玫瑰醬、香堤鮮奶油 *(Crème Chantilly)* 也十分著名。

▸主要都市：巴黎（*Paris*） ▸氣候：受海洋性氣候的準大陸性氣候，比較穩定。春夏氣候涼爽舒適，但冬季寒冷。 ▸水果：蒙摩倫西（*Montmorency*）的櫻桃、托莫里（*Tomery*）的莎斯拉葡萄（*Chasselas*、白葡萄的一種）、夏普路西（*Chambourcy*）的克勞德皇后李 ▸酒：杏仁甜酒（*Noyau de Poissy*，杏仁為基材的利口酒）、柑曼怡香橙干邑甜酒（*Grand Marnier*、干邑白蘭地中浸漬橙皮的利口酒） ▸起司：莫城布里（*Brie de Meaux*）、蒙特羅布里（*Brie de Montereau*）、莫蘭布里（*Brie de Melun*）、可洛米爾（*Coulommiers*）、楓丹白露（*Fontainebleau*） ▸料理：洋蔥回鍋肉（*Bœuf Miroton*，水煮牛肉中淋洋蔥醬汁的焗烤料理）、羊肉鍋（*Navarin d'Agneau*、羊肉和蔬菜的燉煮料理）、法式煮豌豆（*Petits Pois à la Française*、綠豌豆、沙拉菜、小洋蔥、綜合香草束、培根的燉煮料理）、巴黎蔬菜湯（*Potage Parisien*，馬鈴薯和韭蔥煮的濃湯） ▸其他：米利（*Milly*）的薄荷

Macaron d'Amiens
亞眠馬卡龍

直徑約4cm・60個份

杏仁糖粉 T.P.T.：1kg
蛋白 blancs d'œufs：90g
蜜漬蘋果：50g
Compote de pommes
（▸▸參照「基本」）

阿拉伯膠（粉）：適量
gomme arabique en poudre Q.S.
※用等量的水融解

切碎的開心果：適量
pistaches hacnées Q.S.

亞眠 *(Amiens)* 是臨索姆河 *(Somme)* 畔開展的碧卡地地區的中心都市，城裡巍峨聳立著建於13世紀，法國最大的哥德式大教堂。該城透過纖維業繁榮發展，1802年，拿破崙戰爭時，英國和法國在此締結和平條約 *(Paix d'Amiens，亞眠和約)* 而廣為人知。

我在該教堂的前面甜點店裡看到亞眠馬卡龍。當時的我，只知道巴黎馬卡龍 *(p.320)*，沒見過這種褐色的塊狀甜點，驚訝於他們竟然將它當作馬卡龍來賣。我試吃後，覺得它比杏仁膏中加蛋白的杏仁酥 *(fours pochés，擠烘烤的小餅乾)* 略硬一些，裡面軟黏。「怎麼還有口感和風味這麼傳統的甜點啊！」我再次感到驚訝，心中充滿巧遇此甜點的喜悅。

這個甜點被認為誕生於13世紀後半期，其由來不明。好像有加入蜂蜜的口味，不過，我在多本書中看到的作法是加入蜜漬蘋果。這樣能產生內、外對比的口感，濃厚的杏仁味也散發難以言喻的魅力。

1. 在鋼盆中放入所有材料，用木匙混合避免空氣進入。
2. 擠花袋裝上口徑14mm的圓形擠花嘴，裝入*1*。
3. 在鋪了矽膠烤盤墊的烤盤上，保持間距擠成直徑1.4cm、高3cm的圓柱形。
4. 在室溫中直接鬆弛一晚，晾乾表面。
5. 用230℃的烤箱約烤20分鐘。
6. 用毛刷塗上保溫在50～60℃的阿拉伯膠，放上切碎的開心果。
7. 置於網架上放涼。

Mirliton d'Amiens
亞眠米爾立頓塔

說到米爾立頓塔，以諾曼地地區的盧昂(*Rouen*)米爾立頓塔最為著名，不過我比較喜愛亞眠的米爾立頓塔。這個塔因為在上面撒上厚厚的糖粉，所以烘烤時蛋奶餡會慢慢地、溫和地受熱，和盧昂的塔比起來，我偏愛亞眠塔較濕潤的質感。製作的要點是蛋奶餡的混合方式。蛋奶餡若太硬，烘烤時會裂開，太軟的話又會膨脹溢出。訣竅是不可過度打發，混合整體變得略微泛白後就停止。為了讓蛋奶餡漂亮地膨起，別忘了擦掉沾在蛋糕邊緣的糖粉。

口徑6×高22.2cm的
蓬蓬內小模型・6個份

杏仁甜塔皮：150g
pâte sucrée aux amandes
（▸▸參照「基本」）

蛋奶餡 appareil
- 全蛋 œufs：80g
- 杏仁糖粉 T.P.T.：100g
- 融化奶油：50g
  beurre fondu

糖粉 sucre glace：適量 Q.S.

準備杏仁甜塔皮

1. 將杏仁甜塔皮擀成厚3mm。
2. 切割成直徑約10cm的圓形，鋪入模型中。用擀麵棍在模型上面滾壓切掉多餘的塔皮。

製作蛋奶餡

3. 在鋼盆中放入全蛋，用打蛋器輕輕打散。
4. 加杏仁糖粉，充分混合到蛋糊流下時會呈泛白的緞帶狀為止。
5. 加融化奶油（室溫）混合。

組裝、烘烤

6. 擠花袋裝上口徑9mm的圓形擠花嘴，裝入**5**，滿滿地擠入**2**的模型中。
7. 撒上大量糖粉，直接稍微靜置讓它吸收水分。
8. 再次撒上糖粉，用手指擦掉沾在塔皮邊緣的糖粉。
9. 排放在烤盤上，用160℃的烤箱約烤50分鐘。
10. 脫模，置於網架上放涼。

Dartois
達圖瓦派

達圖瓦派的名稱，被認為源自阿爾圖瓦地區之名，另一說是源自出身於該區博蘭 *(Beaurains)* 的輕喜劇作家法蘭斯華・威克托爾・阿爾曼・達圖瓦 *(François-Victor-Armand Dartois，1788~1867)* 之名。它是在2片帶狀千層酥皮間，夾入奶油醬或蜜漬水果烘烤而成。原本好像是寬約2指，長約寬的5～6倍的平行四邊形。派裡面不只有包入甜味餡料，也有包入鹹味的，被當作前菜供應。此外，傳說「曼濃 *(Manon)*」的作曲者馬斯奈 *(Jules Massenet)*，喜愛包入法蘭奇帕內奶油餡，因此包入這種餡料的被稱為曼濃蛋糕 *(Gâteau à la Manon)*。

這裡介紹的達圖瓦派，我是參考書中的配方，組合蜜漬蘋果和醋栗醬。醋栗的酸甜味和千層酥皮的香味非常對味，外觀也很漂亮。

12×22cm・2個份

千層酥皮麵團：約400g
pâte feuilletée
（摺三折・5次、▸▸參照「基本」）

餡料 garniture

醋栗醬：50g
gelée de groseilles
（▸▸參照「基本」）

蜜漬蘋果：250g
compote de pommes
（▸▸參照「基本」）

塗抹用蛋（全蛋）：適量
dorure（œufs entiers）Q.S.

波美度30°的糖漿：適量
sirop à 30° Baumé Q.S.
（▸▸參照「基本」）

準備千層酥皮麵團

1. 千層酥皮麵團擀成厚3mm。
2. 切成12×22cm的長方形，1個模型各切2片。
3. 將**2**中的一片縱切一半，輕輕對摺，邊緣保留約2cm，有環紋的上側用刀切出5mm寬的切口。攤開麵團，除了保留的兩端，酥皮呈百葉窗般的條紋切痕。
4. 放入冷藏庫約鬆弛30分鐘。

製作餡料

5. 在鍋裡放入醋栗醬，一面用木匙混合，一面煮沸。
6. 在鋼盆中放入蜜漬蘋果，加入**5**混合，直接放涼。

組裝、烘烤

7. 將**4**沒有切切口的酥皮放在烤盤上，在中央放上**6**，酥皮邊緣約保留2cm，用抹刀刮平。
8. 在邊緣用毛刷塗上塗抹用蛋，緊密蓋上**4**有切切口的酥皮，用手指按壓邊緣讓酥皮貼合。
9. 用手指一面按壓上面的酥皮邊緣，一面用刀背在重疊酥皮的側面（切口）斜向畫出條紋花樣。
10. 放入冷藏庫30分鐘讓它凍縮。
11. 用毛刷在上面塗上塗抹用蛋。
12. 放入200℃的烤箱約烤30分鐘，再放入230℃的烤箱約1分鐘讓表面烤色更深。
13. 趁熱用毛刷塗上波美度30°的糖漿，放在烤盤上直接晾乾。
14. 置於網架上放涼。

Tarte au Sucre
糖塔

北法，尤其是法蘭德地區的甜點中，很常使用初階糖 *(vergeoise)*。所謂的初階糖，是甜菜或甘蔗精製砂糖時剩下的糖蜜製成的褐色糖。特色是風味濃郁、濕潤。

在法國各地都有撒砂糖的塔，法蘭德地區的鄉土甜點糖塔(砂糖的塔)的主角，依然是初階糖。它是將布里歐麵團擀成薄圓片，撒上大量初階糖，均勻放上撕碎的奶油，淋上鮮奶油後烘烤，所以砂糖在各處如焦糖般融化、結塊，最棒的是能享受不同酥脆、顆粒的口感，還能細細品味初階糖獨特的香濃厚味。

直徑18×高2cm的圓形塔模．4個份

麵團 pâte
- 乾酵母：15g levure sèche de boulange
- 白砂糖 sucre semoule：2g
- 溫水 eau tiède：75g
- 高筋麵粉：500g farine de gruau
- 奶油 beurre：100g
- 鮮奶 lait：180g
- 白砂糖：16g sucre semoule
- 全蛋 œufs：100g
- 鹽 sel：1g

奶油 beurr：20g

初階糖：200g vergeoise

鮮奶油（乳脂肪成分48%）：200g crème fraîche 48% MG

塗抹用蛋（全蛋）：適量 dorure（œufs entiers）Q.S.

製作麵團

1. 依照「基本」的「布里歐麵團」的「用手揉捏法」1～6的要領製作。但在步驟2不加低筋麵粉，在步驟3加入撕碎的奶油（室溫），以水取代鮮奶（室溫）。
2. 倒入鋼盆中，表面撒上防沾粉，用刮板將麵團邊端向下壓入使表面緊繃成團。
3. 蓋上保鮮膜，進行第一次發酵約2小時，讓它膨脹約2倍大。
4. 揉壓麵團擠出空氣，分切成一個模型250g。
5. 用微彎的手掌如包覆般在工作台上旋轉揉圓，讓麵團表面變得平滑。
6. 在烤盤放上模型，放入5，敲打壓平，讓麵團蓋滿模型底部。
7. 蓋上保鮮膜，進行第二次發酵約2小時，讓它膨脹約2倍大。

組裝、烘烤

8. 脫模，用毛刷在上面塗上塗抹用蛋。
9. 平均放上撕碎的奶油，撒上初階糖。
10. 用200℃的烤箱約烤30分鐘，麵團快要烤好時，整體撒上鮮奶油。
11. 用200℃的烤箱再烤5～6分鐘讓表面變乾。
12. 置於網架上放涼。

Cramique
凱蜜客麵包

凱蜜客麵包是包括比利時、法蘭德地區的北法所製作的甜點。在如布里歐麵團般加入全蛋的發酵麵團中，混入小顆黑色柯林特葡萄乾 *(Corinthe)* 後烘烤。這個配方就像歐蕾麵包一樣加了鮮奶，所以烤好後富有光澤、口感柔軟，和蛋味一起散發柔和的牛奶風味。一般供應時會佐配奶油。

7×7×18cm的蛋糕模型・2個份

麵團 pâte
- 乾酵母：12g levure sèche de boulanger
- 溫水 eau tiède：60g
- 白砂糖 sucre semoule：2g
- 高筋麵粉：525g farine de gruau
- 奶油 beurre：50g
- 鮮奶 lait：50g
- 水 eau：15g
- 白砂糖 sucre semoule：40g
- 全蛋 œufs：100g
- 蛋黃 jaunes d'œufs：40g
- 鹽 sel：10g

餡料 garniture
- 柯林特葡萄乾：250g raisins de Corinthe

澄清奶油：適量 beurre clarifié Q.S.

塗抹用蛋（全蛋）：適量 dorure（œufs entiers）Q.S.

事先準備
＊柯林特葡萄乾泡水3～4個小時，讓它膨脹，充分瀝除水分後使用。
＊用毛刷在模型中塗上澄清奶油備用。

1. 和「糖塔」（p.298）的步驟1～6以相同的要領製作麵團。但是，水和蛋黃是和鮮奶、全蛋一起放入。
2. 揉壓麵團擠出空氣，加入充分瀝除水分的柯林特葡萄乾如摺入般混合。
3. 分割成每塊140g。
4. 用微彎的手掌如包覆般在工作台上旋轉揉圓，讓麵團表面變得平滑。
5. 在一個模型中放入3個4。
6. 蓋上保鮮膜，進行第二次發酵約2小時，讓它膨脹約2倍大。
7. 用毛刷在上面塗上塗抹用蛋。
8. 用200℃的烤箱約烤40分鐘。
9. 脫模，置於網架上放涼。

Flamiche
弗拉米許塔

弗拉米許塔是法蘭德地區及北法常見的塔，又稱為弗拉米克(*Flamique*)。很像過去在麵包麵團上淋上融化奶油烤成的餅類甜點，現在除了鹹的之外，還有甜的口味，填入各式各樣的餡料烘製。傳統風味的弗拉米許(*Flamiche à l'Ancienne*)中，使用北法代表性的洗浸式馬魯瓦耶(*Maroilles*)起司，散發濃烈的香味，一般是趁熱當作前菜，和啤酒一起享用。眾所周知的作法是，千層酥皮和奶油一起摺三折後烘烤，不過17世紀時，書中已有混合烘烤的記述，這裡的食譜我是依照過去的作法。

奶油和起司等比例，分量又多，較不易混合，所以製作的重點是每次加入素材都要充分混合，讓它徹底乳化。這個甜點能享受到馬魯瓦耶起司濃醇的香味，以及豐盈、Q彈的口感。

直徑18cm的中空圈模
（不沾模型・附底）・3個份

起司（馬魯瓦耶）：375g
fromage（Maroillles）

奶油 beurre：375g

鹽 sel：20g

全蛋 œufs：200～250g

低筋麵粉 farine ordinaire：125g

塗抹用蛋（全蛋）：適量
dorure（œufs entiers）Q.S.

起司（葛瑞爾）：60g
fromage（Gruyère）

＊選擇充分熟成的起司，
去除表皮後才計量。

---

1. 在鋼盆中放入馬魯瓦耶起司（室溫）和奶油，用木匙混合成細滑的乳脂狀為止。
2. 依序加入鹽、打散的全蛋和低筋麵粉，每次加入都要充分混合變細滑為止。
3. 蓋上保鮮膜，放在冷藏庫約鬆弛30分鐘，讓它稍微變硬。
4. 倒入中空圈模中，上面用毛刷塗上塗抹用蛋，撒上磨碎的葛瑞爾起司。
5. 用200℃的烤箱約烤25分鐘，直到整體烤到適度的上色。
6. 置於網架上放涼，脫模。

大約9年的法國生活和環法一周的旅行，我實際體驗到
華麗、纖細的甜點，這大概是許多人對法國甜點的印象
的美好甜點，加入變化，進而昇華成為法國甜點，這部分
的，從法國各地的風土、歷史所孕育、傳承下來，風味樸
味，但入口後，歷經歲月被傳承下來的意涵，與莊嚴、不
上，它不是更能表現法國甜點的精髓嗎。

現在和我在法國的那個時代不同，許多甜點師傅對古典
說的是「大家都太遲了！怎麼到現在才發現呢」，探索甜
護的傳統，以及加入變化更完美的重點，不妨偶爾顛覆想
奇的美味。若考慮上述的兩個面向來研究的話，我想對法

為慎重起見我再說明一下，我絕不是說要一味地堅守傳
美感與感性，表現出「自我的特色」。若不這麼做的話實
答案是，堅守傳統的同時，還要從中發現能展現自我風格
假期去法國各地，浸淫在當地的氛圍裡。在完成工作後的
式各樣的點子。我持續挑戰沒做過的鄉土甜點，閱讀許多
甜點的配方和作法。萬一甜點有大幅的變化，不似原來的
認為這是對前人和甜點的禮貌。

毫無疑問地，法國遼闊的大地與氛圍，孕育出作為甜點
色、人們的面容、風的氣息……歷歷在目。因此，我現在
一面迎接古稀之年。

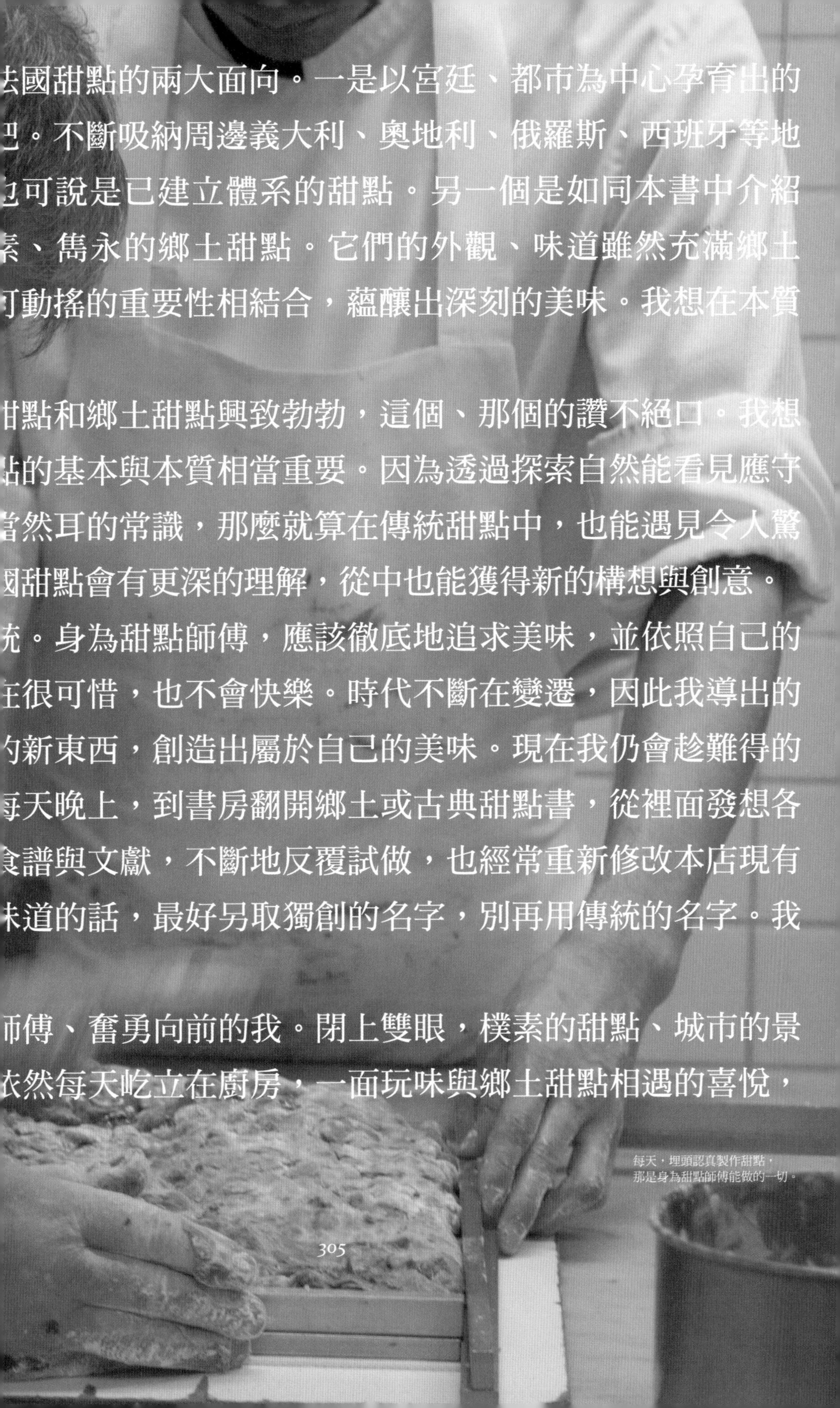

法國甜點的兩大面向。一是以宮廷、都市為中心孕育出的
型。不斷吸納周邊義大利、奧地利、俄羅斯、西班牙等地
也可說是已建立體系的甜點。另一個是如同本書中介紹
素、雋永的鄉土甜點。它們的外觀、味道雖然充滿鄉土
可動搖的重要性相結合，蘊釀出深刻的美味。我想在本質

甜點和鄉土甜點興致勃勃，這個、那個的讚不絕口。我想
點的基本與本質相當重要。因為透過探索自然能看見應守
當然耳的常識，那麼就算在傳統甜點中，也能遇見令人驚
國甜點會有更深的理解，從中也能獲得新的構想與創意。
統。身為甜點師傅，應該徹底地追求美味，並依照自己的
在很可惜，也不會快樂。時代不斷在變遷，因此我導出的
的新東西，創造出屬於自己的美味。現在我仍會趁難得的
每天晚上，到書房翻開鄉土或古典甜點書，從裡面發想各
食譜與文獻，不斷地反覆試做，也經常重新修改本店現有
味道的話，最好另取獨創的名字，別再用傳統的名字。我

師傅、奮勇向前的我。閉上雙眼，樸素的甜點、城市的景
依然每天屹立在廚房，一面玩味與鄉土甜點相遇的喜悅，

每天，埋頭認真製作甜點，
那是身為甜點師傅能做的一切。

Gaufre
高菲鬆餅

高菲鬆餅是源自烏布利鬆餅 *(p.72)* 的甜點。相傳始於13世紀，某位甜點師傅設計了蜂巢狀格紋鐵板模型，來烘烤烏布利鬆餅。當時，蜂巢稱為 *(gaufre)*，據說該甜點名字由此而來。

鬆餅和可麗餅 *(p.262)*、甜甜圈等一樣，自古以來就是大眾熟悉的庶民風味，在節慶日或市集等的攤販販售。法國北部和法蘭德地區至今仍保留這樣的習俗。我在過去為法蘭德區的中心都市，現為北法最大的工業城里爾 *(Lille)*，遇到這個甜點。目前，我店裡使用的鬆餅機，也是在里爾買的。在當地不只在攤販，甜點店、麵包店等地也都沒包裝直接販售，賣的時候也不裝袋，而是用手直接遞給客人。鬆餅剛烤好的時候口感酥脆，不過隨著時間與奶油醬融合後，就會吸入濕氣變軟。建議最好烤好後立刻享用，不過即使多少變軟，當地的人依然吃得津津有味。

夾在鬆餅間的是初階糖和奶油混成的樸素奶油醬。如微烤土司的誘人香味與口感，混合著初階糖的厚味，形成讓人無法自拔的滋味。混入奶油醬中的蘭姆酒香味，輕盈地包含所有美味。

11×7cm的橢圓形．約28個份

鬆餅麵糊 pâte à gaufre
- 乾酵母：15g levure sèche de boulanger
- 白砂糖 sucre semoule：2g
- 溫水 eau tiède：75g
- 高筋麵粉：500 farine de gruaug
- 鮮奶 lait：180g
- 全蛋 œufs：150g
- 白砂糖 sucre semoule：30g
- 香草糖 sucre vanille：5g
- 融化奶油：125g beurre fondu

白色奶油醬 crème blanche
- 奶油 beurre：100g
- 初階糖 vergeoise：250g
- 蘭姆酒 rhum：10g

澄清奶油：適量 beurre clarifiéy Q.S.

製作鬆餅麵糊
1. 依照「基本」的「布里歐麵團」的「用手揉捏法」1～6的要領製作。但是，在2不加低筋麵粉，在3加入鮮奶（室溫）、香草糖和融化奶油（約人體體溫的溫度），取代水和鹽，完成柔軟的麵糊。
2. 放入鋼盆中，蓋上保鮮膜，進行第一次發酵約2小時，讓它膨脹約2倍大。
3. 揉壓麵團擠出空氣後，分割成每塊20g，揉成小舟形。
4. 排放在烤盤上，蓋上保鮮膜，進行第二次發酵約2小時，讓它膨脹約2倍大。

烘烤
5. 用毛刷在鬆餅機（使用左右2片同時烘烤的機型）上塗上澄清奶油，用火直接烘烤。
6. 將4在左右的中央各放上1個。立刻加蓋從上按壓，將麵團夾薄，以大火烘烤。
7. 烤到下面上色後，將鬆餅機翻面再烘烤。
8. 兩面都有烤色後，開蓋。用抹刀取下一側的鬆餅，疊在另一片的上面，加蓋再烘烤。
9. 烤到充分上色後，用抹刀取下，放在工作台上。
10. 立刻放上長徑11×短徑7cm的橢圓模型，用手掌從上面壓下切取。
11. 趁熱將2片重疊的鬆餅用手撕開，分別整平，放在工作台上放涼。

製作白色奶油醬
12. 在乳脂狀奶油中加入初階糖和蘭姆酒，用打蛋器充分混合。

完成
13. 將11的一1片薄塗上12，再蓋上另一片夾住。

Bêtises de Cambrai
康布雷薄荷糖

康布雷 (*Cambrai*) 城可追溯至西元前高盧·羅馬時代，中世紀時，曾設置康布雷大主教區的主教座，是以毛織業為中心的繁華輝煌城市。康布雷薄荷糖被認為是1850年誕生於該城的特產。雖然「Afchan」這家甜點店，宣稱該甜點是他們所研創，不過真正的誕生過程眾說紛紜。在法語中，「Betize」這個字是「蠢事」、「錯事」之意，關於它的由來最常聽到的說法是，某次見習的學徒弄錯了配方，讓小氣泡進入飴糖中，因而產生了這個糖。

入口後，薄荷的怡人香味瀰漫開來，在飴糖特有的硬度中，還能感受到類似棉花糖般的柔軟口感，這是康布雷薄荷糖才吃得到的美味。它和一般的飴糖不同，配方中有許多水飴，所以製作起來頗辛苦。水飴和白砂糖過度熬煮，或拉扯煮好的水飴讓它糖化，都會使糖變硬。然而，若像翻糖一樣攪拌，使其糖化成團，又會變得太黏。所以煮好待溫度下降後，如攪打般攪拌糖糊，才能完成滿意的成品。我覺得這個配方完美重現我在當地吃到的口感。

2×1.5cm·約120個份

飴糖（*A*）sucre（*A*）
- 白砂糖：600g sucre semoule
- 水飴 glucose：400g
- 薄荷香精：4滴 essence de menthe

飴糖（*B*）sucre（*B*）
- 白砂糖：100g sucre semoule
- 水飴 glucose：15g
- 水 eau：15g
- 黃色色素：適量 Colorant jaune Q.S. ※用伏特加酒調勻

製作飴糖(*A*)

1. 在銅鍋裡放入白砂糖和水飴，以大火加熱煮至125℃。
2. 將1用攪拌機（槳狀攪拌器）以低速攪拌。
3. 約30分鐘後溫度下降，變得泛白糖化後，再攪拌，變得像麵團般成為一團後，加入薄荷香精。
4. 若不沾黏攪拌缸後，停止攪拌（溫度大致為25～30℃）。

製作飴糖(*B*)

5. 和步驟3～4同時進行，在銅鍋裡放入白砂糖、水飴和水，以大火加熱煮至160℃。
6. 倒在鋪了矽膠烤盤墊的大理石台上，加入極少量的黃色色素。
7. 戴上耐熱橡膠手袋，如從6的飴糖邊端向上捲起般，將整體整形成棒狀。
8. 多次用雙手拉長摺疊，讓整體顏色融合（過度拉扯會褪色，所以色素整體混勻後即停止）。

完成

9. 將4取出放到矽膠烤盤墊上，揉成長約30cm的粗棒狀。
10. 將8揉成長約30cm的細棒狀。
11. 在9的上面放上10，輕輕按壓貼合。
12. 放在飴糖用燈下一面保溫，一面從邊端開始揉成直徑1.5cm的粗細度。
13. 用飴糖用剪刀剪成長約2cm（1個約8g）。
14. 為避免互相沾黏，分開放在矽膠烤盤墊上放涼。

Niflette
尼芙蕾塔

直徑12cm · 6個份

千層酥皮麵團：216g
pâte feuilletée
（摺三折 · 6次，▸▸ 參照「基本」）

奶油餡 crème
- 卡士達醬：240g
  crème pâtissière
  （▸▸ 參照「基本」）
- 橙花水：8.3g
  eau de fleur d'oranger

塗抹用蛋（全蛋）：適量
dorure（œufs entiers）Q.S.

糖粉 sucre glace：適量 Q.S.

從巴黎搭火車約1個半小時車程距離的普羅旺 *(Provins)*，12～13世紀時，作為香檳伯爵領土的首都發展成繁榮的城市。進入14世紀，併入法蘭西王國後迅速衰退，不過殘留至今的中世紀風情街景，讓人回想起往日的繁華。此外，普羅旺也是著名的玫瑰之城，還製作玫瑰花果醬與玫瑰糖。

尼芙蕾塔是該城每年11月1日諸聖節 *(Toussaint，諸聖人的節日)* 時所吃的傳統甜點。作法是將加了柳橙花水的卡士達醬，填入千層酥皮中烘烤。不論是烤到上色的奶油醬，或是奶油醬與千層酥皮的一體感，風味都很樸素，也相當的美味。相傳巴芙蕾塔在中世紀時就已存在，不過卡士達醬誕生於17世紀，所以尼芙蕾可能是以後才變成現在的樣子。另外據說尼芙蕾過去用來周濟孤兒們，所以它的名稱似乎是源自拉丁語的Ne Flete *(不要哭)*。

準備千層酥皮麵團

1. 將千層酥皮麵團擀成厚2mm，戳洞。
2. 蓋上保鮮膜，放入冷凍庫20～30分鐘讓它凍縮。
3. 一個模型切1片直徑12cm的圓形，蓋上保鮮膜，放入冷藏庫鬆弛一天。

製作奶油餡

4. 在鋼盆中放入卡士達醬，用打蛋器充分打散變細滑。
5. 加橙花水混合。

組裝、烘烤

6. 在烤盤上排放3，用毛刷塗上塗抹用蛋。
7. 在擠花袋裝上口徑9mm的圓形擠花嘴，裝入5，在6的中央擠入40g。
8. 用200℃的烤箱約烤40分鐘。
9. 置於網架上放涼。
10. 稍微放涼後取出，撒上糖粉。

Talmouse de Saint-Denis
聖丹尼起司酥餅

1邊約10cm的三角形．30個份

千層酥皮麵團：1080g
pâte feuilletée
（摺三折．6次，▸▸參照「基本」）

泡芙麵糊 pâte à choux
- 鮮奶 lait：250g
- 鹽 sel：1g
- 奶油 beurre：100g
- 低筋麵粉：100g farine ordinaire
- 全蛋 œufs：150g

起司（布里或努夏德魯）：200g
fromage（Brie de Meaux ou Neufchâtel）

鮮奶油（乳脂肪成分45%）：40g
crème fraîche 45% MG

＊選擇充分熟成的起司，去除表皮後才計量。

Talmouse是源自中世紀的古老甜點。14世紀時以戴樂馮(*Taillevent*)之名為人熟知的威廉．提埃(*Guillaume Tirel*，*1310～1395*)，在他所寫的料理書《肉類食譜(*Le Viandier*)》中也有記載這道甜點的作法，「將優質起司切成蠶豆般四方塊，起司中大致淋上蛋汁後混合，再淋上混入蛋和奶油的麵糊後烘烤」——摘自《法國美食百科全書(*Larousse Gastronomique*)(*1996*)。

之後，這個甜點隨著時間逐漸改變，遍及法國各地，其中，聖丹尼(*Saint-Denis*)的起司酥餅，在舊制度(*Ancien régime*)下獲得很高的評價。聖丹尼是位於巴黎北方約4km的工業城。因法國歷代國王葬於此，城裡建有據說是最早的哥德式建築的大教堂而聞名。在18世紀出版的《加斯康廚師(*Le Cuisinier Gascon*)》一書中，對該城的起司酥餅有如下的記述：

「製作一般的千層酥皮，準備加了瀝乾水分的奶油醬的起司蛋奶餡。蛋奶餡裡加入蛋、少量的鹽和1小撮麵粉用手混合。將蛋奶餡倒到酥皮上，捲起邊緣，塗上稀釋的蛋黃液，放入烤箱烘烤」。

現在的主流作法是將混入泡芙麵糊的起司蛋奶餡，填入千層酥皮中烘烤。輕盈小泡芙般質感的蛋奶餡，散發起司的厚味與鹹味，與香酥的千層酥皮尤其對味。這個起司酥餅與其說是甜的點心外，它更讓人感受到以製作麵團(*Pâte*)為業的傳統甜點師傅(*Pâtissier*)的身影。

準備千層酥皮麵團

1. 將千層酥皮麵團擀成3mm厚。
2. 每個模型切一片直徑12cm的圓形，蓋上保鮮膜，放入冷藏庫鬆弛一天。

製作泡芙麵糊

3. 依照「基本」的「泡芙麵糊」以相同的要領製作。但是，不加水和白砂糖。

組裝、烘烤

4. 趁**3**還熱，加入切成適當大小的起司（室溫），用木匙混合（最好多少還保留些未融化）。
5. 加鮮奶油（室溫）混合。
6. 將**2**排放在工作台上。
7. 在擠花袋裝上口徑12mm的圓形擠花嘴，裝入**5**，在**6**的中央各擠30g。
8. 從三方朝中央摺疊，用手指捏緊接合口充分貼合，成為正中央稍微能看到泡芙麵糊的狀態。
9. 排放在烤盤上，放入冷藏庫鬆弛1小時。
10. 用180℃的烤箱約烤40分鐘。
11. 置於網架上放涼。

Tarte aux Pommes Taillevent
戴樂馮蘋果塔

曾在法國宮廷任職的14世紀料理人戴樂馮(*Taillevent*)，在他撰寫的《肉類食譜(*Le Viandier*)》中，曾介紹一個餡料不加砂糖卻有甜味，充滿魅力的塔。那就是這個戴樂馮蘋果塔。

書中記載的作法如下：

「蘋果切碎，和無花果混合。葡萄充分洗淨，放入蘋果和無花果中混合，還加入非奶油的油脂(*huile*)拌炒的洋蔥。加入葡萄酒。一部分蘋果磨碎以葡萄酒浸漬。添加另外磨碎的蘋果，以及少量番紅花、丁香和天使花種子混合的香料、肉桂、白薑、大茴香，如果有的話，還可加入pygurlac。製作擀好的2片大塔皮，用手弄碎混合好的餡料放到塔皮上，統一蘋果的厚度加入剩餘的混合物。上面緊密覆蓋塔皮。塗上番紅花汁，放入灶裡烘烤」——摘自森本英夫著《中世紀法國美食》(*2004*)

我去除洋蔥、pygurlac和天使花的種子等，稍加改良試著製作這個塔，在水果乾和葡萄酒甜味中散發香料味，相當的美味。因為是在砂糖為昂貴品的中世紀才這麼花工夫，不過現在吃起來卻有無與倫比的美味，不禁讓人感到新鮮驚奇。它是重新讓我感覺到「探索歷史、傳統非常有趣」的甜點。

直徑18×高3cm的中空圈模．2個份

杏仁甜塔皮：約700g
pâte sucrée aux amandes
（▸▸參照「基本」）

餡料 garniture
- 蘋果 pommes：10個
- 半蜜漬無花果：200g
  figues semi-confites
- 柯林特葡萄乾：160g
  raisins de Cornthe
- 蜜漬蘋果：80g
  compote de pommes
  （▸▸參照「基本」）
- 甜味紅葡萄酒：96g
  vin doux rouge
- 番紅花（粉）：0.1g
  safran en poudre
- 肉桂（粉）：0.1g
  cannelle en poudre
- 薑（粉）：0.1g
  gingembre en poudre
- 八角（粉）：0.1g
  anis étoilé en poudre

塗抹用蛋（加少量番紅花的全蛋）：適量
dorure（œufs entiers＋safran en poudre）Q.S.

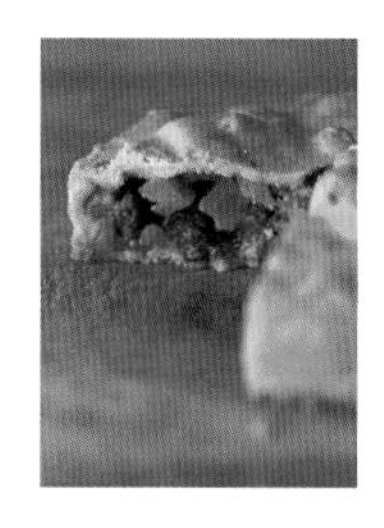

準備杏仁甜塔皮
1. 杏仁甜塔皮擀成厚3mm。
2. 切割成比模型還大一圈的圓形，以及比模型還大上兩圈的圓形，每個模型分別各切1片。後者的塔皮，蓋上保鮮膜，放入冷藏庫鬆弛備用。
3. 在烤盤上放上模型，鋪入**2**的前者塔皮。
4. 勿切掉突出的塔皮，放入冷藏庫鬆弛1小時。

製作餡料
5. 蘋果去皮和果核，和半蜜漬無花果一起切成約1cm的小丁。
6. 在鋼盆中放入**5**，加入其他所有材料混合。

組裝、烘烤
7. 在**4**中放入**6**。表面不必刮平，直接保持有點凹凸備用。
8. 用毛刷在塔皮的邊緣塗上塗抹用蛋，蓋上**2**的後者塔皮。
9. 從上面輕輕地按壓，讓塔皮和餡料貼合。再用手指用力按壓塔皮邊緣使其貼合，切掉突出的塔皮。
10. 用毛刷在上面塗上塗抹用蛋，稍微晾乾再塗一次。
11. 重疊2片烤盤，用180℃的烤箱約烤1小時。
12. 脫模，置於網架上放涼。

Flan Parisien à la Crème
巴黎布丁

6世紀時的詩人福都拿都(*Fortunatus*)的拉丁詩中，也曾出現布丁(*Flan*)一詞，它是歷史悠久的傳統塔甜點之一。如同卡士達布丁或布丁蛋糕(*Far*)般，材料直接倒入模型中烘烤的甜點也屬於Flan，也可說是典型的「粥狀甜點」(*p.136*)。從甜味到鹹味等，有各式各樣非常多的配方，也經常看到頂級餐廳將它當作料理。

其中，巴黎(*Paris*)的巴黎布丁，是在鋪了酥塔皮或塔皮的模型中，倒入用蛋、鮮奶和砂糖等製作的奶油醬後烘烤，是極樸素的庶民風味塔。根據不同的店，布丁的厚度也不同，大致上在我的印象中，甜點店的會做比較薄，而麵包店會做得比較厚。布丁烤好後口感輕軟、綿稠，隨著時間會變得稍有彈性，各有各的美味。它是我在法國修業期間常大肆採購痛快享用，令我懷念的滋味。

直徑18×高2cm的圓形塔模・2個份

派皮
pâte brisée
：約使用以下之中的200g

- 水 eau：100g
- 鹽 sel：3g
- 白砂糖：12g sucre semoule
- 低筋麵粉：150g farine ordinaire
- 奶油 beurre：75g

布丁餡 crème flan

- 低筋麵粉：75g farine ordinaire
- 白砂糖：100g sucre semoule
- 全蛋 œufs：100g
- 鮮奶 lait：500g
- 橙花水：4g eau de fleur d'oranger
- 香草糖：10g sucre vanille

製作派皮

1. 和「基本」的「酥塔皮」以相同的要領製作。但是，不加蛋黃。
2. 擀成厚2mm，戳洞。
3. 緊貼蓋上保鮮膜，放入冷凍庫約20～30分鐘讓它凍縮。
4. 切割成比模型還大一圈的圓形，一個模型切1片，蓋上保鮮膜，放入冷藏庫鬆弛1小時以上。
5. 鋪入模型中，放入冷藏庫鬆弛1小時以上。
6. 用手指按壓派皮的側面，讓它密貼模型，切掉突出的派皮。

製作布丁餡

7. 在鋼盆中放入低筋麵粉和白砂糖，用打蛋器輕輕混合。
8. 加入打散的全蛋（室溫）、鮮奶（室溫）、橙花水和香草糖混合。

完成

9. 將**6**放在烤盤上，在模型中倒入滿滿的**8**。
10. 用180℃的烤箱約烤1小時。
11. 脫模，置於網架上放涼。

Puits d'Amour
愛之井

13×13×高2.5cm的長方形模型・2個份

千層酥皮麵團：250g
pâte feuilletée
（摺三折・6次、▸▸參照「基本」）

卡士達醬：300g
crème pâtissière
（▸▸參照「基本」）

塗抹用蛋（全蛋）：適量
dorure（œufs entiers）Q.S.

白砂糖：適量
sucre semoule Q.S.

在法語中，Puits d'Amour是「愛之井」的意思。一般認為它的名字源自1843年，在巴黎*(Paris)*的喜歌劇院*(Opéra comique)*上演的同名喜歌劇。另一方面，在文森・拉・夏貝爾*(Vincent La Chapelle)*所著的《現代廚師*(Le Cuisinier Moderne)*》*(1735)*中，介紹這個甜點是填入醋栗醬的派，另有一說是此甜點由他所創。不管怎樣這麼羅曼蒂克和性感的名字成了一大話題，或許是為了讓它能夠熱賣，因為這樣的名字，也許會被經常曖昧地提起吧。

暫且不提過去的種種，現在除了填入香草或堅果風味的奶油醬外，大部分還會用烙鐵讓表面焦糖化。這樣的風格，一般認為是巴黎的「布爾達魯*(Bourdaloue)*」和「柯克蘭艾內*(Coquelin Aîné*」均結束營業*)*甜點店的甜點主廚，保羅・高基連*(Paul Coquelin)*的拿手甜點。

1970年代初，我在「Coquelin Aîné」工作時，這個甜點很受歡迎，記得一天得做50個。使用的機具只有一個大攪拌機，但是麵團師傅*(tourier*，負責做麵團的師傅*)*要在麻布上快速擀開麵團，總之動作要快。甜點主廚法蘭斯華*(François)*，儘管已年近70，卻比誰都早上班，其他廚師到店時，他幾乎已獨力烤好麵團。而且，插著大約10根烙鐵，燃著熊熊烈火的煤炭爐在他身後，陸續填入奶油醬後，再進行焦糖化作業。總之非常忙碌，但他讓我學會廚師應有的態度，是令我難忘的店。如今我已超越法蘭斯華的年紀，依舊追求那樣的態度。

我依照「柯克蘭艾內」的作法，在這裡做成四角形的愛之井。芳香的千層酥皮組合濃郁的卡士達醬，無可挑剔的美味是法國人喜愛的味道。

鋪入、烘烤千層酥皮麵團

1. 千層酥皮麵團分割成140g和110g。
2. 將*1*的前者擀成厚2mm的長方形（能切取13cm×26cm的大小），戳洞，蓋上保鮮膜，放入冷凍庫凍縮20～30分鐘。
3. 將*1*的後者擀成厚3mm的長方形（能切取13cm×20cm的大小），戳洞，蓋上保鮮膜，放入冷凍庫凍縮20～30分鐘。
4. 將*2*切成13×13cm的正方形，1個模型切1片，鋪入模型底部。
5. 將*3*切成13×2.5cm的帶狀，1個模型切4條，用毛刷在*4*的酥皮邊緣塗上塗抹用蛋，貼在模型的側面。用毛刷在帶狀長條上塗上塗抹用蛋，貼合。
6. 放入冷藏庫鬆弛1小時。
7. 用毛刷在內側塗上塗抹用蛋。
8. 用200℃的烤箱約烤30分鐘。途中，底部隆起後，戴上手袋用手掌壓平。
9. 脫模，置於網架上放涼。

組裝、烘烤

10. 用木匙混合卡士達醬使其變細滑，擠花袋裝上口徑9mm的圓形擠花嘴，裝入卡士達醬，擠滿*9*中。
11. 上面撒滿白砂糖，放上燒熱的烙鐵使其焦糖化。
12. 再重複*11*一次。

Macaron Parisien
巴黎馬卡龍

直徑約4cm·約45個份

馬卡龍麵糊 pâte à macaron
- 杏仁（無皮）：150g amandes émondées
- 糖粉 sucre glace：260g
- 蛋白：40g blancs d'œufs
- 蛋白：75g blancs d'œufs
- 白砂糖：50g sucre semoule

奶油餡：約使用以下之中的180g crème au beurre
- 義式蛋白霜：300g menngue italienne（▸▸參照「基本」）
- 奶油 beurre：300g

馬卡龍具有悠久的歷史，一般認為是文藝復興時期（14～16世紀），從義大利的威尼斯（*Venise*）傳到法國。不過相傳在羅瓦爾（*Loire*）地區的科梅希（*Cormery*）修道院，791年時已開始製作馬卡龍，法國各地有各式各樣非常多的馬卡龍。

其中經過進化變得最柔細的，應該是現在相當於馬卡龍代名詞的巴黎馬卡龍吧。它的表面光滑、細緻，所以也稱為Macaron lisse，另外還稱為Macaron Gerbet，此名是源自擅長這個甜點的廚師名字。它的特色是外酥內軟的對比口感，中間夾入奶油醬、甘那許淋醬或果醬等。

現在大部分的馬卡龍都已減少糖分，較容易食用，我在巴黎修業那時候，馬卡龍會甜到讓我牙疼的程度。當時用很多的砂糖，成品色澤鮮麗，記得不論在哪家店購買，大都已經糖化，很少吃到最佳狀態的馬卡龍。我工作約2年的「Pons」甜點店，推出香草（奶油餡）、覆盆子（果醬）、巧克力（甘那許淋醬）和摩卡（奶油餡）四種口味，每天，以4人之力大量製作。和製作舒芙蕾一樣，該店會將蛋白放在室溫中約3天，讓蛋白質狀態穩定後再使用。

這裡介紹的巴黎馬卡龍，是以「Pons」的馬卡龍為基礎製作（基於衛生，使用新鮮的蛋白）。餡料只是混合奶油和蛋白霜，最簡單的奶油餡。記得當時巴黎，大部分的店都是這種風味。樸素無華的味道輕盈地融於口中，那滋味令我懷念。

製作馬卡龍麵糊

1. 用食物調理機大致攪碎杏仁和糖粉後，用滾軸大致碾成粗粉末狀。
2. 將*1*和蛋白40g，用攪拌機（槳狀攪拌器）以低速混拌成如杏仁膏的狀態。
3. 用另外的攪拌機（鋼絲拌打器），以高速攪打蛋白75g和白砂糖至尖角能豎起的硬度。
4. 將*3*放入大鋼盆中，加入*2*，用橡膠刮刀面如按壓般粗略地混合整體。
5. 改用刮板，將麵糊暫時集中在攪拌缸的中央。這次用刮板面如壓碎氣泡般，在攪拌缸側面壓碾麵糊。若整體擴散開，用刮板再將麵糊集中在中央。
6. 直到麵糊整體泛出光澤，集中的麵糊變成稀軟會擴散的狀態為止，重複*5*約2次。
7. 擠花袋裝上口徑9mm的圓形擠花嘴，裝入*6*，在鋪了矽膠烤盤墊的烤盤上，擠成直徑約3cm的圓形，擠好暫放一下，讓它稍微擴散變大。
8. 晾乾表面約30分鐘。
9. 重疊2片烤盤，用190℃的烤箱約烤3分鐘，用160℃再烤12分鐘。
10. 從烤盤中取出，連同矽膠烤盤墊放在網架上放涼。

製作奶油餡

11. 製作義式蛋白霜，趁熱（約人體的溫度）加入撕碎的奶油（室溫），用打蛋器混合變細滑為止。

組裝

12. 擠花袋裝上口徑12mm的圓形擠花嘴，裝入*11*，在半數的*10*的背側大約各擠入4g，和剩餘的半數貼合。

Paris-Brest
巴黎-布雷斯特泡芙

法國每年7月舉辦的「環法自行車賽(*Le Tour de France*)」，是世界規模最大的自行車競賽。法國盛行自行車競技，具有悠久的歷史。其中，最富盛名、歷史最久的自行車賽始於1891年，賽程往返於巴黎—布雷斯特—巴黎(*Paris-Brest-Paris*)之間。此賽程極為艱辛，得堅持90多個小時，往返於巴黎和布列塔尼的布雷斯特(*Brest*)間共騎1200km。

為紀念這個比賽，在第一次大會時設計了巴黎．布雷斯特泡芙，它是法國人人都愛的泡芙類甜點。被認為是「邁松拉菲特(*Maisons-Laffitte*)」甜點店的師傅路易．杜朗(*Louis Durand*)製作的，這家甜點店設在車賽路線的巴黎朗格紐大道上。在模仿自行車車輪的環形泡芙上，散放上杏仁片再烘烤，並依照慣例夾入大量堅果風味的奶油餡。

我剛到法國時，厭膩堅果醬的濃郁風味，那個「法國味」我怎麼樣都不喜歡。或許也是因為從前的堅果醬不像現在那麼細滑，而是有細碎的顆粒感。然而，隨著我逐漸習慣法國生活也喜愛上它，現在，成為我製作甜點時不可或缺的味道之一。我覺得如何提引、增加堅果醬，以及散放在泡芙上杏仁的風味，是製作這個甜點的最大關鍵。

直徑15×高約7cm．2個份

泡芙麵糊 pâte à choux：200g
（▸▸參照「基本」）

奶油餡：約使用以下之中的250g
crème au beurre

- 奶油 beurre：200g
- 蛋黃霜：68g
  pâte à bombe
  （▸▸參照「基本」）
- 義式蛋白霜：68g
  meringue italienne
  （▸▸參照「基本」）

堅果慕斯林奶油醬
crème mousseline au praliné

- 奶油餡：250g
  crème au beurre
- 卡士達醬：250g
  crème pâtissière
  （▸▸參照「基本」）
- 堅果醬 praliné：50g
  ＊使用的堅果醬是榛果：杏仁＝1：2的產品。

澄清奶油：適量
beurre clarifié Q.S.

杏仁片：適量
amandes effilées Q.S.

沙拉油：適量
huile végétale Q.S.

塗抹用蛋（全蛋）：適量
dorure（œufs entiers）Q.S.

糖粉 sucre glace：適量 Q.S.

事先準備
＊用毛刷在直徑15cm的中空圈模內側塗上澄清奶油，貼上杏仁片。放在塗了沙拉油的烤盤上。

準備泡芙麵糊
1. 製作泡芙麵糊，在擠花袋裝上口徑9mm的圓形擠花嘴，趁泡芙麵糊尚熱時裝入200g，沿著模型邊緣呈環狀擠2圈。兩圈中間再重疊擠上1圈環狀。
2. 用毛刷塗上塗抹用蛋，撒上杏仁片。
3. 用200℃的烤箱約烤40分鐘，脫模，用190℃約再烤10分鐘。
4. 置於網架上放涼。

製作奶油餡
5. 在鋼盆中放入奶油，用打蛋器混成乳脂狀。
6. 依序加入蛋黃霜、義式蛋白霜混合。

製作堅果慕斯林奶油醬
7. 在鋼盆中放入250g的**6**，加入用木匙混合變細滑的卡士達醬和堅果醬，用打蛋器混合均勻。
8. 蓋上保鮮膜，放入冷凍庫7～8分鐘凍縮成容易擠出的硬度。

組裝
9. 用鋸齒刀將**4**橫向切半。
10. 在**9**的下層泡芙上，用口徑10mm的星形擠花嘴擠入1圈的**8**。上面再一面橫跨如畫「8」字般重疊擠上，一面繞擠一圈。
11. 在**9**的上層泡芙上撒上糖粉，蓋到**10**上。

Pont-Neuf
新橋

新橋是在鋪了千層酥皮或塔皮的塔台中，填入泡芙麵糊和卡士達醬混成的餡料，屬於小型的烘烤類甜點。它是從起司酥餅(*p.312*)衍生出的甜點之一，在比擬1607年完成的巴黎最古老的橋——新橋(*Pont-Neuf*)的餡料上，有十字形裝飾。而且照慣例，表面交錯覆蓋糖粉和醋栗醬。

我在1967年赴法沒多久遇見這個甜點，它獨特的口感和拿坡里香頌(*Chausson napolitain*)般的奶油醬風味深深地吸引了我。當時我所看、所吃的全是新鮮的，讓我不斷受到感動。但數年後，因日本與法國價值觀的差異，以及語言上的隔閡等，我獨自在新橋上煩惱，不，是極度苦惱。身旁的戀人們一面接吻，一面低語訴情，而我卻非常地煩惱、痛苦。儘管如此我決定勇於面對不逃避，因而造就了現在仍作為甜點師傅站在廚房的我。那段年輕歲月略微苦澀的回憶，如今也一併填入了新橋。

口徑6×高2.2cm的蓬蓬內小模型・17個份

千層酥皮麵團：約380g
pâte feuilletée
（摺三折・8次，▸▸參照「基本」）

卡士達醬
crème pâtissière
：約使用以下之中的300g
- 鮮奶 lait：1kg
- 蛋黃 jaunes d'œufs：160g
- 全蛋 œufs：50g
- 白砂糖：250g sucre semoule
- 高筋麵粉：120g farine de gruau

泡芙麵糊
pâte à choux
：約使用以下之中的300g
- 鮮奶 lait：500g
- 水 eau：500g
- 鹽 sel：10g
- 奶油 beurre：500g
- 低筋麵粉：600g farine ordinaire
- 全蛋 œufs：400g
  *若全蛋不夠可增加。

橙花水：20g
eau de fleur d'oranger

鮮奶油（乳脂肪成分45%）：30g
crème fraîche 45% MG

糖粉 sucre glace：適量 Q.S.

醋栗醬：適量
gelée de groseilles Q.S.
（▸▸參照「基本」）

準備千層酥皮麵團

1. 千層酥皮麵團擀成厚3mm。
2. 切成直徑約9.5cm的圓形，一個模型切一片，鋪入模型中。多餘的麵皮重疊成團，裝入塑膠袋中，放入冷藏庫鬆弛備用。
3. 放入冷藏庫鬆弛2～3小時。
4. 切掉突出的酥皮。

製作卡士達醬

5. 依照「基本」的「卡士達醬」以相同的要領製作。但是，不加香草棒，全蛋是和蛋黃一起放入鋼盆中。

製作泡芙麵糊

6. 依照「基本」的「泡芙麵糊」以相同的要領製作。但是，不加白砂糖。

組裝、烘烤

7. 將**6**的泡芙麵糊300g趁熱放入鋼盆中，加入用打蛋器攪打變細滑的卡士達醬300g，用木匙粗略地混合。
8. 加入橙花水和鮮奶油混合。
9. 擠花袋裝上口徑12mm的圓形擠花嘴，裝入麵糊，滿滿地擠入**4**的模型中。
10. 將**2**剩餘的麵團，擀成厚1.5～2mm，切成3～5mm寬的繩狀。
11. 呈十字放在**9**的上面，切掉突出的部分。
12. 用160℃的烤箱約烤30分鐘。
13. 脫模，置於網架上放涼。
14. 在分割成4份的表面，在對角的2塊上撒上糖粉。
15. 在**14**沒撒糖粉的部分，用毛刷塗上加熱變軟的醋栗醬。

Saint-Honoré
聖托諾雷泡芙

直徑18cm · 2個份

酥塔皮 : 340g
pâte à foncer
（▸▸ 參照「基本」）

泡芙麵糊 : 385g
pâte à choux
（▸▸ 參照「基本」）

焦糖 caramel
白砂糖 : 200g
sucre semoule
水飴 glucose : 4g
水 eau : 24g

吉布斯特醬
crème chiboust
鮮奶 lait : 260g
香草棒 : ½根
gousse de vanille
蛋黃 jaunes d'œufs : 120g
白砂糖 sucre semoule : 60g
低筋麵粉 : 30g
farine ordinaire
吉利丁片 : 5g
feuilles de gélatine
義式蛋白霜 : 400g
meringue italienne
（▸▸ 參照「基本」）

塗抹用蛋（全蛋）: 適量
dorure（œufs entiers）Q.S.

聖托諾雷泡芙是設計吉布斯特醬（卡士達醬趁熱加入蛋白霜的奶油醬）的巴黎（*Paris*）甜點師傅吉布斯特（*Chiboust*），在1846年新創作的甜點。和他的店名Saint-Honoré一樣，他以守護麵包店和甜點店的聖人Saint-Honoré的名字來命名。甜點的作法是將酥塔皮或千層酥皮擀成圓形，周圍擠上泡芙麵糊後烘烤，上面再排放淋上焦糖的小泡芙，正中央擠上吉布斯特鮮奶油即完成。創作當初因為還沒有擠花嘴，奶油醬好像用湯匙舀取填入其中。關於這個甜點的設計者，另一說法是在吉布斯特店工作的奧格斯特・傑利安（*August Julien*）。

我修業當時，所有甜點店在週日一定會製作這個甜點，以因應人們在教會彌撒結束後，全家一起享用的需求。週日雖然是廚師們出奇忙碌的日子，不過那情景成為巴黎溫暖日常的一個片斷，在我心中留下溫暖的回憶。

近年來，看到許多師傅都擠入香堤鮮奶油，不過我覺得這個甜點裡一定要使用吉布斯特醬。這是對設計者、對傳統的敬意。雖說吉布斯特醬中多少加了吉利丁片，不過它的質地輕綿、細緻，所以完成後趁未軟化前請儘早食用。從微溫的奶油醬中散發蛋與香草的香味，淡淡的苦焦糖味，以及芳香的塔皮，協調交織出絕妙的美味。

準備酥塔皮

1. 酥塔皮擀成厚2.5mm，戳洞。
2. 切成直徑18cm的圓形，一個模型切一片，蓋上保鮮膜，放入冷藏庫鬆弛一天。

烘烤塔台和配件

3. 將***2***放在烤盤上，用毛刷塗上塗抹用蛋。
4. 泡芙麵糊趁熱裝入加上口徑9mm圓形擠花嘴的擠花袋中，在***3***的邊緣擠一圈。再在中央如畫「◯」般薄薄地擠上。上面用毛刷塗上塗抹用蛋。
5. 用200℃的烤箱約烤15分鐘，再用180℃約烤20～25分鐘，置於網架上放涼。
6. 將***4***剩餘的泡芙麵糊，在別的烤盤上約擠40個（稍微多一點）直徑3cm的圓形。
7. 用毛刷塗上塗抹用蛋，用叉子壓出格子狀痕跡。
8. 用200℃的烤箱約烤25分鐘，置於網架上放涼。

製作焦糖

9. 在銅鍋裡放入白砂糖、水飴和水，用打蛋器一面混合，一面以大火加熱。
10. 變成深褐色的焦糖後熄火，一面混合，一面利用餘溫讓它更焦。
11. 將***8***的上面浸入***10***中，倒放在烤盤上，讓焦糖凝固。
12. 在***11***的底部沾少許***10***，貼在***5***的外圍的泡芙麵糊上。

製作吉布斯特醬

13. 用低筋麵粉取代高筋麵粉，依照「基本」的「卡士達醬」***1***～***6***的要領製作奶油醬。
14. 加入用水泡軟、瀝除水分的吉利丁片，用打蛋器混合溶解。
15. 倒入大鋼盆中，稍微放涼後加入半量的義式蛋白霜，用打蛋器混合。再加入剩餘的半量義式蛋白霜，用木匙如切割般大幅度混拌。

完成

16. 在***12***的中央用木匙堆放上***15***，用抹刀抹成平緩的山形。
17. 剩餘的***15***裝入加上聖托諾雷泡芙擠花嘴的擠花袋中，在***16***的上面擠成箭羽狀。

在我購買的老書裡，
夾著過去所有人的筆記和插圖。
每本書都有各自的歷史。

Charlottes Russes
3

9
8
7
6
5
4
10

廚房的牆上，按大小整齊掛著擠花嘴。為了能流暢擠製，我講究使用金屬製的擠花嘴。

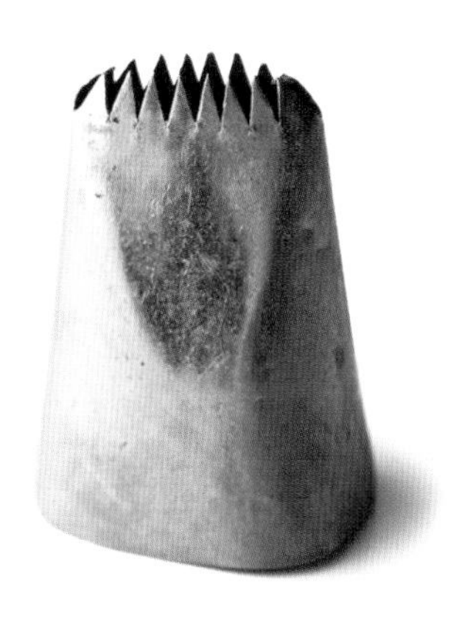

法語中雙排擠花嘴
稱為「Chemin de Fer」
（「鐵道」之意）。

傳統的夏洛蒂模型。
製作蘋果夏洛蒂等
溫熱的夏洛蒂時
經常使用。

各種大小的餐後甜點
和小蛋糕所用的中空圈模，
一應俱全。

篩粉時、製作果泥時，
都能派上用場的網篩。
視需求分別運用
不同粗細網目的網篩。

代替廚師之手的抹刀。
一定要是慣用的木柄，
否則怎樣都不順手。

在法國購買，手工糖果用的切模。
主要用來切取杏仁膏。

我常帶頭長時間和廚師們並肩製作甜點（左側為長男薰）。

pâte 麵團

pâte sucrée aux amandes
杏仁甜塔皮

約960g

奶油 beurre：250g／糖粉 sucre glace：38g
全蛋 œufs：50g／蛋黃 jaunes d'œufs：20g
鹽 sel：2g／杏仁糖粉 T.P.T.：225g
低筋麵粉 farine ordinaire：375g

1. 用攪拌機（槳狀攪拌器）以中低速攪拌奶油（室溫）。
2. 攪成乳脂狀後加糖粉，一面不時轉高速，一面充分混合至泛白為止。
3. 加全蛋、蛋黃和鹽，以中低速攪拌。
4. 加入杏仁糖粉全量和低筋麵粉的1/4～1/3量混合。
5. 混合均勻後，加入剩餘的低筋麵粉如切割般大幅度混拌。
6. 混拌至看不見粉末後，取出放在撒了防沾粉的工作台上，用手掌略揉搓般揉成團。
7. 裝入塑膠袋中壓平，放入冷藏庫鬆弛1小時以上。

pâte à foncer
酥塔皮

約950g

蛋黃 jaunes d'œufs：40g／水 eau：80g
鹽 sel：10g／白砂糖 sucre semoule：20g
低筋麵粉 farine ordinaire：500g／奶油 beurre：300g

1. 在鋼盆中放入蛋黃打散，加水、鹽和白砂糖混合。
2. 在攪拌缸中放入低筋麵粉和回軟的奶油，用手揉搓。
3. 在 *2* 中加入 *1*，用攪拌機（勾狀拌打器）以低速攪拌，稍微混合後，轉中速充分攪拌混合。
4. 混合成有光澤、富彈性的麵團後，取出放在撒了防沾粉的工作台上，用手揉成一團。
5. 裝入塑膠袋中，放入冷藏庫鬆弛3小時以上。

pâte feuilletée
千層酥皮麵團

約1180g

鮮奶 lait：113g／水 eau：113g／鹽 sel：10g
白砂糖 sucre semoule：10g
奶油 beurre：50g／低筋麵粉 farine ordinaire：250g
高筋麵粉 farine de gruau：250g／奶油 beurre：400g

1. 在鋼盆中放入鮮奶、水、鹽和白砂糖混合備用。用擀麵棍將奶油50g敲打成適當的大小。
2. 在低筋麵粉和高筋麵粉中加 *1* 的奶油，用攪拌機（勾狀拌打器）以低速攪拌。
3. 一面慢慢加入 *1* 的液體，一面繼續攪拌。混拌成看不見水分的小塊後，取出放到撒了防沾粉的工作台上，用手揉成球狀。
4. 用刀在麵團上切十字切口，裝入塑膠袋中，放入冷藏庫鬆弛1小時。
5. 取出至撒了防沾粉的工作台上，切口朝四方壓開，讓麵團展開成十字形，用擀麵棍輕輕擀開，中央保留些微高度。
6. 用擀麵棍敲打奶油400g後，擀成厚4cm的正方形，放在 *5* 的中央。從四方向內摺疊麵團，一面讓包住奶油，一面讓兩者貼合。
7. 用擀麵棍敲打後，擀成約25×25cm的正方形，裝入塑膠袋中，放入冷藏庫鬆弛1小時。
8. 取出至撒了防沾粉的工作台上，用擀麵棍敲打後，擀成厚約6mm，約75×25cm的長方形。
9. 摺三折，兩端用擀麵棍按壓。
10. 方向旋轉90°，重複步驟 *8*～*9*。
11. 裝入塑膠袋中，放入冷藏庫鬆弛1小時～1個半小時。
12. 之後重複進行2次步驟 *8*～*11* 的作業。裝入塑膠袋中，放入冷藏庫鬆弛1小時～1個半小時。
＊上記的摺三折作業，共計進行6次，不過根據不同的甜點，摺疊的次數有異。重複步驟8～11，或是減少次數等，請隨時調整。

pâte à choux
泡芙麵糊

約1445g

鮮奶 lait：250g／水 eau：250g
鹽 sel：10g／白砂糖 sucre semoule：10g
奶油 beurre：225g／低筋麵粉 farine ordinaire：300g
全蛋 œufs：400g
＊若全蛋不夠可增加。

1. 在銅鍋裡放入鮮奶、水、鹽、白砂糖和切丁的奶油，以大火加熱。煮沸奶油融化後，離火。
2. 加低筋麵粉，用木匙迅速混合至看不見粉末為止。
3. 再以大火加熱，一面加熱，一面混合以免煮焦。若麵糊不沾鍋底後，離火。
4. 用攪拌機（槳狀攪拌器）以低速攪拌，放涼至大約60℃，一顆顆加入全蛋，繼續攪拌，每次加入都要充分混合後，再加下一顆蛋。
5. 用木匙舀取麵糊，若麵糊呈乳脂狀慢慢流下，在木匙上形成倒三角形後即OK。若太硬，再加全蛋調整。

pâte à brioche
布里歐麵團

約560g

乾酵母 levure sèche de boulanger：10g
白砂糖 sucre semoule：1g
溫水 eau tiède：50g
低筋麵粉 farine ordinaire：125g
高筋麵粉 farine de gruau：125g
白砂糖 sucre semoule：30g
鹽 sel：7g／全蛋 œufs：100g
水 eau：20g／奶油 beurre：150g

＊為了極力避免麵團受熱，建議使用攪拌機製作。不過，希望製作最少量（大約是食譜一半分量的程度）時，也可以用手揉製麵團。這時請將高筋麵粉、低筋麵粉、全蛋和水徹底冰涼，在大理石台上進行作業。

A. 使用攪拌機法

1. 在鋼盆中放入乾酵母和白砂糖1g，倒入溫水，進行預備發酵作業20～30分鐘直到冒泡。

2. 在攪拌缸中放入低筋麵粉、高筋麵粉、白砂糖30g、鹽、全蛋、水和 *1* 。用攪拌機（勾狀拌打器）以低速粗略地混合後，轉中速充分混拌。

3. 麵團若不會沾黏攪拌缸，用手拉能拉扯成薄膜狀後，撕碎奶油（室溫）放入混合。

4. 充分混合奶油泛出光澤後，倒入鋼盆中，在表面撒上防沾粉，用刮板將麵團邊端向下壓入使表面緊繃成團。

5. 蓋上保鮮膜，放入冷藏庫5～6小時進行第一次發酵。

B. 用手揉捏法（製作少量時）

1. 在鋼盆中放入乾酵母、白砂糖1g，倒入溫水，進行預備發酵作業20～30分鐘直到冒泡。

2. 將低筋麵粉和高筋麵粉在工作台上篩成山狀，將中央弄個凹洞。

3. 在 *2* 的凹洞中放入白砂糖30g、鹽、打散的全蛋、水和 *1* ，一面用手慢慢地撥入周邊的粉，一面混合整體，用手掌揉捏。

4. 用手掌從前方向後方揉搓，再將麵團摔向工作台，如對摺般揉搓。

5. 麵團揉成團不會沾黏工作台後，從前方拿起麵團摔向工作台，對摺，方向旋轉90°同樣地再摔擊麵團，再對摺。讓麵團充分產生筋性後揉成團，重複作業直到麵團不沾工作台。

6. 一面用手壓薄，一面擴展成薄膜狀後，加入用手揉軟的奶油，如摺疊般揉捏。再和 *5* 同樣地充分混合奶油，使其泛出光澤，揉捏到麵團不沾工作台成為一團為止。

7. 放入鋼盆中，表面撒上防沾粉，用刮板將麵團邊端向下壓入使表面緊繃成團。

8. 蓋上保鮮膜，放入冷藏庫5～6小時，進行第一次發酵。

crème 奶油醬

crème pâtissière
卡士達醬

約400g

鮮奶 lait：250g
香草棒 gousse de vanille：1/4根
蛋黃 jaunes d'œufs：50g
白砂糖 sucre semoule：63g
高筋麵粉 farine de gruau：25g
奶油 beurre：25g

1. 在銅鍋裡放入鮮奶和切開的香草棒，開小火加熱。

2. 在鋼盆中放入蛋黃和白砂糖，用打蛋器充分攪拌混合至泛白為止。

3. 在 *2* 中加入高筋麵粉，混拌到看不見粉末為止。

4. 待 *1* 煮沸後加半量到 *3* 中充分混合。

5. 將 *4* 倒回 *1* 的銅鍋中，用大火加熱，一面用打蛋器混合，一面加熱。

6. 煮沸後，如切斷韌性般混合，若手的觸感已變輕，離火。

7. 加入切丁的奶油混合。

8. 放入淺鋼盤中，緊貼蓋上保鮮膜，盆底以冰水冷卻讓它稍微變涼。

9. 若不立刻使用時，放入冷藏庫保存。

crème d'amandes
杏仁奶油醬

約475g

奶油 beurre：125g
杏仁糖粉 T.P.T：250g
全蛋 œufs：100g

1. 在鋼盆中放入奶油，用打蛋器混合成乳脂狀。

2. 加入杏仁糖粉混合。

3. 慢慢加 入打散的全蛋，每次加入都要用打蛋器充分混合成細滑狀態。

4. 緊貼蓋上保鮮膜，放入冷藏庫鬆弛1小時。

crème chantilly
香堤鮮奶油

約550g

鮮奶油（乳脂肪成分48%）：500g
crème fraîche 48% MG
白砂糖 sucre semoule：50g

1. 在鋼盆中放入鮮奶油，加白砂糖用打蛋器打發，依不同用途，調整發泡狀況。

compote et confiture
蜜漬水果和果醬

confiture de framboises pépins
覆盆子（有籽）果醬

約650g

覆盆子 framboises：500g
白砂糖 sucre semoule：500g
果膠 pectine：6g

1. 在銅鍋裡放入覆盆子，加入混合好的白砂糖和果膠，以大火加熱。
2. 用圓漏杓一面混合，一面加熱。中途撈除浮沫，熬煮到糖度成為65～70%brix。
3. 倒入淺鋼盤中，緊貼蓋上保鮮膜放涼。

gelée de groseilles
醋栗醬

約400g

醋栗（生）groseilles：400g
（從上記中取220g的果汁）
白砂糖 sucre semoule：220g
果膠 pectine：2g

1. 在鋼盆中放入醋栗，用手捏碎。
2. 在圓錐形網篩中鋪入棉布，下面放攪拌盆。將1從布上倒入直接放置一晚，以接取自然滴落的果汁（不可放上重石勉強搾取）。
3. 在銅鍋裡放入2的果汁220g，以大火加熱。
4. 煮沸後，加入混合好的白砂糖和果膠，一面用圓漏杓混合，一面再加熱。
5. 中途撈除浮沫，熬煮到糖度成為67%brix。
6. 倒入淺鋼盤中，緊貼蓋上保鮮膜放涼。

confiture d'abricots
杏桃果醬

約400g

杏桃泥 purée d'abricots：200g
白砂糖 sucre semoule：200g
果膠 pectine：10g

1. 用粗目網篩過濾杏桃泥，放入銅鍋中。加入混合好的白砂糖和果膠，以大火加熱。
2. 用圓漏杓一面混合，一面加熱。
3. 中途撈除浮沫，煮沸後熄火。
4. 倒入淺鋼盤中，緊貼蓋上保鮮膜放涼。

compote de pommes
蜜漬蘋果

約300g

蘋果 pommes：3個
水 eau：1kg
白砂糖 sucre semoule：500g
香草棒 gousse de vanille：1根
奶油 beurre：50g

1. 蘋果縱切一半，去皮和果核。
2. 在銅鍋裡放入水、白砂糖和切開的香草棒，加熱煮沸。
3. 在2中放入1的蘋果，用小火煮到完全變軟。
4. 倒入鋼盆中靜置一晚。
5. 瀝掉湯汁、過濾，放入鍋中。
6. 一面用木匙混合，一面用中火加熱，讓水分蒸發。
7. 蒸發到用木匙按壓會略滲出湯汁的程度後，離火，加奶油混合。
8. 倒入淺鋼盤中放涼。

sirop 糖漿

sirop à 30° Baumé
波美度30°的糖漿

約2350g

水 eau：1kg
白砂糖 sucre semoule：1350g

1. 在鍋裡放入水和白砂糖，開火加熱煮融白砂糖。
2. 離火，放涼。

sirop à 20° Baumé
波美度20°的糖漿

約1500g

水 eau : 1kg
白砂糖 sucre semoule : 500g

1. 在鍋裡放入水和白砂糖，開火加熱煮融白砂糖。

2. 離火，放涼。

les autres 其他

meringue italienne
義式蛋白霜

約300g

白砂糖 sucre semoule : 200g
水 eau : 67g
蛋白 blancs d'œufs : 100g

1. 在鍋裡放入白砂糖和水，以大火加熱。

2. 煮沸 *1* 後，用攪拌機（鋼絲拌打器）以高速開始打發蛋白，配合 *3* 的時間打發。

3. 若 *1* 已達122℃後，攪拌機轉低速倒入 *2* 中。倒完後再轉高速攪打。

4. 直接繼續攪拌，放涼至人體體溫的程度後，從攪拌機上取下。

pâte à bomoe
蛋黃霜

約400g

白砂糖 sucre semoule : 250g
水 eau : 84g
蛋黃 jaunes d'œufs : 160g

1. 在鍋裡放入白砂糖和水，以大火加熱至108℃。

2. 在鋼盆中放入蛋黃，用打蛋器打散，一面加入 *1*，一面充分混合。

3. 用攪拌機（鋼絲拌打器）以高速攪打。

4. 直到蛋黃霜泛出光澤，舀取時會呈緞帶狀流下後即停止攪打。

glace royale
蛋白糖霜

約140g

蛋白 blancs d'œufs : 20g
糖粉 sucre glace : 120g
檸檬汁 jus de citron : 2～3滴

1. 在鋼盆中放入蛋白和糖粉，用木匙攪拌混合。

2. 整體混合均勻後，加檸檬汁混合。

Glace à l'eau
覆面糖衣

約395g

糖粉 sucre glace : 300g
水 eau : 90g
蘭姆酒 rhum : 4.5g

1. 在鍋裡放入所有材料，用木匙混拌融合。

2. 用小火加熱至人體體溫的程度，混拌到用手指舀取時，能透見手指，滴一滴到大理石台上，會呈圓形不會流動的硬度。

索引

索引（ABC）

參考文獻

書籍

日文書

[甜點]
河田勝彥《オーボンヴュータン 河田勝彥 フランス伝統菓子(暮らしの設計210号)》中央公論社，1993
河田勝彥《河田勝彥の菓子 ベーシックは美味しい》柴田書店，2002
河田勝彥《河田勝彥 菓子のメモワール プティ・フールとコンフィズリー》柴田書店，2008
河田勝彥《伝統こそ新しいオーボンヴュータンのパティシエ魂》朝日新聞出版，2009
河田勝彥《古くて新しいフランス菓子》NHK出版，2010
大森由紀子《私のフランス地方菓子》柴田書店，1999
大森由紀子《フランス伝統的な焼き菓子》角川マガジンズ，2008
高木康政、永井紀之《シェフのフランス地方菓子》PARCO出版，1998
ニナ・バルビエ、エマニュエル・ベレ《名前が語るお菓子の歴史》白水社，2005
猫井登《お菓子の由来物語》幻冬舎ルネッサンス，2008
マグロンヌ・トゥーサン＝サマ《お菓子の歴史》河出書房新社，2006
ジャン＝リュック・ムーラン《フランスの地方菓子》学習研究社，2005
森本英夫《中世フランスの食「料理指南」「ヴィアンディエ」「メナジエ・ド・パリ」》駿河台出版社，2004
ル・コルドン・ブルー《基礎から学ぶフランス地方料理》柴田書店，2010
ローラン・ビルー、アラン・エスコフィエ《基礎フランス菓子教本》柴田書店，1989
《CAKEing—おいしいケーキづくり、進行中 vol.1-8》柴田書店，1996-2007
月刊《製菓製パン》製菓実験社，1976-1978

[地理]
地球の步き方編集室《地球の步き方A06 フランス　2009～2010年版》ダイヤモンド・ビッグ社，2008
ブルーガイド海外版編集部《わがまま步き…25「フランス」》実業之日本社，2009
田辺裕監修《図説大百科 世界の地理8 フランス》朝倉書店，1999
Y. ラコスト他《全訳世界の地理教科書シリーズ1 フランスフランス—その国土と人々》帝国書院，1977

西洋書

[甜點]
Académie des Gastronomes et Académie Culinaire de France,
Cuisine Française Recettes Classiques de Plats et Mets Traditionnels (Le Belier, Paris, 1971)
Carême (Antonin), *Le Pâtissier Pittoresque* (Paris,1815)
Carême (Antonin), *Le Pâtissier Royal Parisien* (Paris, 1815)
Darenne (E.) et Duval (E.), *Traité de Pâtisserie Moderne* (Flammarion, Paris, 1974)
Dubois (Urbain), *Le Grand Livre des Pâtissiers et Confiseurs* (Paris, 1883)
Dubois (Urbain), *Le Pâtisserie d'Aujourd'hui* (Paris, 1894)
Dumas (Alexandre), *Le Grand Dictionnaire de Cuisine* (Paris,1873)
Duval (Emille), *Traite Général de Confiserie Moderne* (Paris, 1905)
Escoffier (Auguste), *Le Guide Culinaire* (Paris,1903)
Gault (Henri) et Millau (Christian), *Guide Gourmand de la France* (Hachette, Paris, 1970)
Gouffé (Jules), *Le Livre de Pâtisserie* (Paris, 1873)
Husson (René), *Les 13 Desserts en Provence* (Fleurines, Saint Afrique Aveyron, 2010)
Investaire Culinaire Régional, *Les Desserts de Nos Provinces* (Hachette, Paris, 1974)
Kappler (Thierry), *Bredele et Gâteaux de Noël* (éditions du Bastberg, Haguenau, 1998)
Lacam (Pierre), *Le Memorial des Glaces* (Paris, 1902)
Lacam (Pierre), *Le Memorial Historique et Geographique de la Pâtisserie* (Paris, 1900)
Lenôtre (Gaston), *Desserts Traditionnels de France* (Flammarion, Paris, 1992)
Maubeuge (Michèle), *Desserts et délices de Lorraine:Recettes, Produits du Terroir, Traditions* (Place Stanislas Éditions, Nancy, 2007)
Montagné (Prosper), *La Grande Livre de Cuisine* (Paris, 1929)
Pudlowski (Gilles) et Scotto (Les Soeurs), *Saveurs des Terroirs de France* (Robert Laffont, Paris, 1991)
Syren (Josiane et Jean-Luc), *La Pâtisserie Alsacienne* (La S.A.E.P. Ingersheim, Colmar, 1982)
Terrasson (Laurent), *Atlas des Dessets de France* (Éditions Rustica & Cedus, Paris, 1995)
Toussaint-Samat (Maguelonne), *Douceurs de Provence* (Alain Barthélémy, Le Pontet Cedex, 2001)
Vielfaure (Nicole) et Beauviala (Anne-Christine), *Guides des Fêtes et Gâteaux* (êdition Bonneton, Paris, 1990)

事典

日文書

［飲食］
《新ラルース料理大事典》同朋舎メディアプラン，1999
千石玲子、千石禎子、吉田菊次郎編《仏英独＝和 [新]洋菓子辞典》白水社，2012
日仏料理協会編《フランス食の事典》白水社，2000
日仏料理協会編《山本直文 フランス料理用語辞典》白水社，1995
プロスペル・モンタニュ《ラルース料理百科事典》三洋貿易出版社，1975-1976

［地理］
《コンサイス 外国地名事典》三省堂，1998
蟻川明男《新版 世界地名語源辞典》古今書院，1993
辻原康夫編著《世界地名情報事典》東京書籍，2003
牧英夫《歴史があり物語がある　世界地名ルーツ辞典》創拓社，1989

［整體］
《改訂新版 世界大百科事典》平凡社，2007
《日本大百科全書》小学館，2007

———

西洋書

［飲食］
Dictionnaire de l'Academie des Gastronomes（édition Prisma, Paris, 1962）
Montagné（Prosper）, *Larousse Gastronomique*（Paris, 1938）
Larousse des Cuisines Regionales（Larousse, Paris, 2005）
Larousse Gastronomique（Larousse-Bordas, Paris, 1996）

［整體］
Dictionnaire universel des noms propres, alphabétique et analogique（Le Robert, Paris, 1983）
Grand Larousse（Larousse, Paris, 1987）

網際網路

法國觀光開發機構官網
http://jp.rendezvousenfrance.com/

河田薰「フランスの地方菓子」
http://www.caol-kawata.net/patisseries_regionales/

法國各地方、城市及其觀光局的網址

1967年， 23歲的我遠赴法國，轉眼已過47年。不久前，我剛迎來古稀之年。

在法國9年半的生活，讓我的人生觀很自然地產生了變化。大概是因為浸淫在法國那樣的環境裡吧。1967年當時的日本和法國，法國料理的文化簡直天壤之別，確實帶給我文化上的衝擊。除了素材差異明顯，表現美味的豐富性也不同，不管怎麼說，我只有被根深柢固保留在法國料理裡的傳統深深震撼與感動。雖然這麼說很普通，不過，確實只能說它是「歷史的差異」。記得當時熱衷法國甜點的我，一面接受強烈的衝擊，一面只有不斷被感動。

我之所以對鄉土甜點感興趣，是因為它是料理、甜點的原點（基礎）。料理方面我以奧古斯都・愛斯克菲爾（*Georges Auguste Escoffier*）的著作；甜點方面則以艾米爾・都瓦魯（*Emile Duval*）和艾米爾・達蘭內（*Pierre Lacam*）兩人合著的著作為基礎，至今我仍將它們當作教科書。

1900年至1970年的料理和甜點，也就是所謂的「古典」甜點，口感非常甜膩、厚重，成分裡還含酒精。儘管各種甜點都很好吃，不過那時大眾的味蕾和腸胃都已顯露疲態也是不爭事實。那時我首次離開巴黎，在其他地方看到在巴黎甜點店從未見過，書裡也幾乎不曾記載過的傳統甜點。我記得那裡的任何甜點，都明顯表現出製作者的想法，實在令人感佩。之後我又多次旅行，一面研究法國的歷史觀、風土習俗、產業與民情，一面尋找鄉土甜點和購買書籍。對造訪的所有店家，我懷著感謝、沮喪，及能激發想像的滿滿回憶，那些點點滴滴對我來說，都是Au Bon Vieux Temps（*Au Bon Vieux Temps* 在法語中是「懷念的時光」之意）。

我回國大約已40年。每天被工作追趕，感動與創作的回憶，隨著年紀漸長逐漸模糊的我，作家瀨戶理惠子小姐又再次幫我點燃心火。當然，在了解我至今重要的回憶後的這次會談中，我答應了出版這本我認為的最後著作。

喚回40多年前所受的感動並不辛苦，可是，我若不催自己做最後努力的話，之前光更改書房的設計，再次投入久違的攝影作業中就花了2年半的時間（本書製作約花4年的時間）。美術設計肘岡香子小姐挑選的漂亮餐具，讓創作者工作起來更有幹勁。每次攝影讓我全神貫注的攝影師今清水隆宏先生，透過他精彩的照片與鏡頭，讓甜點呈現出生動的光影變化。非常的感謝。另外我要向蒙受她關照最多的瀨戶理惠子小姐，表達我誠摯的感謝。她不僅頻繁前來採訪，還到許多圖書館、資料室和我的書房尋找文獻，並在她的網頁中向各方人士徵詢意見與指導，對於她的辛勞我在此惟有表示感謝。

翻開本書的讀者們，若能共享我對法國的熱愛，我將感到萬分榮幸。

2014年2月

Au Bon Vieux Temps　河田勝彥

年表　河田勝彥（Kawata Katsuhiko）

1944年　1月　3日，生於戰時的東京・本鄉坂下町。
1962年　4月　進入東京農業短期大學就讀。
1964年　4月　插班進入4年制仍中途退學。立志成為料理人。
4月　於「丸之內會館」就職。
6月　分派至東京奧林匹克選手村的餐廳。
8月　因勞累健康狀況不佳，罹患瘰疽。
9月　離職
1965年　6月　轉為法國甜點師傅，進入「米津風月堂」。
1966年　6月　辭職。
1967年　6月　赴法，抵巴黎。
9月　進入「西達（Syda）」工作（～翌年5月）。
1968年　5月　五月革命爆發，失去工作。騎自行車從巴黎經國道7號線南下，
花10天時間抵達馬賽。又再度北上，行抵維恩和瓦朗斯之間，
住在聖朗貝爾達爾邦（Saint-Rambert-d'Albon）約2個月，參與採桃工作。
8月　回到巴黎。
9月　在波爾多附近的釀酒廠擔任傭工，採收葡萄約2週時間。
假日造訪利布爾納（Libourne）的「洛佩（Lopéz）」，遇見可露麗。
10月　回巴黎。
11月　進入「沙拉邦（Salavin）」工作（～翌年4月）。
1969年　5月　進入「邦斯（Pons）」工作（～1971年4月）。
對料理古書產生興趣，開始蒐集。
7～8月　進入瑞士、巴塞爾（Bâle）的「柯巴甜點學校（Coba）」研修飴糖（約1個月）。
1971年　5月　進入「柏帝與夏博（Potel et Chabot）」餐廳工作（～11月）。
11月　進入「美食家（Gourmond）」製作手工糖果（約3週）
12月　進入 「柯克蘭艾內（Coquelin Ainé）工作（～翌年4月）。
1972年　5月　進入「卡萊特（Carette）」工作（～7月）。
9月　為學習製作巧克力，進入比利時布魯塞爾的「維塔梅爾（Wittamer）」
工作（～翌年4月）。
1973年　5月　回巴黎，進入「喬治五世（George V）」飯店工作（～7月）。
7月　進入「巴黎希爾頓（Hilton de Paris）」飯店工作（～9月）
9月　進入「金豬（Cochon d'Or）」餐廳工作（～11月）。
1974年　1月　進入「巴黎希爾頓（Hilton de Paris）」飯店
擔任甜點主廚（～翌年6月）。
1975年　6月　以「修業總結」為名，和友人兩人花2個月時間，搭車環法旅行一周。
7月　回日本
8月　在埼玉縣浦和市設立「河田甜點研究所」。
1977年　5月　和加代子小姐結婚
1978年　8月　長男薰誕生
1981年　4月　次男力也誕生
9月　在東京都世田谷區開設「昔日的美好時光（*Au Bon Vieux Temps*）」。
1993年　1月　《Au Bon Vieux Temps 河田勝彥　法國傳統甜點（生活設計210號）》
（中央公論社）
2002年 10月　《河田勝彥的甜點　古典最美味》（柴田書店）
2008年　8月　《河田勝彥甜點備忘錄　小糕點和手工糖果》（柴田書店）
2009年 11月　《傳統與創新 Au Bon Vieux Temps 的甜點師傅魂》（朝日新聞出版）
《美味甜點風貌》（扶桑社）
2010年　9月　《古典新式法國甜點》（NHK出版）
2011年　5月　《簡素的甜點》（柴田書店）
2012年 10月　榮獲「現代名工」獎
11月　榮獲「飲食生活文化獎銀牌獎」

PROFILE

河田勝彥

1944年生於東京。曾於米津風月堂工作，1967年遠赴法國修業約9年時間，之後進入「巴黎希爾頓（Hilton de Paris）」飯店擔任主廚。回國後，在埼玉縣浦和市設立「河田甜點研究所」，1981年，在東京都世田谷區開設「昔日的美好時光（Au Bon Vieux Temps）」。在被喻為「法國甜點博物館」的店內，從冷藏類甜點、烘烤類甜點、巧克力、冰淇淋、手工糖果，到法國各地的鄉土甜點等，展售商品包羅萬象、一應俱全。他以法國傳統為基礎，充分展現個人精神的甜點，讓許多人為之著迷，也帶給許多甜點師傅極大的影響。

昔日的美好時光（Au Bon Vieux Temps）
東京都世田谷區等々力21-14
TEL 03-3703-8428

構成・編集・文　瀨戶理惠子

TITLE

河田勝彥的法國鄉土甜點之旅

STAFF

出版　瑞昇文化事業股份有限公司
作者　河田勝彥
譯者　沙子芳

總編輯　郭湘齡
責任編輯　莊薇熙
文字編輯　黃美玉　黃思婷
美術編輯　謝彥如
排版　執筆者設計工作室
製版　明宏彩色照相製版股份有限公司
印刷　皇甫彩藝印刷股份有限公司
法律顧問　經兆國際法律事務所　黃沛聲律師

戶名　瑞昇文化事業股份有限公司
劃撥帳號　19598343
地址　新北市中和區景平路464巷2弄1-4號
電話　(02)2945-3191
傳真　(02)2945-3190
網址　www.rising-books.com.tw
Mail　resing@ms34.hinet.net

初版日期　2016年10月
定價　1500元

國家圖書館出版品預行編目資料

河田勝彥的法國鄉土甜點之旅 / 河田勝彥作 ; 沙子芳譯. -- 初版. -- 新北市 : 瑞昇文化, 2016.07
352　面 ; 25.7 X 16.5　公分
ISBN 978-986-401-112-4(精裝)

1.點心食譜 2.飲食風俗 3.法國

427.16　105011558